高职高专规划教材

AutoCAD 2008 基础应用教程

王　宏　主　编
伍道明　副主编
赵玉奇　主　审

化学工业出版社
·北京·

本教程从高等职业教育的教学特点出发，以案例的形式系统介绍了AutoCAD 2008中文版的使用方法和技巧，内容共分8章，主要包括：AutoCAD 2008中文版操作基础，绘图与编辑命令，文字与表格，尺寸标注，图块、设计中心、查询、工具选项板，工程图绘制，三维绘图，图形输出。使学生能够在全面掌握软件功能的同时，灵活快捷地应用软件进行专业工程图纸的绘制，更好地为实际工作服务。并配有计算机辅助设计（AutoCAD平台）高级绘图员技能考试的考题，以满足职业技能培训的要求。

本教程既可作为高职高专课程的教材，又可作为AutoCAD技能培训教材，也可供成人教育和工程技术人员使用和参考。

图书在版编目（CIP）数据

AutoCAD 2008基础应用教程/王宏主编. —北京：化学工业出版社，2011. 1（2015. 11重印）
高职高专规划教材
ISBN 978-7-122-09978-5

Ⅰ. A… Ⅱ. 王… Ⅲ. 计算机辅助设计-应用软件，AutoCAD 2008-高等学校：技术学院-教材 Ⅳ. TP391.72

中国版本图书馆CIP数据核字（2010）第231258号

责任编辑：高　钰　　　　文字编辑：李　娜
责任校对：吴　静　　　　装帧设计：张　辉

出版发行：化学工业出版社（北京市东城区青年湖南街13号　邮政编码100011）
印　　装：三河市延风印装有限公司
787mm×1092mm　1/16　印张12¼　字数304千字　2015年11月北京第1版第2次印刷

购书咨询：010-64518888（传真：010-64519686）　售后服务：010-64518899
网　　址：http://www.cip.com.cn
凡购买本书，如有缺损质量问题，本社销售中心负责调换。

定　　价：23.00元

前　　言

AutoCAD 是美国 AutoDesk 公司研制开发用于计算机辅助绘图的软件包，是目前使用最为广泛的计算机绘图软件之一，其具有操作方便、绘图精确、功能强大等特点，广泛应用于机械、化工、建筑等各个领域。

本教程从高等职业技术教育的教学特点出发，以够用为原则，重视实际训练，以案例的形式讲授 AutoCAD 2008 中文版的使用，将软件中绘图、编辑、文字、标注等命令融于案例之中，以相关专业常见零部件为例，通过案例的讲解，既说明了命令的功能、命令的使用方法及使用技巧，又学习了相关专业常见零部件的绘制方法，并配有计算机辅助设计（AutoCAD 平台）高级绘图员技能考试的考题，以满足职业技能培训的要求。本教程主要内容包括：AutoCAD 2008 中文版操作基础，绘图与编辑命令，文字与表格，尺寸标注，图块、设计中心、查询、工具选项板，工程图绘制，三维绘图，图形输出等。

本教程既可作为高职高专课程的教材，又可作为 AutoCAD 技能培训教材，也可供成人教育和工程技术人员使用和参考。

参加本教程的编者都是长期从事高职高专 AutoCAD 教学和研究工作的一线教师，第 1～3 章由王宏编写，第 4 章由张虎编写，第 5～7 章由伍道明编写，第 8 章由符兴永编写。全书由王宏担任主编负责统稿，伍道明任副主编。本教程由河南化工职业学院的赵玉奇担任主审。

由于编者水平所限，加之时间仓促，书中难免有不妥之处，恳请广大读者给以批评指正。意见和建议请发邮件至 wanghong829@sina.com。

编　者

2010 年 10 月

目　录

第 1 章　AutoCAD 2008 中文版操作基础

教学目标： 通过本章的学习，使用户对 AutoCAD 2008 中文版有一个初步的了解。了解用户界面，掌握建立、打开、保存文件的方法，掌握创建图层及在绘图过程中控制图形显示和精确绘图的方法。

AutoCAD 是美国 AutoDesk 公司研制开发用于计算机辅助绘图的软件包，是目前使用最为广泛的计算机绘图软件之一，应用于机械、化工、建筑等各个领域。其具有绘制图形、标注尺寸、渲染图形、打印输出等基本功能。本章主要介绍用户界面、图形文件管理、命令执行、精确绘制图形、创建图层等内容。

1.1　AutoCAD 2008 的学习方法

要学好 AutoCAD 2008，快速掌握绘图方法，提高绘图速度，应注意以下方面。

1.1.1　掌握命令的调用方法

在 AutoCAD 2008 中常通过菜单命令、工具栏按钮、键盘输入命令、功能键和组合键调用命令，初学者可使用菜单命令、工具栏按钮调用命令，快速掌握调用方法；为提高绘图速度，必须尽快掌握键盘输入命令、功能键和组合键调用命令的方法。并尽量掌握每个命令缩写, 如“直线”命令为“Line”,其缩写为“L”，表示直接按【L】键即可执行“Line”命令。

1.1.2　根据提示绘制图形

（1）命令行操作提示

调用命令后，命令行中都会出现操作提示，用户一定要根据命令行提示的操作方法进行操作，可快速掌握绘图方法。

（2）动态输入工具栏提示

启用动态输入后，在光标附近显示操作提示，用户可在工具栏提示中输入响应，按提示进行操作，提高绘图速度。

1.1.3　使用 AutoCAD 帮助功能

在绘图过程中遇到不会的问题，可使用 AutoCAD 帮助功能。在执行命令过程中，按【F1】键，弹出“AutoCAD 2008 帮助：用户文档”对话框，并显示该命令的具体定义和操作过程等内容。在命令行“命令：”状态下，按【F1】键，弹出“AutoCAD 2008 帮助：用户文档”对话框，在其中查找、搜索所需内容。

1.2　AutoCAD 2008 工作界面

用户在桌面双击 AutoCAD 2008 图标，进入 AutoCAD 2008，出现 AutoCAD 2008 中文版

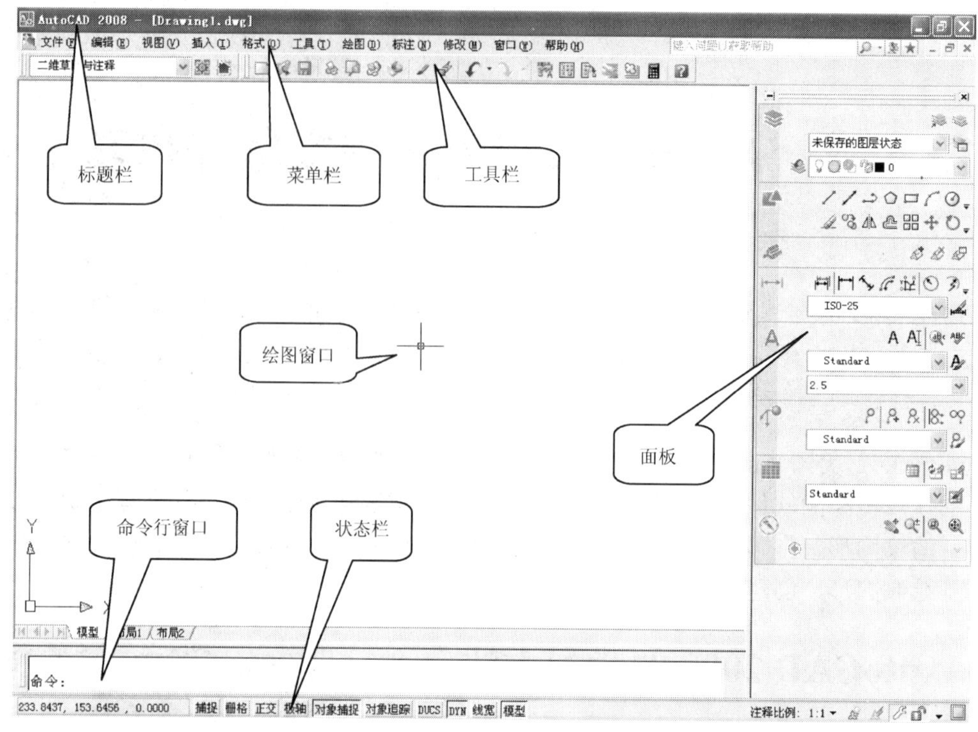

图 1-1　AutoCAD 2008 中文版的主窗口

的主窗口，如图 1-1 所示。它主要由标题栏、菜单栏、工具栏、图形窗口、命令行窗口、状态栏、面板组成。

1.2.1　标题栏

标题栏位于用户界面的顶部，左端显示 AutoCAD 2008 的软件名，其后是当前图形文件的名称。右端显示【最小化】、【最大化】、【关闭】按钮。

1.2.2　菜单栏

菜单栏位于标题栏的下方，如图 1-2 所示，它主要包括文件、编辑、视图、插入、格式、

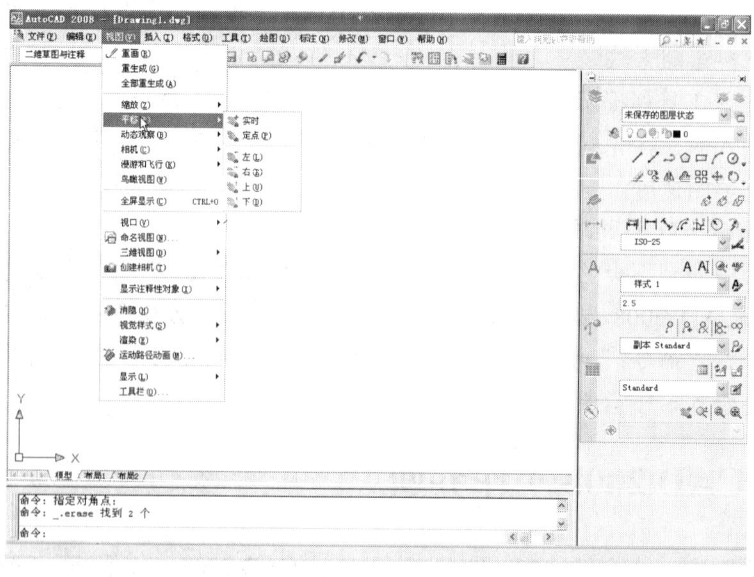

图 1-2　菜单栏

工具、绘图、标注、修改、窗口、帮助这 11 个主要的一级菜单。使用时，可移动鼠标左键单击某个一级菜单项，即可弹出相应的下拉菜单，某些下拉菜单还含有相应的子菜单，在其中选择相应的命令选项或子菜单，既可执行相应的菜单命令；并且鼠标停留在某项菜单命令上时，状态栏上会给出相应的提示、命令。

在某些菜单命令的后面有（...）标志，说明选择该命令会打开一个对话框。

在某些菜单命令的最右端有一个黑色小三角，说明选择该命令会打开一个子菜单。

在某些菜单命令的右侧有带下划线的字母，说明在菜单打开的状态下，按下该字母即可执行该菜单命令。

在某些菜单命令的右端有(Ctrl+…+字母)，说明在不打开菜单的状态下，按下该组合键即可执行该菜单命令。

1.2.3　工具栏

工具栏位于菜单栏的下方，如图 1-3 所示。它是一组常用命令图标的集合。使用时，移动鼠标到某个图标上时，该图标旁出现相应的提示，状态栏上显示对应的提示、命令，左键单击图标即可执行相应命令。

图 1-3　工具栏

AutoCAD 2008 的初始屏幕主要显示标准工具栏、对象特性工具栏等，其他工具栏可以根据需要调出，移至适当位置。调出方法如下：

在任一工具栏上，单击鼠标右键，将弹出工具栏的快捷菜单，如图 1-4 所示；在需要调出的工具栏名上单击，出现复选标志，该工具栏将调出到屏幕上，如图 1-5 所示。

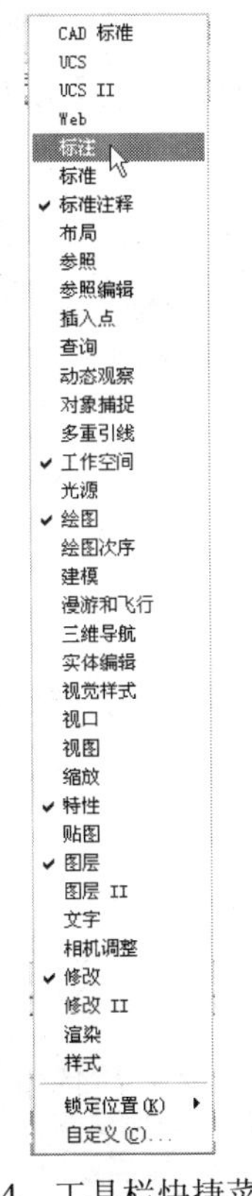

图 1-4　工具栏快捷菜单

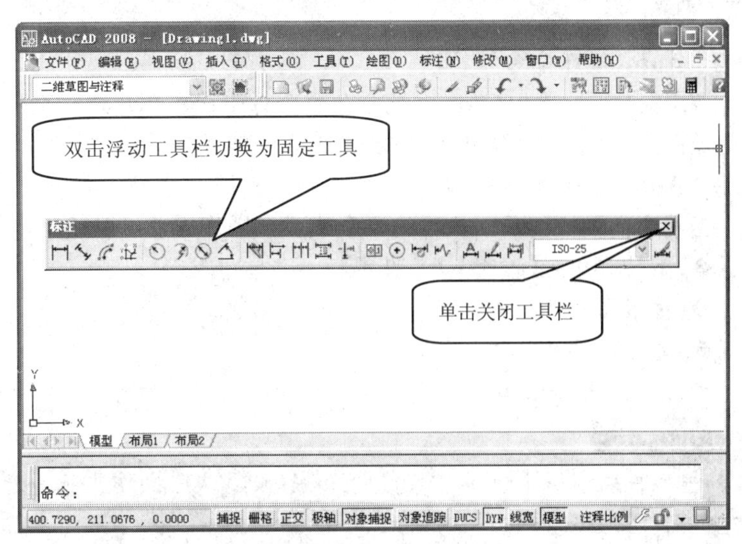

图 1-5　调出工具栏

1.2.4 图形窗口

图形窗口位于标题栏的下方，它是用户绘制图形、编辑图形的区域。使用时，通过鼠标、键盘调用绘图命令、编辑命令，在图形窗口完成图形的绘制、编辑工作。绘图窗口的左下方显示坐标系的图标，绘图窗口底部有 1 个模型标签和 2 个布局标签，用以确定绘图工作空间为模型空间或图纸空间。

1.2.5 命令行窗口

命令行窗口位于图形窗口的下方，它是用户输入 AutoCAD 命令并显示相关提示的区域。使用时，通过键盘、鼠标输入命令，按照相关命令提示进行下一步的操作。

1.2.6 状态栏

状态栏位于用户界面的底部，它是显示当前光标位置的坐标值和正交、栅格等各种模式的状态。单击正交、栅格等模式按钮，可实现这些模式的开关控制。

1.2.7 面板

面板是一种特殊的选项板，用于显示与工作空间关联的按钮和控件。面板窗口是由一系列的控制面板组成的，每个控制面板均包含相关的工具，使用面板可使用户无需调用多个工具栏，从而使得界面更加整洁。

1.3 命令的调用、执行、取消

应用 AutoCAD 软件绘制图形离不开命令的使用，下面介绍命令的调用、执行、取消等方法。

1.3.1 AutoCAD 命令调用

① 菜单命令方式：用鼠标单击下拉菜单或快捷菜单中相应的选项。

② 工具栏按钮方式：在工具栏上鼠标单击相应的工具按钮。

③ 键盘输入命令方式：在命令行直接输入命令的英文全称或简写字母，按【Enter】键。

④ 功能键和组合键方式：在键盘上按相应功能键和组合键调用命令。

小提示：

当用户需要重复上次刚使用过的命令时，可以按【Enter】键或【空格】键；也可以在绘图区域内，单击鼠标右键，通过快捷菜单重复前一个命令。

1.3.2 AutoCAD 命令执行

调用命令后，AutoCAD 系统会在命令行中提示用户进行选项的确定和参数的输入，用户可通过键盘、鼠标作出响应，逐步完成命令。

1.3.3 AutoCAD 命令取消

当用户需要取消前面执行的一个或多个操作时，可以使用“取消”命令，调用方式如下。

◆ 下拉菜单：【编辑】/【放弃】

◆ 标准工具栏：

◆ 命令：Undo

◆ 键盘：【Esc】键

小提示：

当用户取消一个或多个操作后，又想恢复这些操作，可以使用标准工具栏中的按钮。即可以将图形恢复到原来的效果。

1.3.4 鼠标和键盘的使用

鼠标和键盘的使用方法如表 1-1 所示。

表 1-1 鼠标和键盘的使用

项目		动作	效果
鼠标	左键	单击所选菜单命令或工具栏按钮	执行所选命令
		命令行提示提供位置状态下在绘图区单击	确定光标所在位置
		在命令行提示选择对象状态下，单击所选对象	选中对象
	右键	在任意工具栏上右击，在弹出定制工具栏快捷菜单中选择	调出工具栏
		对图形进行操作时，右击打开快捷菜单	选择要执行的命令
	滚轮	向前推动滚轮	放大显示图形
		向后推动滚轮	缩小显示图形
		双击滚轮	显示所有对象
		按下滚轮拖动鼠标	平移图形
		同时按住 Ctrl 键和滚轮拖动鼠标	平移（操纵杆）
键盘		在命令行输入命令动词或坐标，回车或单击右键	执行命令

1.4 图形文件管理

文件的管理一般包括创建新文件、打开已有文件、保存文件、关闭文件等操作。

1.4.1 建立新图形文件

应用 AutoCAD 2008 绘图时，首先要创建一个新图形文件，调用命令方法如下。

◆下拉菜单：【文件】/【新建】

◆标准工具栏：

◆命令：New

调用命令后，系统将弹出“选择样板”对话框，如图 1-6 所示；用户可从列表框中选取合适的一种样板文件，单击【打开】按钮，即可在该样板文件上创建新图形。

图 1-6 “选择样板”对话框

小提示：

当用户需要使用空白文件时可选择“acad”与“acadiso”；其中“acad”为英制，绘图界限为 12 英寸×9 英寸；“acadiso”为公制，其绘图界限为 420 毫米×297 毫米。

1.4.2 打开已有图形文件

当用户要对原有文件进行修改时，需要打开已有图形。调用命令方法如下。

◆ 下拉菜单：【文件】/【打开】

◆ 标准工具栏：

◆ 命令：Open

调用命令后，系统将弹出“选择文件”对话框，如图 1-7 所示；用鼠标双击要打开的图形文件或选中图形文件后单击【打开】按钮。既打开选择的图形文件。

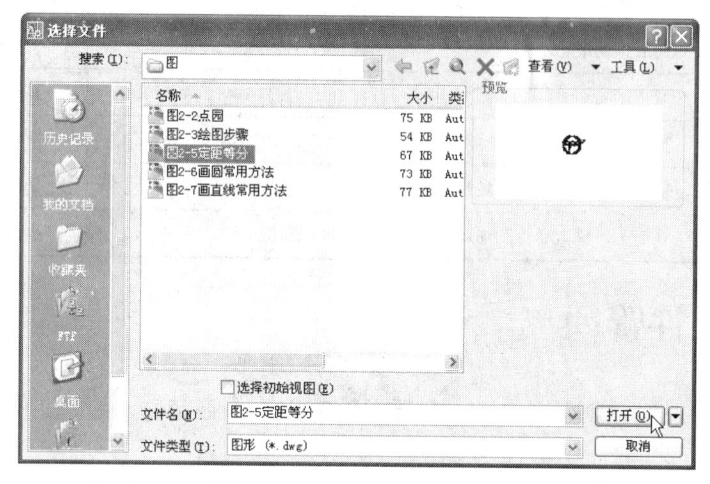

图 1-7 “选择文件”对话框

1.4.3 保存图形文件

保存图形文件有“快速保存”、“另存为”两种方式。

（1）快速保存

以当前文件名、文件类型、路径保存图形。调用命令方法如下。

◆ 下拉菜单：【文件】/【保存】

◆ 标准工具栏：

◆ 命令：Qsave

◆ 快捷键：【Ctrl+S】

调用命令后，系统将当前图形文件以原文件名保存到原来的位置覆盖原文件。

小提示：

第一次保存图形文件，AutoCAD 将弹出“图形另存为”对话框，如图 1-8 所示；输入文件名称，并为其指定保存的位置和文件类型。单击【保存】按钮保存文件。

（2）另存为

可以指定新的文件名、文件类型、路径来保存图形。调用命令方法如下。

◆ 下拉菜单：【文件】/【另存为】

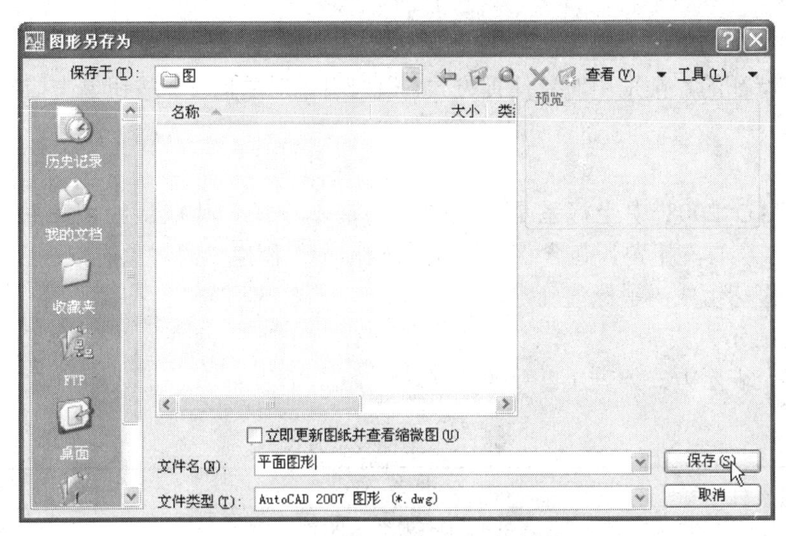

图 1-8 “图形另存为”对话框

◆ 命令：Save

调用命令后，系统将弹出 “图形另存为”对话框，如图 1-8 所示；在文件名栏输入文件的新名称，并指定该文件保存的新路径和文件类型。单击【保存】按钮保存为另一文件。

1.4.4　关闭图形文件

保存图形文件后可将图形文件关闭。调用命令方法如下。

◆ 下拉菜单：【文件】/【关闭】

◆ 工具栏：

◆ 命令：Close

如果图形文件没有保存，系统将弹出“AutoCAD”对话框，如图 1-9 所示；单击【是】按钮保存并关闭文件。

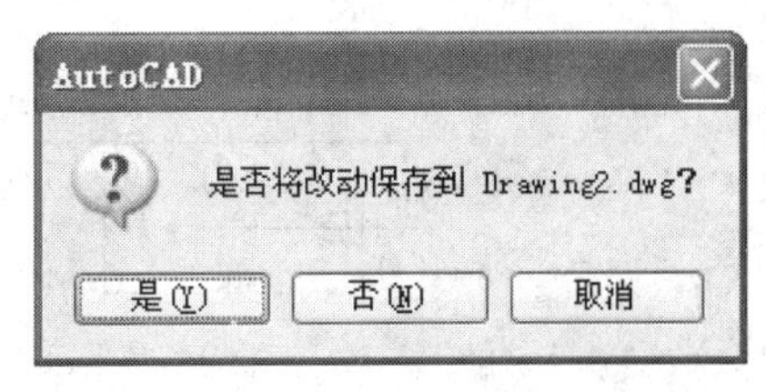

图 1-9 “AutoCAD”对话框

小提示：

为提高绘图效率，用户在绘制工程图样时，可以打开一个已经设定好文字样式、标注样式等参数的图形文件，将文件中的实体删除，调用【另存为】命令，将图形文件保存为“.dwt”格式样板文件。在以后绘图时重复调用此文件，直接使用它的各种环境设置。

1.5　精确绘图

在 AutoCAD 中精确绘制图形时，常需要精确定位。

1.5.1　AutoCAD 中图元的定位方式

（1）距离方式

绘制直接注出长度尺寸的水平、垂直、特殊角度线段时，常采用距离方式。既首先打开【正交】按钮或【极轴】按钮进行导向，其次从键盘直接键入相对前一点的距离（直接输入该线段长度）来定位。

（2）坐标方式

确定点的精确位置常采用坐标方式。既通过键盘直接输入点坐标来定位。

（3）对象捕捉方式

对于具有特征的点常采用对象捕捉方式。既打开【对象捕捉】按钮单击捕捉一些特殊点。

1.5.2 坐标

（1）坐标系

在 AutoCAD 2008 中坐标系是定位图形的基本方式。其默认的坐标系是世界坐标系(WCS)，它位于屏幕左下角，包含 X、Y 和 Z 坐标轴。创建二维对象时，平面上每一点都可由一对 X、Y 坐标组成的坐标值确定。

（2）坐标表示方式

坐标分类及表示方式如表 1-2 所示。

表 1-2 坐标表示方式

分　类	说　明	表示方式举例
绝对直角坐标	某点距离原点 X 与 Y 方向的位移如图 1-10(a) 所示 A 点	A（200,68）
相对直角坐标	某点相对于上一点的 X 与 Y 方向的位移如图 1-10(a) 所示 B 点	B（@173,0）
绝对极坐标	某点与原点的距离及与 X 轴的夹角如图 1-10(b) 所示 D 点	D（200<50）
相对极坐标	某点相对于上一点的距离及与 X 轴的夹角如图 1-10(a) 所示 C 点	C（@200<60）

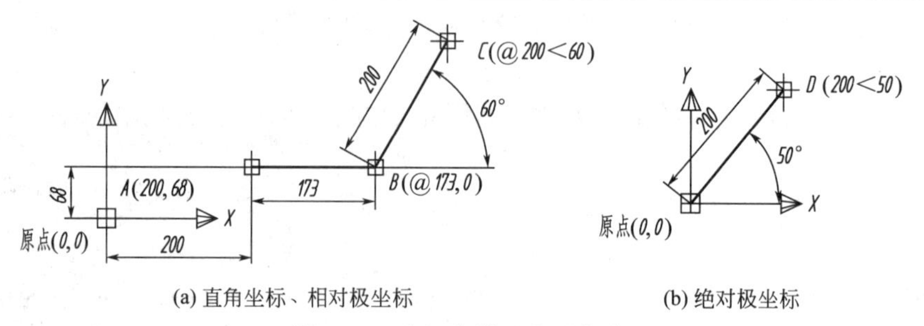

(a) 直角坐标、相对极坐标　　(b) 绝对极坐标

图 1-10 坐标分类及表示方式

1.5.3 动态输入

使用“动态输入”可以在光标附近提供一个命令界面，其有动态提示、指针输入、标注输入 3 个组件。启用“动态输入”功能时，在光标附近显示工具栏提示，提示信息将随着光标的移动而动态更新。当某个命令处于活动状态时，用户可以在工具栏提示中输入数值，完成命令所需操作与命令行中的操作相似。

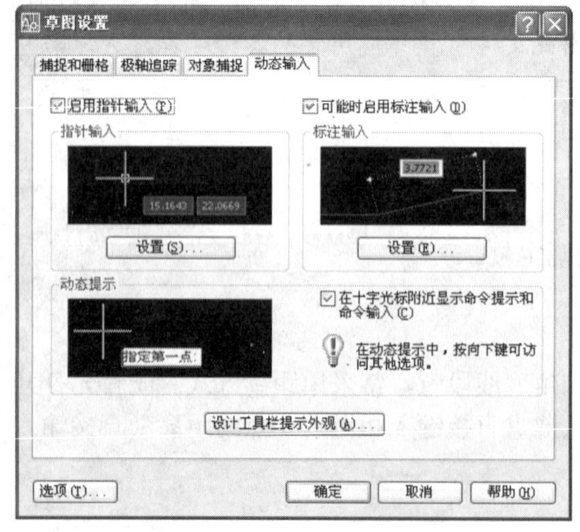

图 1-11 “草图设置”对话框

（1）设置“动态输入”

在状态栏【DYN】按钮上单击右键，在弹出菜单中选择“设置”，既弹出“草图设置”对话框，如图 1-11 所示，在其中按需设置每个组件所显示的内容。

在“动态输入”设置对话框中各选项组的含义如下。

“启用指针输入”：勾选启用指针输入功能。

【设置（S）...】：设置后续点坐标的默认格式及工具栏提示何时显示。

“可能时启用标注输入”：勾选启用标注输入功能。

【设置（E）…】：使用标注输入设置只显示用户希望看到的信息。

“动态提示”：勾选启用动态提示功能。

【设计工具栏提示外观】：设置工具栏模型、布局预览的颜色，工具栏提示外观的大小。

（2）打开、关闭动态输入

单击状态栏上的【DYN】按钮使其凹下打开“动态输入”，再次单击【DYN】按钮使其弹起即可关闭“动态输入”。按住【F12】键可以临时将其关闭。

① 指针输入　当启用指针输入且有命令在执行时，十字光标的位置将在光标附近的工具栏提示中显示为坐标。可在工具栏提示中输入坐标值，而不用在命令行中输入。第二个点和后续点的默认设置为相对极坐标。不需要输入“@”符号，如图 1-12(a) 所示。如果需要使用绝对坐标，请使用井号（#）前缀。例如，要将对象移到原点，请在提示输入第二个点时，输入“#0，0”。

② 标注输入　启用标注输入时，当命令提示输入第二点时，工具栏提示将显示距离和角度值。在输入字段中输入值并按【Tab】键后，该字段将显示一个锁定图标，光标将移动到下一个要更改的值，如图 1-12(a) 所示。

③ 动态提示　启用动态提示时，提示会显示在光标附近的工具栏提示中。用户可以在工具栏提示（而不是在命令行）中输入响应。按下箭头键可以查看和选择选项。按上箭头键可以显示最近的输入，如图 1-12(c) 所示。

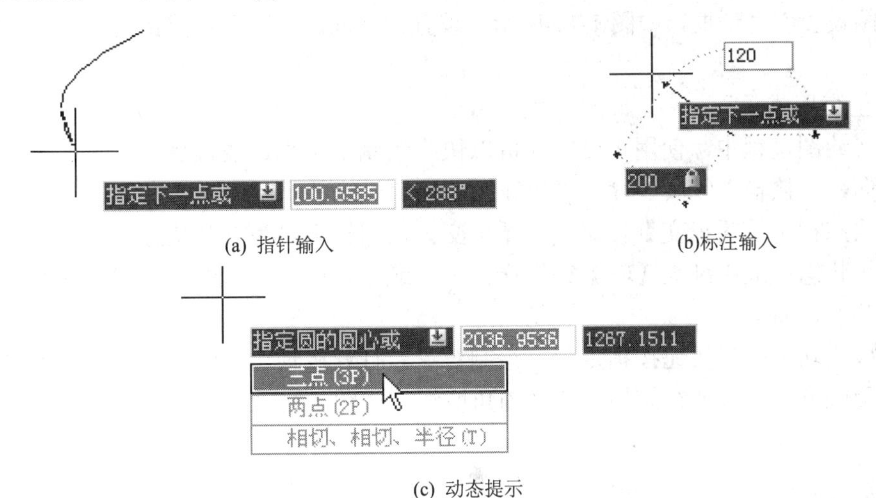

(a) 指针输入　　(b)标注输入

(c) 动态提示

图 1-12 “动态输入”使用

1.5.4　栅格、捕捉、正交、极轴、对象捕捉、对象追踪

（1）栅格

栅格是可见参照网格点，打开栅格，在图形界限范围内会显示许多小点。可以帮助用户看清图形界限，在绘图过程中不会超出绘图区域。

① 启用栅格　单击状态栏【栅格】按钮，当【栅格】按钮按下时为打开状态，屏幕上显示栅格，当【栅格】按钮弹起时为关闭状态。或用键盘【F7】键、【Ctrl+G】键切换开关。

② 设置栅格　在状态栏【栅格】按钮上单击右键，弹出光标菜单中选择“设置”选项，打开“草图设置”对话框，如图 1-13 所示。根据需要设置 X、Y 轴间距。一般间距设为相同数值。

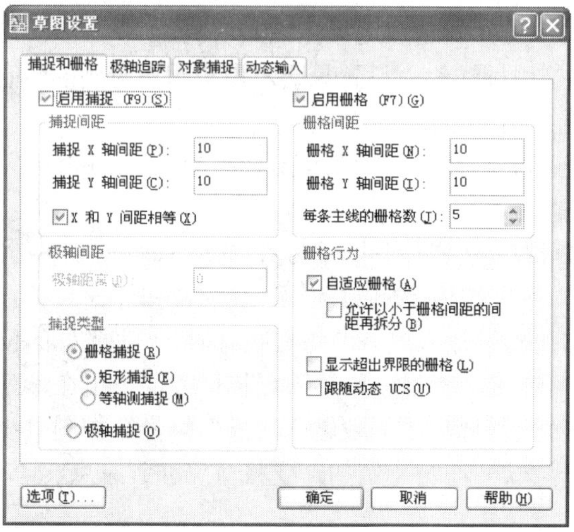

图 1-13 “栅格”与“捕捉”设置

（2）捕捉

在绘图过程中，打开捕捉可以使光标只停留在图中的栅格点上。

① 启用捕捉　当【捕捉】按钮按下时为打开状态，捕捉生效，当【捕捉】按钮弹起时为关闭状态。或用键盘【F9】键、【Ctrl+B】键切换开关。

② 设置捕捉　在状态栏的【捕捉】按钮上单击鼠标右键，弹出快捷菜单选择“设置”，弹出“草图设置”对话框，如图 1-13 所示。设置捕捉间距，一般将捕捉间距与栅格间距设为相同数值。

（3）正交模式

用户在绘图过程中，使用正交模式可以快速绘制水平线、竖直线。打开正交模式后，光标指定方向，直接输入线段长度，可快速绘制指定长度的水平线、竖直线，如图 1-14 所示。

单击状态栏中的【正交】按钮，当【正交】按钮按下时为打开状态，当【正交】按钮弹起时为关闭状态；或用键盘【F8】键切换开关，或输入命令“Ortho”选择开关。

（4）极轴追踪

使用极轴功能可以快速按指定角度绘制对象。打开极轴追踪模式后，光标指定方向，直接输入线段长度，可快速绘制指定长度的角度线，如图 1-15 所示。

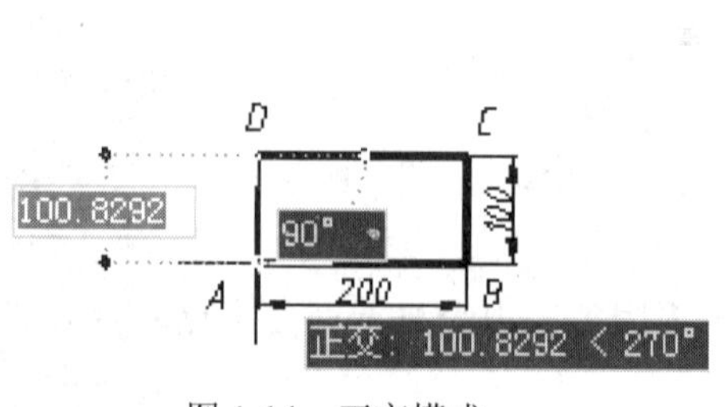

图 1-14　正交模式

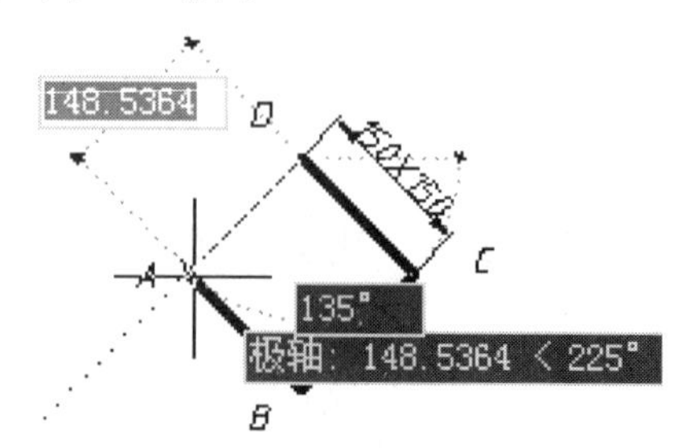

图 1-15　极轴追踪

① 启用极轴　单击状态栏中的【极轴】按钮，当【极轴】按钮按下时为打开状态，当【极轴】按钮弹起时为关闭状态，或用键盘【F10】键切换开关。

② 设置极轴　在状态栏的【极轴】按钮上单击鼠标右键，弹出快捷菜单选择“设置”，弹出“草图设置”对话框，选择 “极轴和追踪”选项卡，如图 1-16 所示。对极轴追踪的操

作进行设置。

（5）对象捕捉

使用对象捕捉可以帮助用户将十字光标快速、准确地定位在特殊或特定位置上，如中点、端点、切点、圆心等。打开对象捕捉后，系统在光标接近对象上一系列特殊点时，会自动判断捕捉模式逐个进行捕捉，以便提高绘图准确率。

对象捕捉方式分为临时对象捕捉和自动对象捕捉两种。临时对象捕捉只能捕捉一次，而自动对象捕捉在设置对象捕捉方式后，可以一直保持这种捕捉状态，直至重新设置捕捉方式。

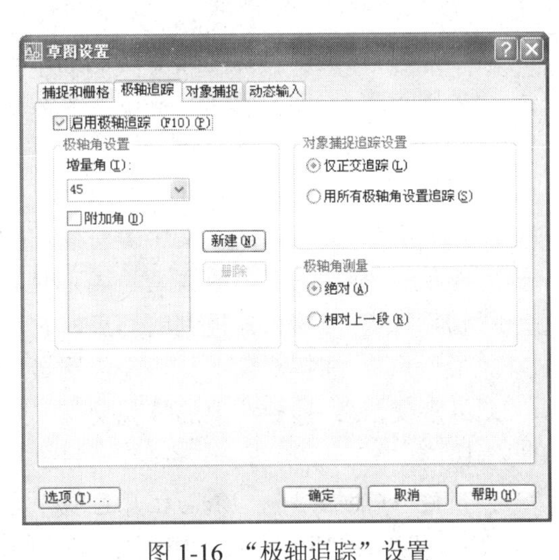

图 1-16 “极轴追踪”设置

① 自动对象捕捉

a. 启用自动对象捕捉方式：单击状态栏中的【对象捕捉】按钮，当【对象捕捉】按钮按下时为打开状态，当【对象捕捉】按钮弹起时为关闭状态；或用键盘【F3】键、【Ctrl+F】键切换开关。

b. 自动捕捉设置：在状态栏的【对象捕捉】按钮上单击鼠标右键，弹出快捷菜单选择“设置”，弹出“草图设置”对话框，选择“对象捕捉”选项卡，如图 1-17 所示。勾选需要启用的捕捉方式。可以单独选择一种对象捕捉，也可以同时选择多种对象捕捉方式。

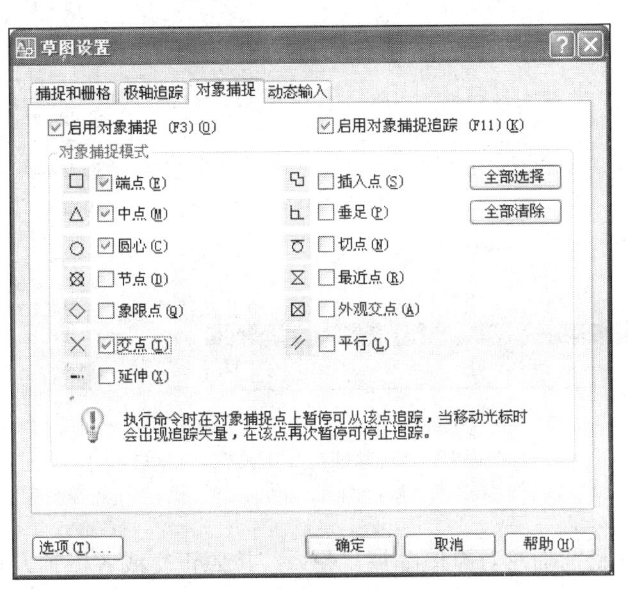

图 1-17 “对象捕捉”设置

其中的参数、按钮含义如下。

【全部选择】：用于选择全部对象捕捉方式。

【全部清除】：用于取消所有设置的对象捕捉方式。

“端点”：捕捉线段、圆弧的端点。

“中点”：捕捉线段、圆弧的中点。

“圆心”：捕捉圆、圆弧的圆心。

“节点”：捕捉用“点”命令绘制的单点、等分点。

“象限点”：捕圆、圆弧、椭圆的象限点。

“交点”：捕捉对象的交点。

“延伸”：捕捉对象延长线上的点。

“插入点”：捕捉图块、文字等对象的插入点。

“垂足”：捕捉与对象或其延长线正交的点。

“切点”：在对象上捕捉到的切点，它与上一点的连线与对象相切。

“最近点”：捕捉对象上与指定位置最近的点。

“外观交点”：捕捉对象的外观交点（包括异面直线在二维中显示的交点、对象延长线上的交点）。

“平行”：能够绘制一条与已知直线平行的直线。

② 临时对象捕捉方式　用鼠标右键单击任意工具栏，在弹出的光标菜单中选择“对象捕捉”，弹出“对象捕捉”工具栏，如图 1-18(a) 所示。或按 Shift 键的同时单击鼠标右键，弹出快捷菜单，如图 1-18(b) 所示，在其中选择所要捕捉的模式。

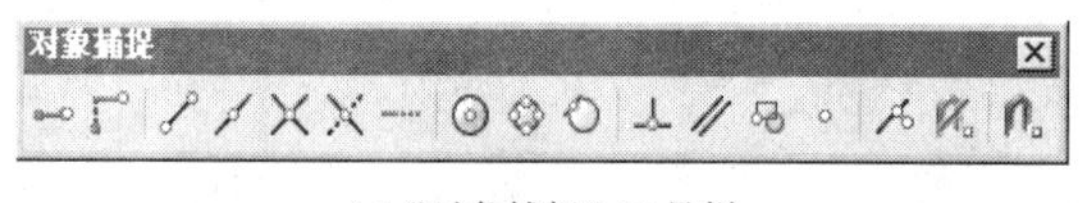

(a)“对象捕捉”工具栏

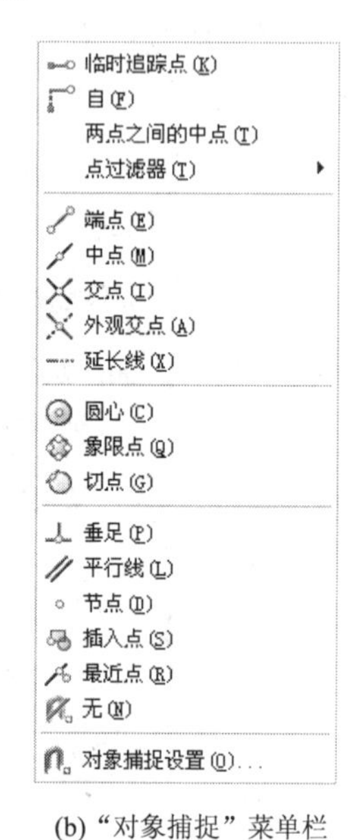

(b)“对象捕捉”菜单栏

图 1-18 “对象捕捉”工具栏、菜单栏

各个选项的意义如下。

“临时追踪点”：指定临时对象追踪点，使系统按照正交或者极轴方式进行追踪。

“捕捉自”：在需要提供点位置的状态下，单击“捕捉自”，选择某点为基准点，输入相对于基准点的相对坐标值确定需要点位置。例如确定圆心位置，如图 1-19 所示。

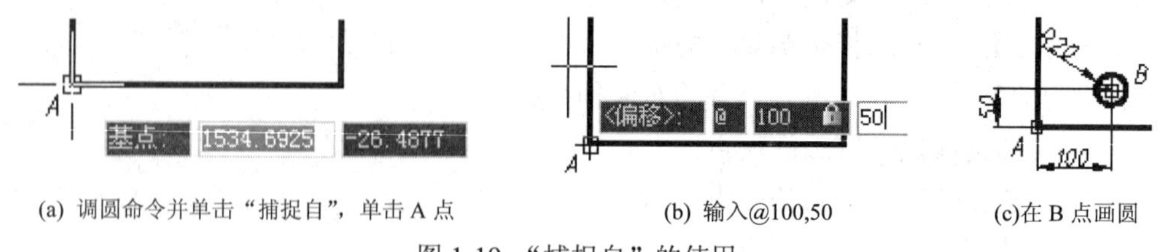

(a) 调圆命令并单击“捕捉自”，单击 A 点　(b) 输入@100,50　(c)在 B 点画圆

图 1-19 “捕捉自”的使用

"对象捕捉设置"：弹出草图设置对话框，启用自动捕捉方式，对捕捉方式进行设置。

其余各项与自动捕捉方式参数含义相同。

（6）对象追踪

使用对象追踪可以借助临时对齐路径精确绘制物体的位置及形状。对象追踪一般与"对象捕捉"或"极轴"同时使用。例如绘制矩形水平中心线，如图 1-20 所示。

① 启用对象追踪　单击状态栏中的【对象追踪】按钮，当【对象追踪】按钮按下时为打开状态，当【对象追踪】按钮弹起时为关闭状态；或用键盘【F11】键切换开关。

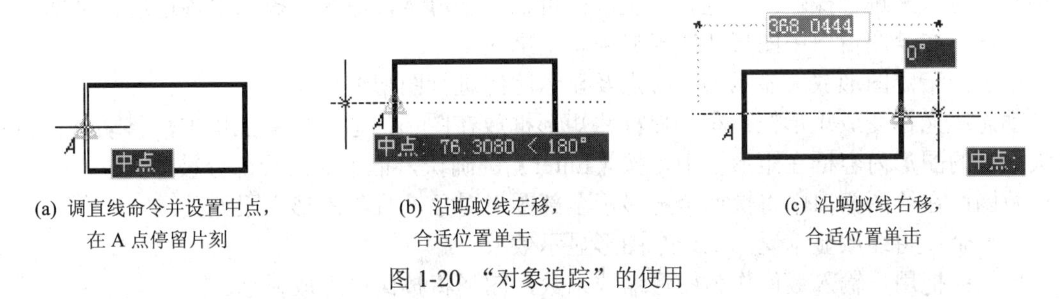

(a) 调直线命令并设置中点，在 A 点停留片刻　(b) 沿蚂蚁线左移，合适位置单击　(c) 沿蚂蚁线右移，合适位置单击

图 1-20 "对象追踪"的使用

② 设置对象追踪　在状态栏的【对象追踪】按钮上单击鼠标右键，弹出快捷菜单选择"设置"，弹出"草图设置"对话框，选择"对象捕捉"选项卡，如图 1-17 所示，设置方式与对象捕捉相同。

1.5.5　控制图形显示

使用 AutoCAD 绘图时，经常需要对所画图形进行缩放、平移等操作，以便于更好地查看图形，精确绘图。

（1）缩放图形

可将图形放大或缩小显示，但图形的真实尺寸保持不变。调用命令方式如下。

◆ 下拉菜单：【视图】/【缩放】，选择子菜单中相应选项，如图 1-21(a) 所示

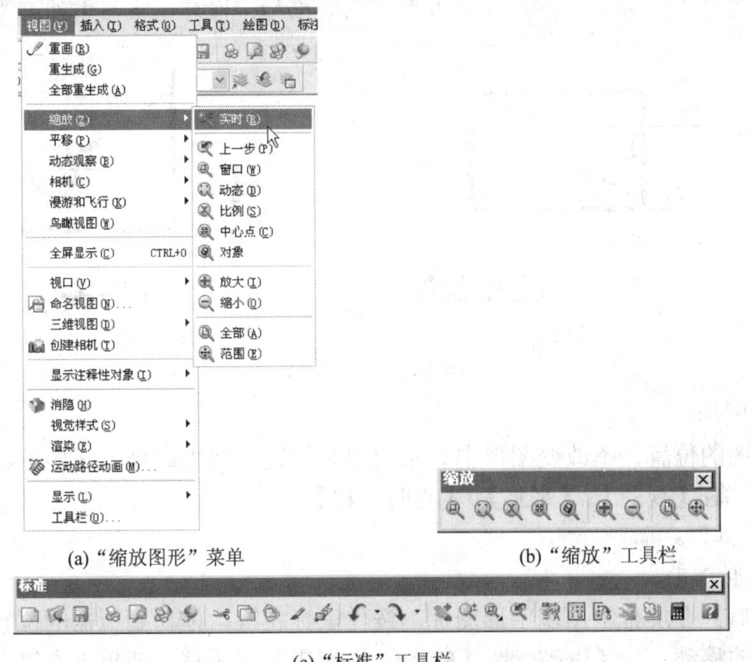

(a)"缩放图形"菜单　(b)"缩放"工具栏

(c)"标准"工具栏

图 1-21 "缩放图形"菜单、工具栏

◆ 缩放、标准工具栏：选择相应按钮如图 1-21(b)、(c) 所示

◆ 命令：Z（Zoom）

调用命令后，命令行提示。

指定窗口的角点，输入比例因子 (nX 或 nXP)，或者

[全部(A)/中心(C)/动态(D)/范围(E)/上一个(P)/比例(S)/窗口(W)/对象(O)] <实时>:

结合图形给出的实际条件，用户可根据命令行提示指定窗口的两角点，将矩形框内图形全屏显示，如图 1-22 所示；或输入比例因子，将图形按比例进行缩放；或选择相应的选项（输入缩写字母）来进行操作，如选择“全部”可输入字母 A，命令行提示中各选项含义如下。

全部：在绘图窗口中图形和图形界限将全屏显示。

中心：指定图形放大显示的中心点及显示比例进行图形缩放。

动态：光标变成矩形框；移动鼠标将矩形框放在图形的适当位置上单击，移动鼠标将需放大显示的图形内容框在矩形框中，按【Enter】键确认，框中的图形部分被放大。

范围：在绘图窗口中将快速全屏显示全部图形对象，且与图形界限无关。

上一个：将缩放显示返回上一个图形显示效果。

比例：把用户输入数值作为图形缩放系数，图形将按比例缩放显示。

窗口：用矩形框包围需要放大的图形，矩形框内的图形被快速全屏显示。

对象：选择需要显示的图形，按【Enter】键确认，将所选图形全屏显示。

实时：向上方拖动鼠标，放大图形；向下方拖动鼠标，缩小图形。

小提示：

◎用户输入比例因子时，如输入具体数值，将图形相对于实际尺寸按比例进行缩放；如输入具体数值后加 X，将图形相对于当前显示大小按比例进行缩放；如输入具体数值后加 XP，将图形相对于图纸空间按比例进行缩放。

◎图形界限是绘图的范围，用户可选择下拉菜单【格式】/【图形界限】或输入命令“Limits”调用命令，给出左下角点、右上角点的坐标，即可完成当前图形界限的设置。

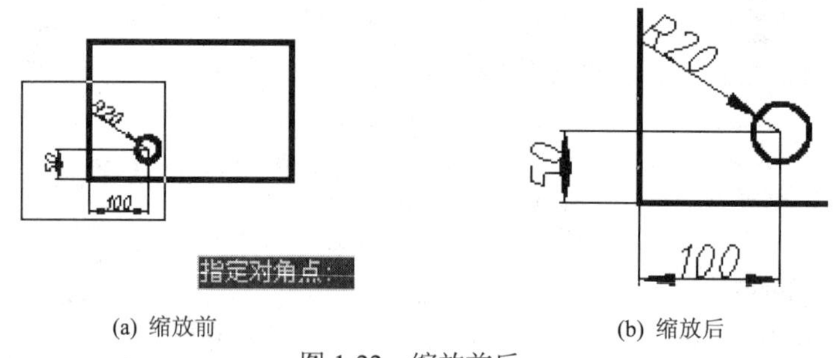

(a) 缩放前　　(b) 缩放后

图 1-22　缩放前后

（2）平移图形

只移动视图的位置，不改变图形中对象的相对位置。调用命令方法如下。

◆ 下拉菜单：【视图】/【平移】/【实时平移】

◆ 标准工具栏：

◆ 命令：P(Pan)

调用命令后，在屏幕上出现手形图标，按住鼠标左键，拖动到所需的位置，松开鼠标左键，完成屏幕的移动。按【Esc】键、【Enter】键退出实时平移，或单击右键在弹出快捷菜单中，选择退出。

1.6 图层

为了方便绘图和节省存储空间，AutoCAD 提供了图层工具，图层可以理解为一张透明的纸，有的透明纸绘制图形，有的透明纸标注尺寸、有的透明纸填写文字，将多个透明纸叠加起来形成一张完整的图形。用户在绘图之前，首先要创建图层，然后在不同图层上绘图。

创建图层时，需要对每个图层设定颜色、线型、线宽，一般把同一种颜色、同一种线型、同一种线宽的图形对象放在同一图层。只要图线的相关特性设定成“随层”，图线都将具有所属层的特性。

1.6.1 创建图层

创建图层步骤如下。

（1）打开“图层特性管理器”对话框，如图 1-23 所示。打开“图层特性管理器”对话框方法如下。

- 下拉菜单：【菜单】/【格式】/【图层】
- 图层工具栏：
- 命令：Layer

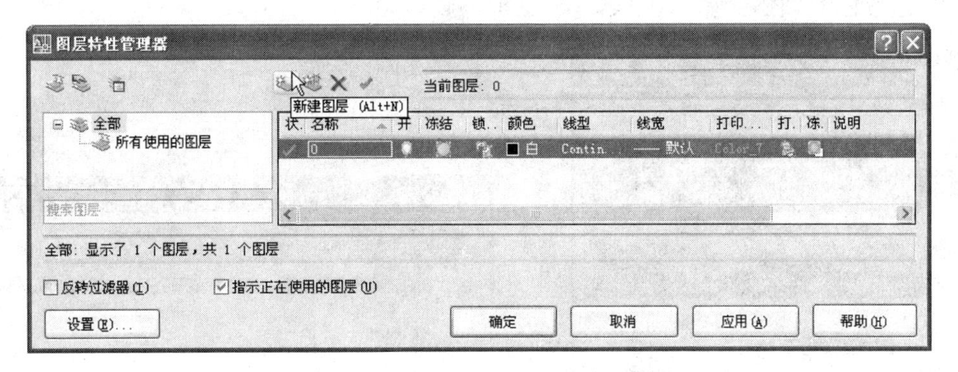

图 1-23 “图层特性管理器”对话框

（2）单击【新建图层】按钮，出现一名为“图层 1”、颜色为“白色”、线型为“Continuous”、线宽为“默认”的新图层。此时直接在名称栏中输入“图层”的名称，按【Enter】键，即可确定新图层的名称，如图 1-24 所示。

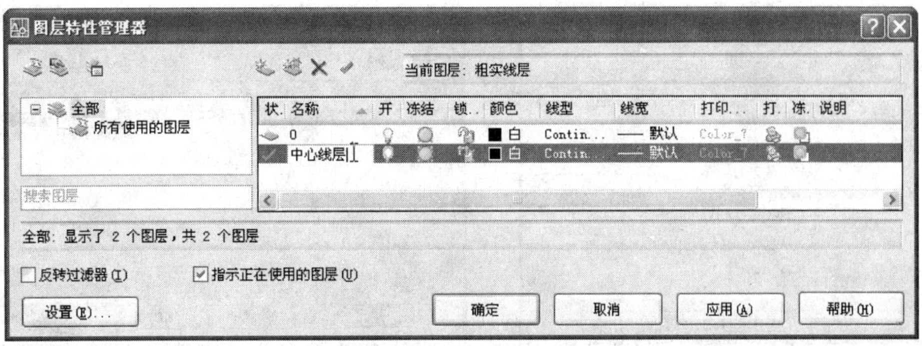

图 1-24 新建图层

（3）使用相同的方法可以建立更多的图层。最后单击【确定】按钮，退出“图层特性管理器”对话框。

1.6.2 修改图层设置

图层设置包括图层的颜色、线型、线宽等，在“图层特性管理器”对话框中单击相应图层上表示特性的图标，弹出修改各项特性的对话框，在其中修改即可。

（1）颜色设置

指定图层颜色，既系统将以设置的颜色显示在此“图层”上绘制的图形颜色。

在“图层特性管理器”对话框中，单击相应图层的“白色”项，弹出“颜色选择”对话框，如图 1-25 所示。从中选择所需颜色，单击【确定】按钮，完成颜色设定并返回“图层特性管理器”对话框。

（2）线型设置

指定图层线型。既系统以设置的线型显示在该图层上绘制的图形线型。

在“图层特性管理器”对话框中，单击相应图层的“Continuous”项，弹出“选择线型”对话框，如图 1-26 所示。从中选择所需线型，如果在列表中没有需要的线型，则单击【加载】按钮。弹出“加载或重载线型”对话框，如图 1-27 所示。从中选择需要的线型，单击【确定】按钮。回到“选择线型”对话框，选择需要的线型，如图 1-28 所示。单击【确定】按钮，完成线型设定并返回“图层特性管理器”对话框。

图 1-25 “选择颜色”对话框

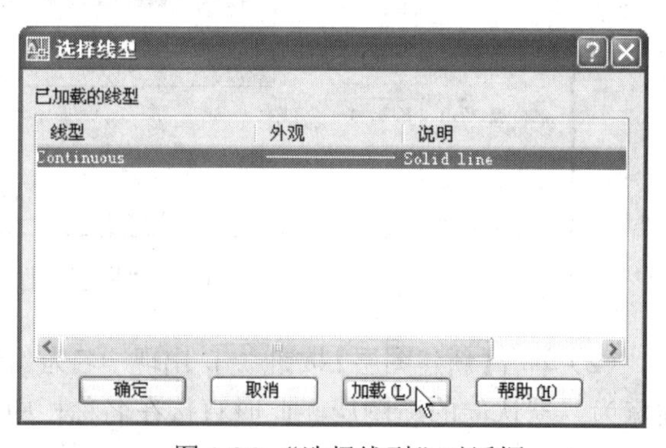

图 1-26 “选择线型”对话框

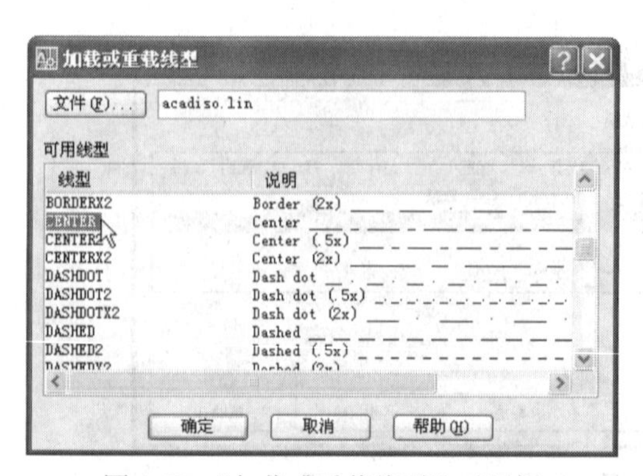

图 1-27 “加载或重载线型”对话框

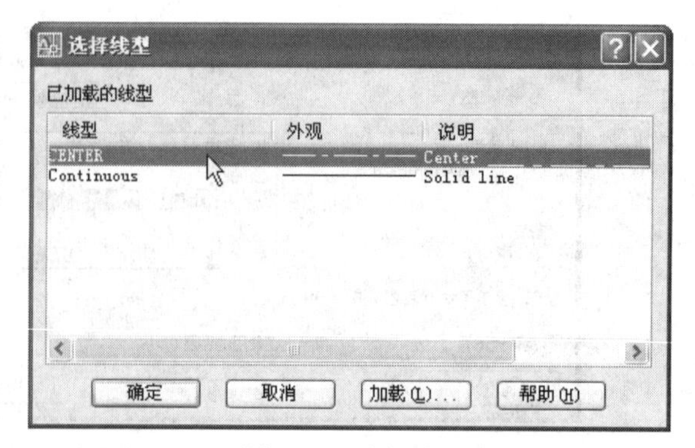

图 1-28 选择线型

小提示：

在 AutoCAD 中，如果线型的比例不合适，绘制的线条不能反映线型，可以根据需要调整线型比例，改变全局线型的比例因子或当前对象线型比例因子。

◎ 改变全局线型的比例因子，图形文件中所有非连续线型的外观都将改变。选择下拉菜单【格式】/【线型】，弹出【线型管理器】对话框；单击【显示细节】按钮，在对话框的底部会出现【详细信息】选项组，如图 1-29 所示。在“全局比例因子”数值框内输入新的比例因子，单击【确定】按钮即可。

◎ 改变当前对象缩放比例，当前选中的对象中所有非连续线型的外观将发生改变。选择下拉菜单【格式】/【线型】，弹出【线型管理器】对话框；单击【显示细节】按钮，在对话框的底部会出现【详细信息】选项组，如图 1-29 所示。在“当前对象缩放比例”数值框内输入新的比例因子，单击【确定】按钮即可。

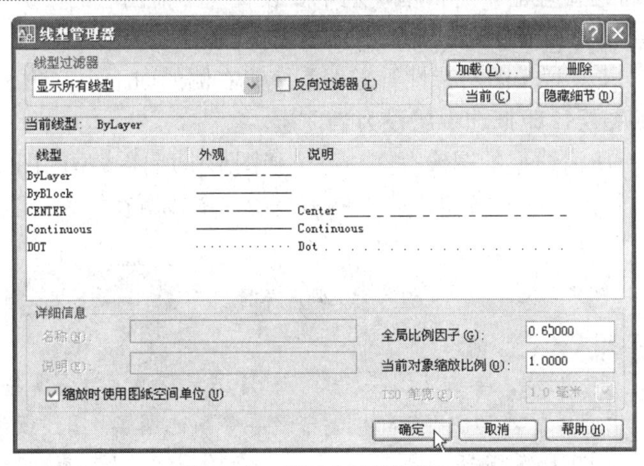

图 1-29　设置全局比例因子

（3）线宽设置

指定图层线宽。既系统以设置的线宽显示在该图层上绘制的图形线宽。

在“图层特性管理器”对话框中，单击相应图层的线宽“默认”项，弹出“线宽”对话框，如图 1-30 所示。从中选择所需线宽，单击【确定】按钮，完成线宽设定并返回“图层特性管理器”对话框。

（4）打开、关闭图层

打开或关闭图层显示。处于打开状态的图层是可见的，而处于关闭状态的图层是不可见的，也不能被编辑或打印。绘图中常将不需显示的图层关闭。在“图层特性管理器”对话框的“图层”列表中单击图层中的灯泡图标，或单击“图层”工具栏中的图层列表中灯泡图标，即可切换图层的开关。

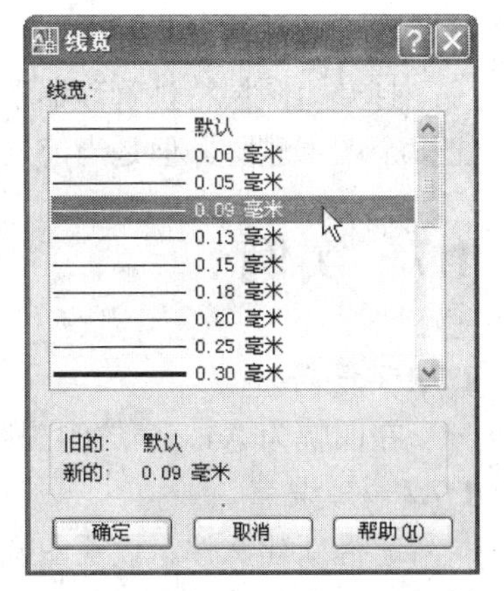

图 1-30　“线宽”对话框

（5）冻结、解冻图层

冻结图层上的图形对象不能被显示、编辑、打印且不参加运算。解冻图层将重生成并显示该图层上的图形对象。在“图层特性管理器”对话框中的“图层”列表中单击图标 ◯ 或 ❄，或单击“图层”工具栏中的图层列表中图标 或 ，即可切换图层冻结、解冻状态。

（6）锁定、解锁

控制图层中的对象是否能被编辑和选择。被锁定的图层是可见的，并且可以在此图层上绘制新的图形对象。在打开“图层特性管理器”对话框中的“图层”列表中单击图标 或 或在“图层”工具栏中的图层列表中单击图标 或 ，即可切换图层的锁定 / 解锁状态。

（7）打印

控制图层上对象是否打印。在“图层特性管理器”对话框中的“图层”列表中单击图标 或 ，即可切换图层的打印、不打印状态。

（8）设置当前层

图形均在当前层上绘制。绘制图形时，先将要在其上绘图的图层设置为当前层。设置当前层方法有以下几种。

① 打开“图层特性管理器”对话框，选中要设置为当前图层的图层，单击【置为当前】按钮 ，即把选中层设为当前层。

② 单击“图层”工具栏【图层特性管理器】按钮右侧的向下小三角 ，在列表框中选择要设置为当前图层的图层，即把选中层设为当前层。

③ 如图形中已有所需线型的图线存在，可选择图形中所需线型的图线，单击“图层”工具栏【将对象的图层置为当前】按钮，即把所需线型的图线所在层设为当前层。

小提示：

当图形已经绘制完毕，发现某些图线线型错误时，可采用以下方法修改。

◎更换图线所在图层

选中需要更换线型的图线，单击“图层”工具栏【图层特性管理器】按钮右侧的向下小三角按钮 ，在列表框中选择需要的图层，即把图线放在了所选图层。图线线型与所选图层一致。

◎采用“特性”工具栏重新设置线型

选中需要更换线型的图线，单击“特性”工具栏“线型控制”下拉列表框，选择需要的线型。

◎ 采用“特性”按钮重新设置线型

选中需要更换线型的图线，单击“标准”工具栏【特性】按钮 ，弹出“特性”列表框，单击“基本”选项组中的“线型”，在“线型”下拉框中选择需要的线型。

（9）删除多余图层

打开“图层特性管理器”对话框，选中需要删除的图层，单击【删除图层】按钮 ，即把多余图层删除。但是当前层、定义点层、包含对象的图层、信赖参照的图层不能删除。

1.7 实例

1.7.1 任务

在图幅为 A4、横放的图纸上，绘制如图 1-31 所示的平面图形。

1.7.2 知识点

掌握新建文件、设置图幅、图层设置的方法，能利用正交、捕捉精确绘制图形，能全屏缩放后保存文件。

1.7.3　图形绘制

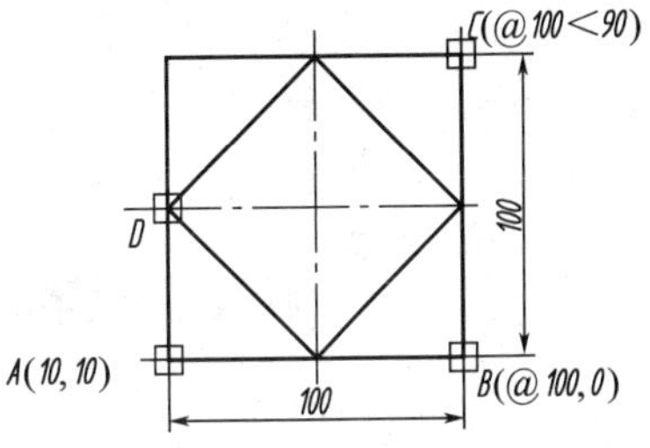

（1）新建文件

单击标准工具栏上【新建】按钮，系统将弹出“选择样板”对话框，从列表框中选取“acadiso”样板文件，单击【打开】按钮，新建一文件。

图 1-31　平面图形

（2）设置 A4 图幅

调用“图形界限”命令。

◆ 下拉菜单【格式】/【图形界限】

◆ 命令：Limits

命令: _limits

重新设置模型空间界限:

指定左下角点或 [开(ON)/关(OFF)] <0.0000,0.0000>:　　//回车确认

指定右上角点 <420.0000,297.0000>: 297,210　　//输入 297，210，回车

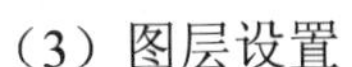

（3）图层设置

单击图层工具栏，打开“图层特性管理器”对话框，设置粗实线层（线型 Continuous，线宽 0.30mm）、中心线层（线型 Center2，线宽 0.09mm），如图 1-32 所示。

① 创建新层　单击【新建图层】按钮，创建粗实线层、中心线层。

② 设置线宽　单击“线宽”列相应层内容，设置线宽。

③ 设置线型　单击中心线层“线型”，弹出“选择线型”对话框，单击【加载】按钮，弹出“加载或重载线型”对话框，选择线型“Center2”，然后单击【确定】，在“选择线型“对话框中选择线型“Center2”，然后单击【确定】。完成中心线的线型设置。

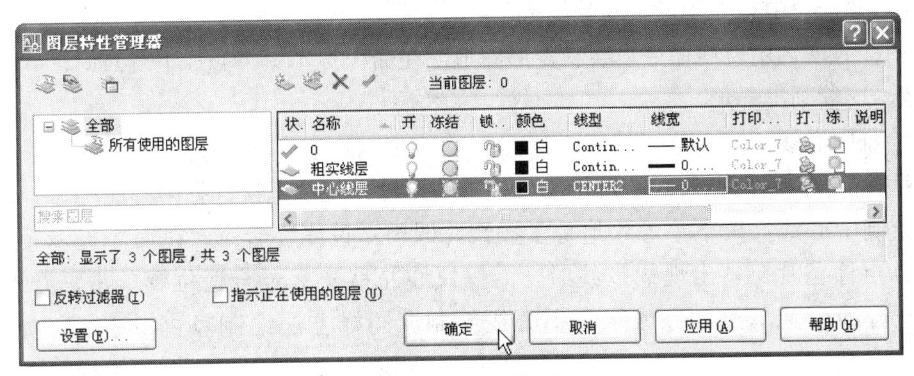

图 1-32　图层设置

（4）绘制图形

① 置粗实线层为当前曾层　在图层工具栏中的下拉列表中直接选择粗实线层。

② 绘制大正方形图形　单击绘图工具栏，调用直线命令，并单击状态栏中的【DYN】按钮，使其按下打开动态输入模式。绘制图形，如图 1-33 所示。在需要时，单击状态栏中的【正交】按钮，使其按下打开正交模式。

命令: _line 指定第一点:10，10　　//输入“10，10”指定 A 点

指定下一点或[放弃（U）]: @100,0　　//输入“100，0”指定 B 点

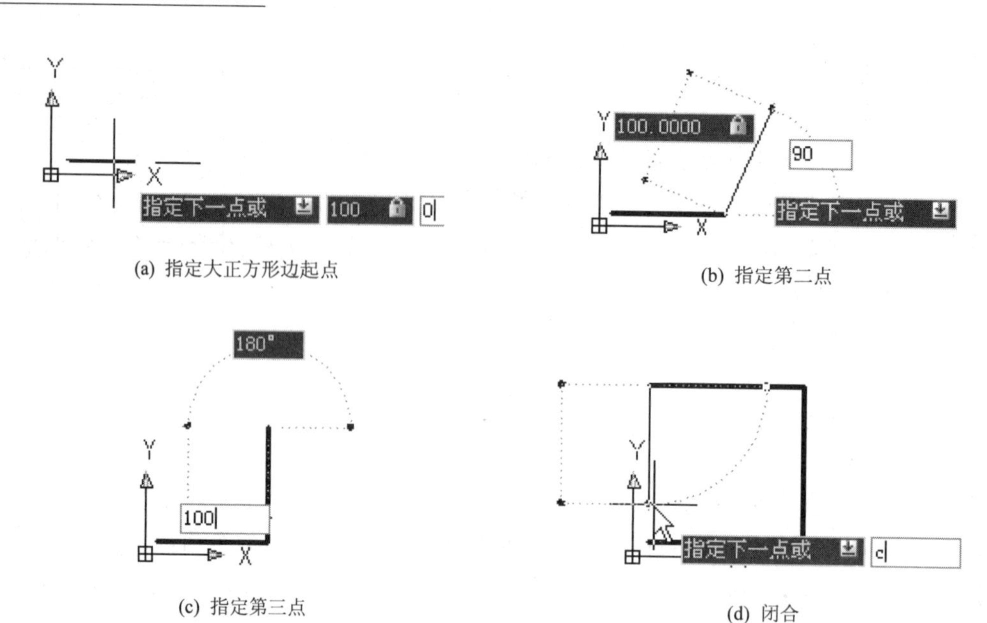

(a) 指定大正方形边起点　(b) 指定第二点

(c) 指定第三点　(d) 闭合

图 1-33　绘制正方形

指定下一点或[放弃（U）]：90　　//光标指引方向，输入“100”按【Tab】切换输入“90”指定 C 点

指定下一点或[闭合（C）/放弃（U）]：<正交 开> 100　　//打开正交模式,移动光标线段水平，输入 100

指定下一点或[闭合（C）/放弃（U）]：C　　//输入 C 闭合，回车确认

③ 设置对象捕捉　关闭【正交】，按下【对象捕捉】按钮，在其上右击，在弹出菜单中选择设置，勾选“中点”等设置对象捕捉。

④ 同样方法调用直线命令，绘制菱形图形　在命令提示第一点、下一点时，单击捕捉 D 点等中点，连续画出菱形。

⑤ 绘制中心线

a. 置中心线层为当前层：在图层工具栏中的下拉列表中直接选择中心线层。

b. 绘制中心线：按下【对象追踪】按钮，调用“直线”命令，在命令提示第一点时，光标在 D 点停留片刻，出现蚂蚁线时，沿蚂蚁线左移光标至合适位置单击，沿蚂蚁线由移光标至合适位置单击。完成水平中心线绘制。同样方法绘制竖直中心线，如图 1-34 所示。

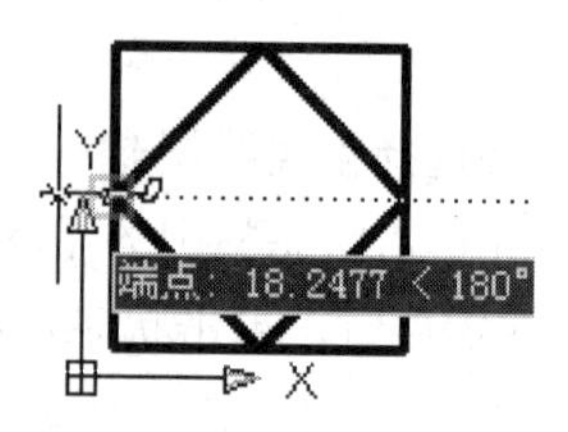

(a) 光标在 D 点停留片刻，沿蚂蚁线左移，合适位置单击

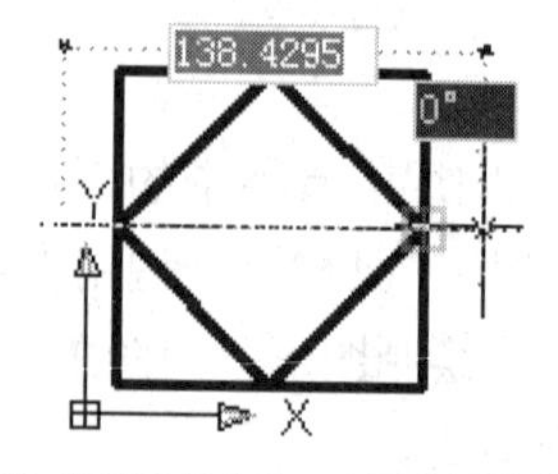

(b) 沿蚂蚁线右移，合适位置单击

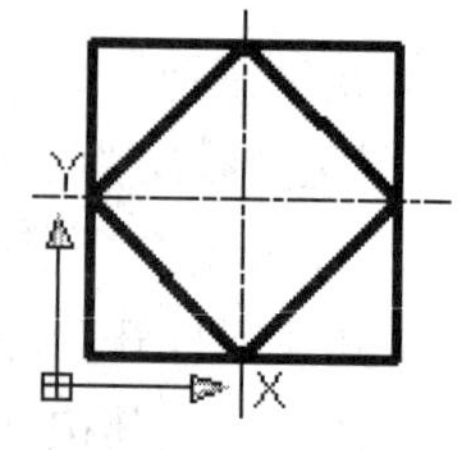

(c) 绘制中心线

图 1-34　绘制中心线

c. 调整中心线：中心线不能反映线型，单击选择两条中心线，单击标准工具栏上【特性】按钮，弹出“特性”窗口，在“基本”选项组中的“线型比例”框中，输入数值 50，如图 1-35 所示。修改后中心线如图 1-31 所示。

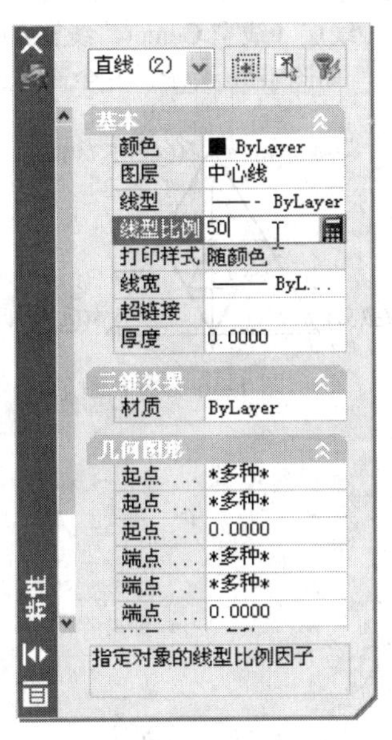

图 1-35 “特性”窗口

（5）全屏缩放后保存文件

单击标准工具栏上的【全部缩放】按钮，使图幅充满全屏。单击标准工具栏上【保存】按钮，在弹出 “图形另存为”对话框中文件名栏输入文件的新名称“平面图形”，并指定该文件保存的路径和文件类型。

小 结

本章介绍了 AutoCAD 2008 的基础知识，用户要熟悉 AutoCAD 2008 的界面组成，掌握命令调用、执行、取消的基本方法，能够新建图形、打开图形、保存图形，熟练控制图形显示，充分利用绝对坐标、相对坐标及各种辅助绘图工具精确作图，掌握图层创建的方法，随时保存图形防止图形意外丢失。掌握一般的作图方法和步骤。

习 题

一、简答题

1. AutoCAD 2008 中文版的工作界面主要包括哪些部分？
2. 如何调出、关闭所需工具栏？
3. 命令调用、执行、取消的基本方法有哪些？
4. 鼠标、键盘的作用有哪些？
5. 如何新建图形、打开图形、保存图形？
6. 坐标的表示方法有哪些？
7. “正交”、“极轴” 的作用是什么？

8. 如何创建图层？

9. 如何修改线型、颜色、线宽？

二、实训题

1. 以“acadiso”样板文件打开一新建文件，图形界限设为 A4 图幅，尺寸为 297×210，设置粗实线层（线型 Continuous，线宽 0.30mm）、中心线层（线型 Center，线宽 0.09mm），并以文件名 A4 保存在桌面。

2. 打开 A4 文件，按尺寸绘制图形，如图 1-36 所示，并全部缩放后保存图形。

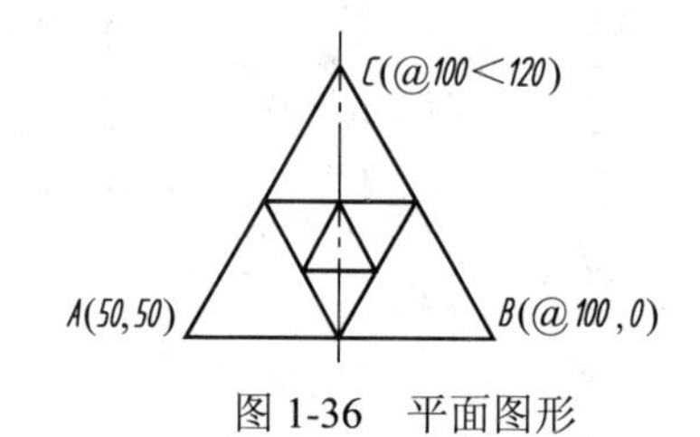

图 1-36 平面图形

第 2 章　绘图与编辑命令

教学目标： 通过本章的学习，使用户掌握基本绘图命令、编辑命令的使用方法和各种技巧。掌握选择对象的方法，能运用夹点进行对象编辑，并运用所学知识快速完成一些复杂图形的绘制与编辑。

本章是 AutoCAD 2008 绘图的基础部分，主要介绍 AutoCAD 2008 的常用绘图命令、编辑命令的使用方法和技巧。

2.1　绘图、编辑命令的调用

绘图、编辑命令调用方式有菜单、工具栏、键盘输入三种方式。用鼠标单击“绘图”、“修改”下拉菜单相应菜单项可执行该命令；鼠标单击“绘图”、“修改”工具栏上相应按钮可执行该命令；命令行输入相应命令可执行该命令，如图 2-1 所示。

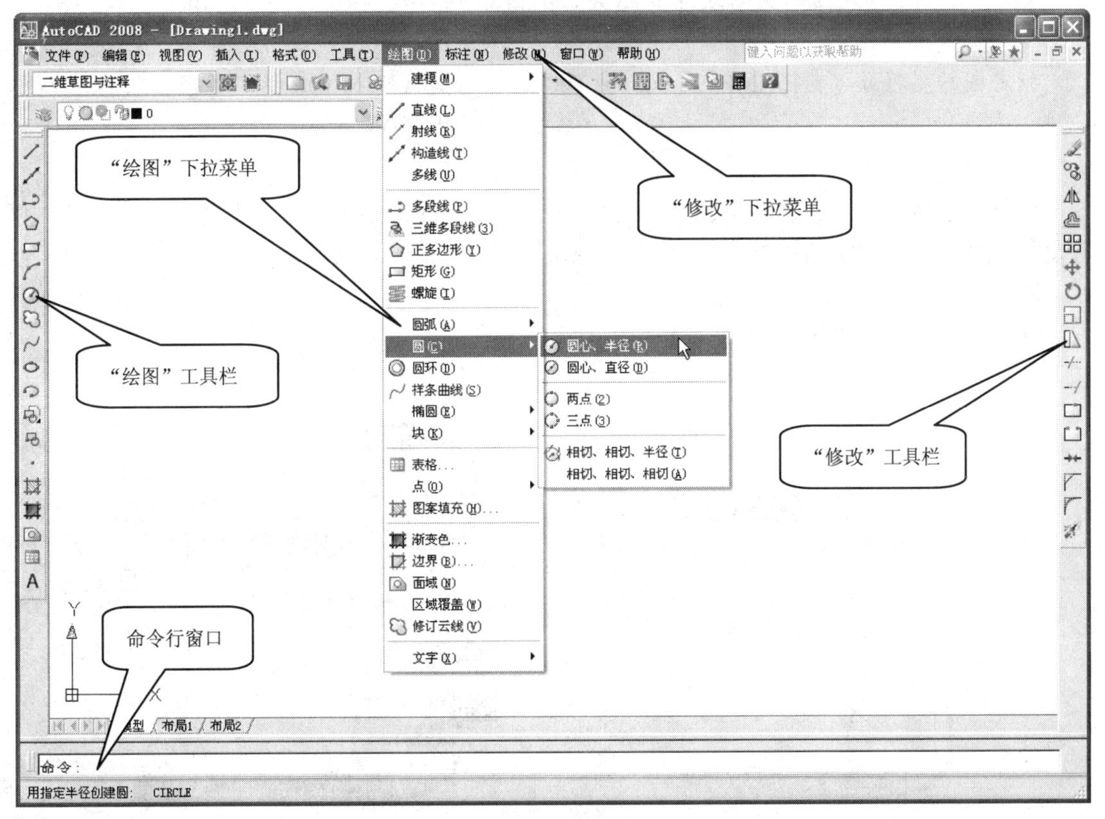

图 2-1　绘图、编辑命令的调用

小提示：

“绘图”、“修改”工具栏在默认环境中，位于屏幕的左右两侧；如果需要调出，可在已经打开的工具栏上任意位置右击鼠标,在系统弹出的光标菜单上选择“绘图”或“修改”选项，系统将弹出“绘图”或“修改”工具栏，将其拖到所需位置松开鼠标即可。

2.2 点、圆、直线命令

2.2.1 任务

绘制平面图形如图 2-2 所示。

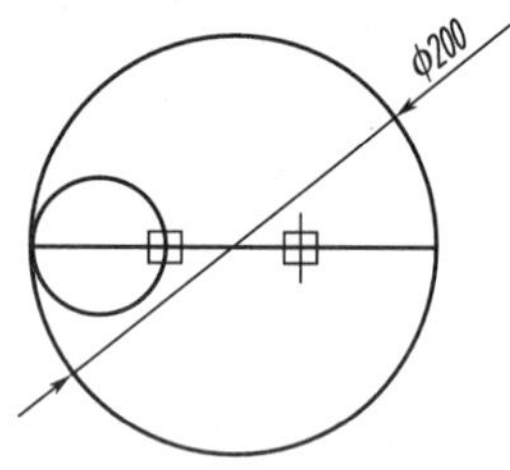

图 2-2 点、圆、直线

2.2.2 知识点

掌握绘制点、圆、直线的方法。包括等分对象、设置点样式等内容。

2.2.3 图形绘制

（1）绘制圆 φ200

调用“圆”命令。

◆ 下拉菜单：【绘图】/【圆】/【圆心、半径】

◆ 绘图工具栏按钮：

◆ 命令：C（Circle）

命令: _circle 指定圆的圆心或 [三点(3P)/两点(2P)/相切、相切、半径(T)]:

//屏幕单击一点指定圆心

指定圆的半径或 [直径(D)] <29.0630>: 100　　//键盘输入 100 指定半径，回车，如图 2-3(a)所示

（2）绘制直线

启用对象捕捉，在【对象捕捉】按钮上单击右键，在弹出菜单中选择“设置”，在弹出“草图设置”对话框“对象捕捉”卡中，勾选“象限点”。

调用“直线”命令。

◆ 下拉菜单：【绘图】/【直线】

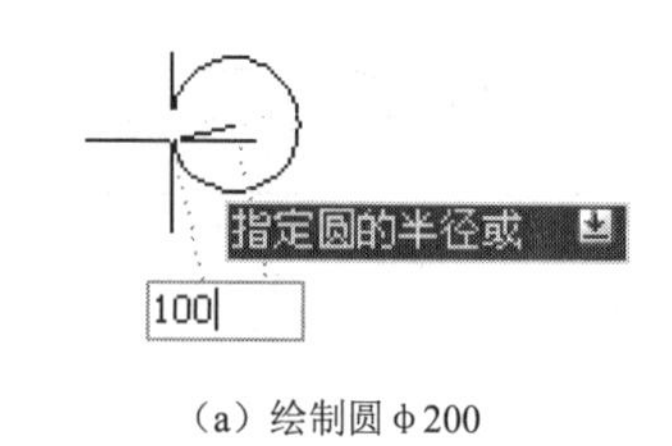

（a）绘制圆 φ200

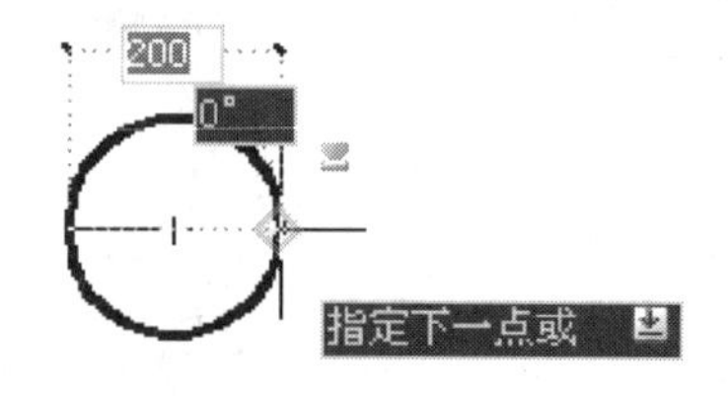

（b）绘制直线

（c）定数等分直线

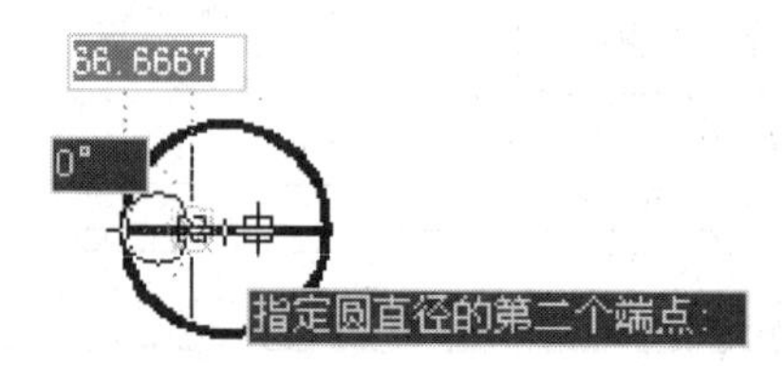

（d）绘制小圆

图 2-3 绘图步骤

◆ 绘图工具栏按钮：

◆ 命令：L(Line)

命令: _line 指定第一点:　　　　//捕捉圆上左象限点

指定下一点或 [放弃(U)]:　　　　//捕捉圆上右象限点，如图 2-3(b) 所示

指定下一点或 [放弃(U)]:　　　　//回车，结束命令

（3）设置点样式

选择下拉菜单：【格式】/【点样式…】，在弹出“点样式”对话框中，单击选择合适的点样式，如图 2-4 所示。

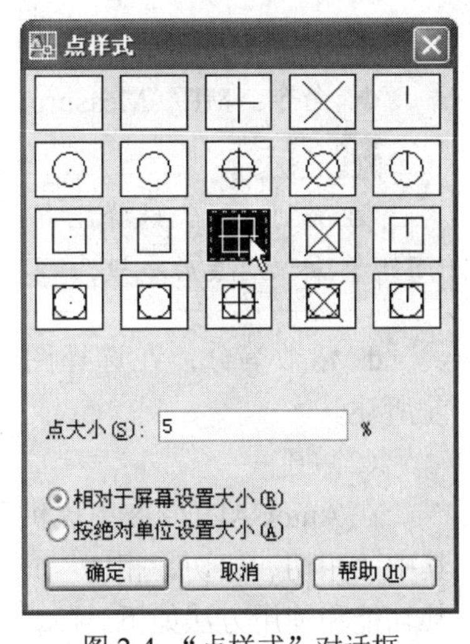

图 2-4 “点样式”对话框

（4）三等分直线

调用“点”命令。

◆ 下拉菜单：【绘图】/【点】/【定数等分】

◆ 命令： Divide

命令: _divide

选择要定数等分的对象:　　　　//单击选择直线

输入线段数目或 [块(B)]: 3　　　//输入等分数 3，回车结束命令，如图 2-3(c) 所示

（5）绘制小圆

启用对象捕捉，设置勾选“节点”。 调用“圆”命令。

◆ 下拉菜单：【绘图】/【圆】/【两点】

◆ 绘图工具栏按钮：

◆ 命令：C（Circle）

命令: _circle 指定圆的圆心或 [三点(3P)/两点(2P)/相切、相切、半径(T)]: 2p

//输入 2P，选择两点方式画圆

指定圆直径的第一个端点:　　　　//捕捉大圆左象限点

指定圆直径的第二个端点:　　　　//捕捉直线左节点，如图 2-3(d) 所示

2.2.4 扩展知识

（1）点

① 设置点样式　点是图样中的最基本元素，绘图时需要设置点的样式；调用命令后，在弹出“点样式”对话框中，可以相对于屏幕或使用绝对单位设置点的样式和大小、修改点的样式，如图 2-4 所示。命令调用方式如下。

◆ 下拉菜单：【格式】/【点样式…】

◆ 命令：Ddptype

② 绘制点　在 AutoCAD 中可绘制单点、多点、定数等分点、定距等分点。其功能和使用方法如下。

a. 单点：在屏幕上单击或坐标指定单点位置。命令调用方式如下。

◆ 下拉菜单：【绘图】/【点】/【单点】

◆命令：PO（Point）

b. 多点：在屏幕上单击或坐标指定多点位置。命令调用方式如下。

◆ 下拉菜单：【绘图】/【点】/【多点】

◆ 绘图工具栏按钮：

c. 定距等分：在选择的图形对象上用指定的距离放置点或图块，如图 2-5 所示。利用这个功能可以作出绘图辅助点。命令调用方式如下。

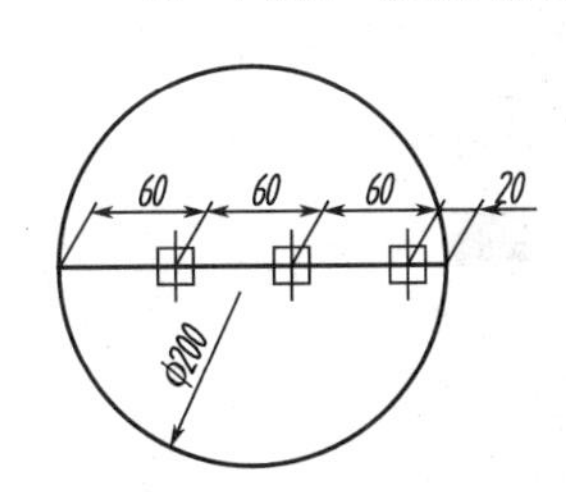

图 2-5　定距等分

◆ 选择下拉菜单：【绘图】/【点】/【定距等分】

◆ 命令：ME（Measure）

小提示：

在绘制点时，选择距离对象点较近的端点作为起始位置。如所分对象总长不能被指定间距整除，则最后一段为剩下的间距。

d. 定数等分：在选择图形对象的等分长度上放置点或图块。命令调用方式及使用如前所述。

（2）圆

在 AutoCAD 2008 中提供了 6 种绘制圆的方法，如图 2-6 所示。命令调用方式如前所述，其中“相切、相切、相切”只能通过下拉菜单【绘图】/【圆】/【相切、相切、相切】调用。其功能和使用方法如下。

① 圆心、半径（直径）：通过指定圆心位置，输入半径（直径）画圆。

② 三点：通过指定圆上第一个点、第二个点、第三个点画圆。

③ 两点：通过指定圆直径第一个端点、第二个端点画圆。

④ 相切、相切、半径：通过指定对象与圆的两个切点，输入圆的半径画圆。

⑤ 相切、相切、相切：通过指定对象与圆上三个切点画圆。

（3）直线

绘制直线常用捕捉点、输入点坐标、动态输入三种方法，如图 2-7 所示。命令调用方式

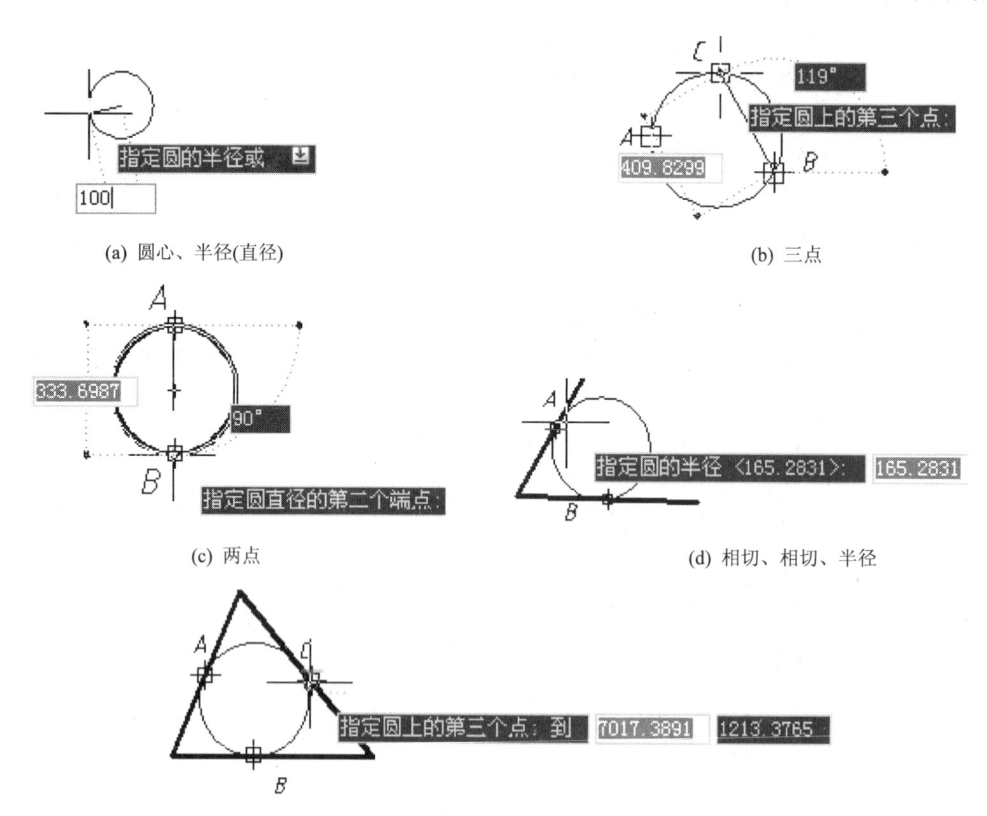

(a) 圆心、半径(直径)

(b) 三点

(c) 两点

(d) 相切、相切、半径

(e) 相切、相切、相切

图 2-6 画圆常用方法

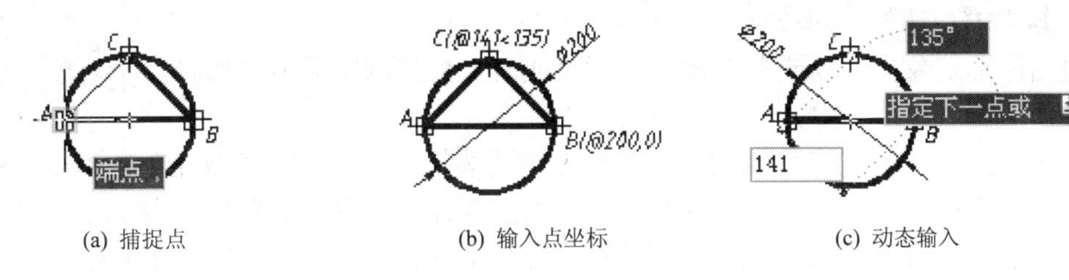

(a) 捕捉点　　(b) 输入点坐标　　(c) 动态输入

图 2-7　画直线常用方法

如前所述。其功能和使用方法如下。

① 捕捉点：鼠标在绘图区域内单击，指定线段起点、端点，可连续画出所需直线。

② 输入点坐标：键盘输入坐标指定线段起点、端点，可连续画出所需直线。

③ 动态输入：启用“动态输入”后，在“工具栏提示”为用户提供输入的位置上输入相应数值，指定线段起点、端点，可连续画出所需直线。

小提示：

可使用正交功能快速绘制水平与垂直线。打开状态栏中的按钮正交，光标只能水平与垂直方向移动。只要移动光标来指示线段的方向，并输入线段的长度值，即能绘制出水平与垂直方向的线段。

2.3　选择对象的方法

在绘图中正确、快速的选择对象可以提高绘图编辑的效率，对已有的图形进行编辑时，可以先调用编辑命令后选择对象，也可以先选择对象后调用编辑命令。用户选定目标后，图形边界将变为虚线亮显。

2.3.1　常用选择对象的方式

在 AutoCAD 2008 中提供了多种选择对象的方法，用户常通过鼠标逐个点取被编辑的对象，也可以利用矩形窗口、交叉矩形窗口等方法选取对象。

（1）直接单击选择

通过直接单击单个、多个图形对象选择对象。

在命令行提示“命令：”时，用十字光标直接单击图形对象；如选择多个图形对象，可连续单击要选择的图形对象；被选中的对象将以带有夹点的虚线显示，如图 2-8(a) 所示。

在命令行提示“选择对象：”时，十字光标变成一个小方框既“拾取框”，用“拾取框”单击所要选择的对象；如选择多个图形对象，可连续单击需要选择的图形对象；被选中的对象以虚线显示，如图 2-8(b) 所示。

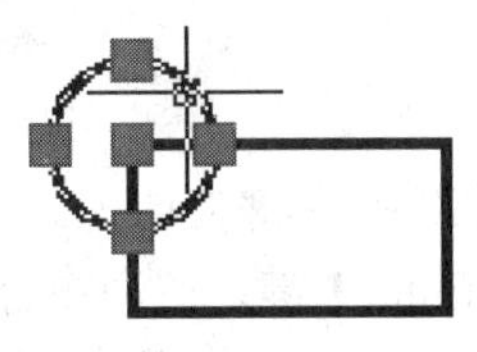

（a）“命令：”时选择

（b）“选择对象：”时选择

图 2-8　直接单击选择

（2）矩形窗口选择

通过由图形对象左上角或左下角向右下角或右上角绘制矩形窗口选择多个对象。包围在矩形框中的所有对象被选中。

在命令行提示“命令:”时，用十字光标在需要选择对象的左上角或左下角单击，并向右下角或右上角方向移动鼠标，在矩形框完全包围需要选择的图形对象处单击鼠标，完全包围在矩形框中的所有对象被选中，选中的对象以带有夹点的虚线显示，如图 2-9 所示。

在命令行提示“选择对象:”时，十字光标变成一个“拾取框”，用“拾取框”同样可以自左至右拉出矩形窗口以确定选择对象，被选中的对象以虚线显示。

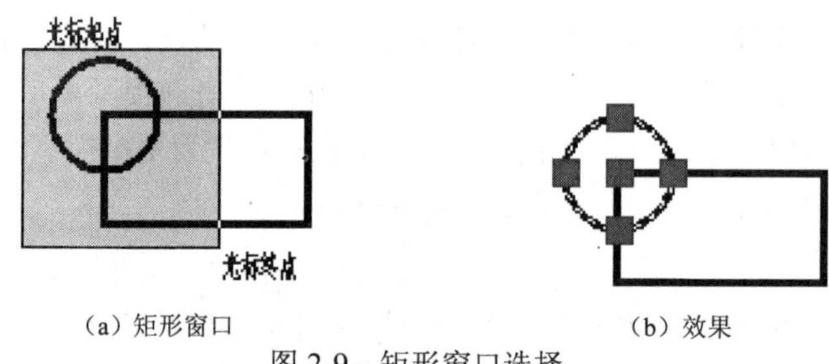

（a）矩形窗口　　（b）效果

图 2-9　矩形窗口选择

（3）交叉矩形窗口选择

通过由图形对象右下角或右上角向左上角或左下角绘制矩形窗口选择多个对象。包围及相交的所有对象被选中。

在命令行提示“命令:”时，用十字光标在需要选择的对象右上角或右下角单击，并向左下角或左上角方向移动鼠标，在虚线框包围需要选择的图形对象处单击鼠标，虚线框包围及相交的所有对象被选中，选中的对象以带有夹点的虚线显示，如图 2-10 所示。

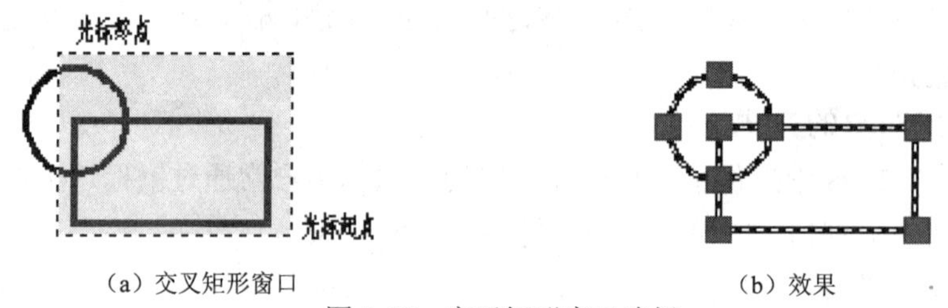

（a）交叉矩形窗口　　（b）效果

图 2-10　交叉矩形窗口选择

在命令行提示“选择对象:”时，十字光标变成一个“拾取框”，用“拾取框”同样可以自右至左拉出矩形窗口以确定选择对象，被选中的对象以虚线显示。

（4）多边形窗口选择

通过绘制一个封闭多边形选择对象，包围在多边形内的对象都将被选中。

在命令行提示“选择对象:”时，输入“WP”，按【Enter】键，按命令行提示绘制多边形，按【Enter】键结束多边形绘制；包围在多边形内的对象都将被选中。选中的对象以虚线显示，如图 2-11 所示。

（5）交叉多边形窗口选择

通过绘制一个封闭多边形选择对象，包围及相交的对象都将被选中。

在命令行提示“选择对象:”时，输入“CP”，按【Enter】键，按命令行提示绘制多边形，按【Enter】键结束多边形绘制；包围在多边形内以及与多边形相交的对象都将被选中。选中的对象以虚线显示，如图 2-12 所示。

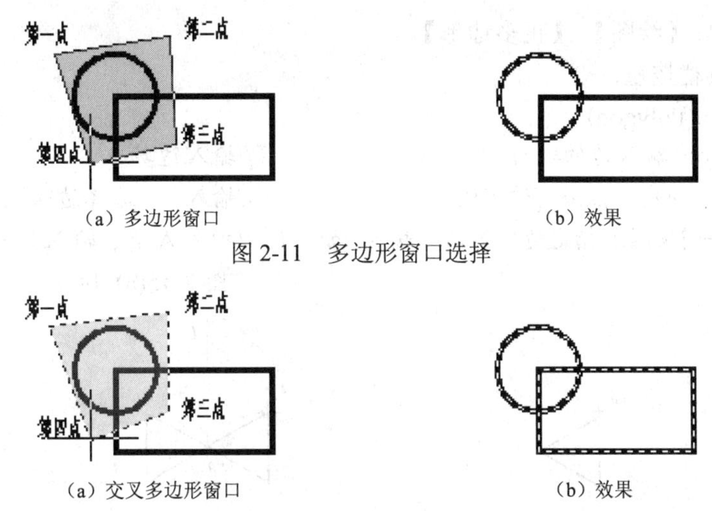

（a）多边形窗口　　（b）效果

图 2-11　多边形窗口选择

（a）交叉多边形窗口　　（b）效果

图 2-12　交叉多边形窗口选择

（6）折线选择

通过连续单击绘制多条折线，所有与折线相交的图形对象都将被选中。

在命令行提示“选择对象：”时，输入“F”，按【Enter】键，按命令行提示连续单击以绘制多条折线，按【Enter】键结束折线绘制；此时所有与折线相交的对象都将被选中，如图 2-13 所示。

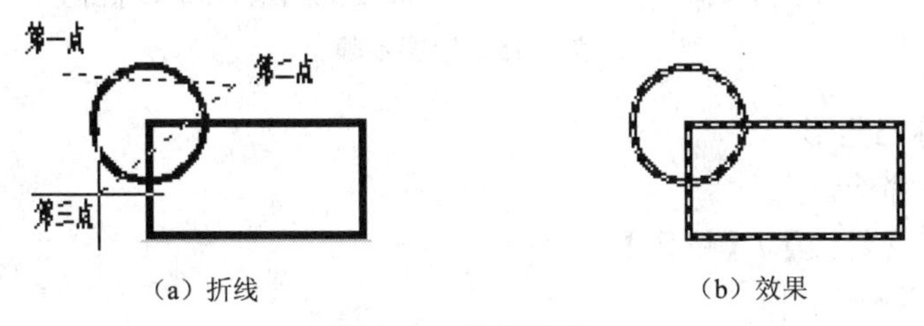

（a）折线　　（b）效果

图 2-13　折线选择

（7）全部对象选择

当命令行提示“选择对象：”时，输入“ALL”，并按【Enter】键。所有对象被选中。

2.3.2　取消选择

当选择对象错误，可以按键盘上的【ESC】键或在绘图窗口内鼠标右击，在光标菜单中选择【全部不选】命令，取消所选对象。

2.4　正多边形、镜像、修剪

2.4.1　任务

绘制平面图形如图 2-14 所示。

2.4.2　知识点

掌握绘制正多边形的方法，学习镜像命令、修剪命令的使用方法。

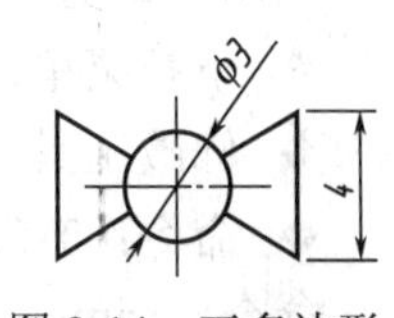

图 2-14　正多边形、镜像、修剪

2.4.3　图形绘制

（1）绘制等边三角形

调用“正多边形”命令。

◆ 下拉菜单：【绘图】/【正多边形】

◆ 绘图工具栏按钮：

◆ 命令：Pol(Polygon)

命令: _polygon 输入边的数目 <4>: 3 //输入边数 3

指定正多边形的中心点或 [边 E)]: e //输入 e，选择边选项

指定边的第一个端点: 指定边的第二个端点: @0,-4 //指定 A 点，输入另一端点@0,-4，如图 2-15(a) 所示

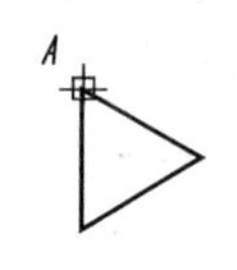

(a) 绘制等边三角形

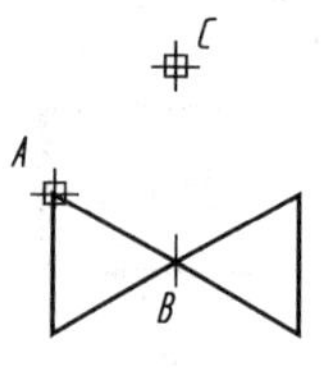

(b) 绘制对称三角形

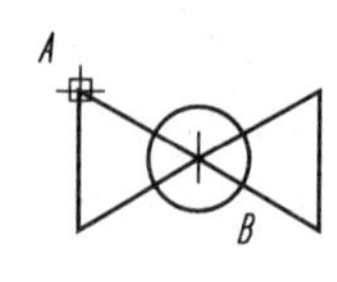

(c) 绘制圆ϕ3

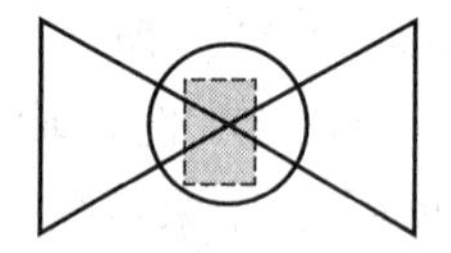

(d) 交叉矩形窗口选择多余图线

图 2-15　绘图步骤

（2）绘制对称三角形

调用“镜像”命令。

◆ 下拉菜单：【修改】/【镜像】

◆ 修改工具栏按钮：

◆ 命令：Mi (Mirror)

命令: _mirror

选择对象: //单击选择三角形

选择对象: //右键确认

指定镜像线的第一点: 指定镜像线的第二点: <正交 开><对象捕捉 开> //打开正交、对象捕捉，单击 B 点、C 点

要删除源对象吗？[是(Y)/否(N)] <N>: //回车保留源对象，如图 2-15(b) 所示

（3）绘制圆ϕ3

采用前述方法调用“圆”命令，捕捉 B 点，输入半径 1.5，绘制圆ϕ3，如图 2-15(c) 所示。

（4）修剪多余图线

调用“修剪”命令。

◆ 下拉菜单：【修改】/【修剪】

◆ 修改工具栏按钮：

◆ 命令：Tr(Trim)

命令: _trim

当前设置:投影=UCS，边=无

```
选择剪切边...
选择对象或 <全部选择>:                                   //回车选择全部边为剪切边
选择要修剪的对象，或按住 Shift 键选择要延伸的对象，或
[栏选(F)/窗交(C)/投影(P)/边(E)/删除(R)/放弃(U)]:   指定对角点:
                                                          //交叉矩形窗口选择多余图线，如图
                                                           2-15(d) 所示
选择要修剪的对象，或按住 Shift 键选择要延伸的对象，或
[栏选(F)/窗交(C)/投影(P)/边(E)/删除(R)/放弃(U)]:
                                                          //回车确认
```

2.4.4 扩展知识

（1）正多边形

可以绘制边数为 3～1024 的正多边形。采用前述方法调用命令后，根据命令行提示用户可以通过指定正多边形的中心点或边长绘制正多边形。使用方法如下。

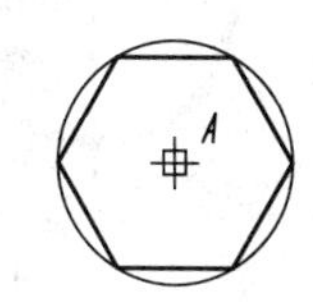

图 2-16 正多边形的中心点

① 指定正多边形的中心点：通过指定正多边形的中心点及与正多边形内接或外切圆的半径，绘制正多边形；其中内接圆的半径指多边形中心点到顶点的距离，外切圆的半径指多边形中心点到边的垂直距离，如图 2-16 所示。调用命令后，命令行提示如下。

```
命令: _polygon 输入边的数目 <4>: 6                    //输入 6 绘制正六边形
指定正多边形的中心点或 [边(E)]:                         //指定 A 点为中心点
输入选项 [内接于圆(I)/外切于圆(C)] <I>:I                //回车选择内接与圆
指定圆的半径: 100                                       //输入半径 100
```

小提示：

如果需要指定正多边形顶角方向，可通过相对坐标指定；如正六边形顶点竖直方向放置，指定半径时输入@0,100 即可。

② 指定正多边形的边长：方法如前所述。

（2）镜像

可以将图形对称复制。采用前述方法调用命令后，根据命令行提示选择对象、指定镜像线、选择是否删除源对象来镜像图形；如果镜像文本，在命令行输入“mirrtext”改变文本镜像系统变量，当“mirrtext”为 0 时，使用镜像命令，效果如图 2-17(a) 所示；当“mirrtext”为 1 时，使用镜像命令，效果如图 2-17(b) 所示。

（a）“mirrtext”为 0　　　　（b）“mirrtext”为 1

图 2-17 镜像文本

（3）修剪

可以按指定的对象边界裁剪多余图线。采用前述方法调用命令后，命令行提示“选择要修剪的对象或按住 Shift 键选择要延伸的对象，或[栏选(F)/窗交(C)/投影(P)/边(E)/删除(R)/放弃(U)]”；根据图形给出的实际条件，选择相应的选项来进行修剪。各选项含义如下。

① 栏选：可选择与选择栏相交的对象。

② 窗交：可选择窗口内部或与之相交的对象。

③ 投影：可选择修剪时使用的投影方式。

④ 边：可指定对象是在另一图形的延长边处修剪，还是仅在三维空间中与该图形相交处修剪。

⑤ 删除：可删除选择的对象。

⑥ 放弃：可撤消最近一次修剪。

绘制如图 2-18 所示图形。

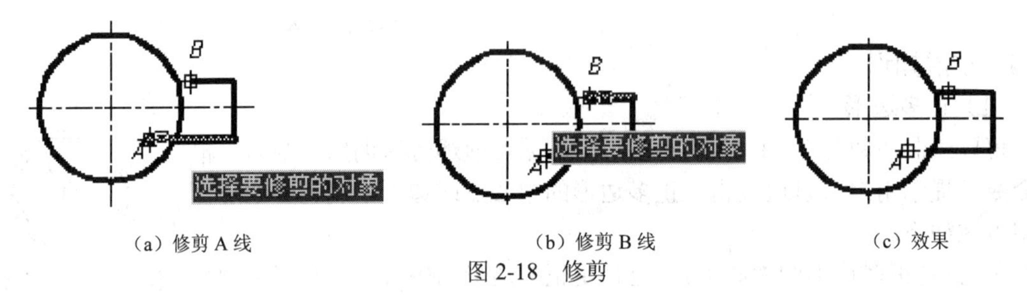

（a）修剪 A 线　　（b）修剪 B 线　　（c）效果

图 2-18　修剪

命令: _trim
当前设置:投影=UCS，边=延伸
选择剪切边...
选择对象或 <全部选择>:　　　　//回车选择全部边为剪切边
选择要修剪的对象，或按住 Shift 键选择要延伸的对象，或
[栏选(F)/窗交(C)/投影(P)/边(E)/删除(R)/放弃(U)]:
　　　　//单击选择 A 线，如图 2-18(a) 所示
选择要修剪的对象，或按住 Shift 键选择要延伸的对象，或
[栏选(F)/窗交(C)/投影(P)/边(E)/删除(R)/放弃(U)]:
　　　　//按 Shift 键单击选择 B 线，如图 2-18(b) 所示
选择要修剪的对象，或按住 Shift 键选择要延伸的对象，或
[栏选(F)/窗交(C)/投影(P)/边(E)/删除(R)/放弃(U)]:
　　　　//回车确认，如图 2-18(c) 所示

2.5　矩形、偏移、倒角、圆角

2.5.1　任务

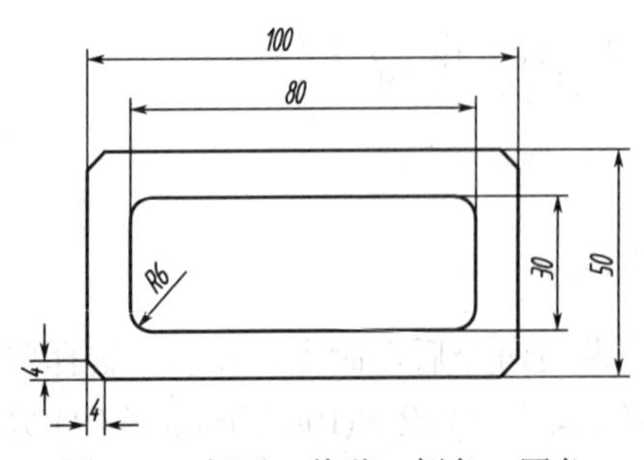

图 2-19　矩形、偏移、倒角、圆角

绘制平面图形如图 2-19 所示。

2.5.2　知识点

掌握绘制矩形的方法，学习偏移命令、倒角命令、圆角命令的使用方法。

2.5.3　图形绘制

（1）绘制大矩形

调用“矩形”命令。

◆ 下拉菜单：【绘图】/【矩形】

◆ 绘图工具栏按钮：

◆ 命令：Rec(Rectang)

命令: _rectang

指定第一个角点或 [倒角(C)/标高(E)/圆角(F)/厚度(T)/宽度(W)]:

//屏幕单击指定第一角点

指定另一个角点或 [面积(A)/尺寸(D)/旋转(R)]: @100, −50

//键盘输入 100，−50 回车确认，如图 2-20(a) 所示

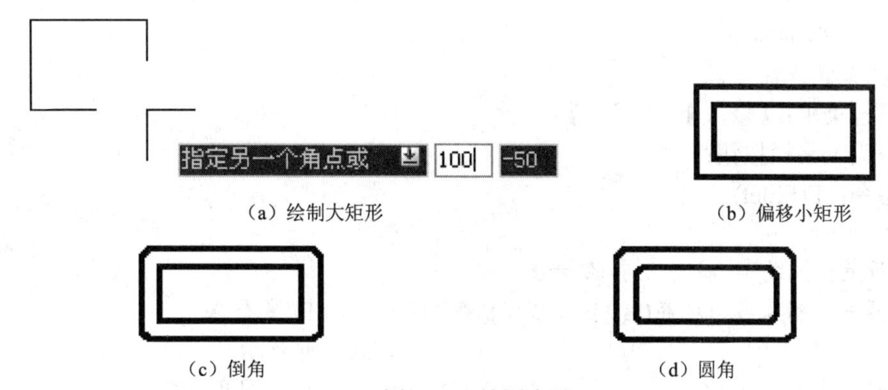

（a）绘制大矩形　（b）偏移小矩形

（c）倒角　（d）圆角

图 2-20　绘图步骤

（2）绘制小矩形

调用“偏移”命令。

◆ 下拉菜单：【修改】/【偏移】

◆ 修改工具栏按钮：

◆ 命令：O(Offset)

命令: _offset

当前设置: 删除源=否　图层=源　OFFSETGAPTYPE=0

指定偏移距离或 [通过(T)/删除(E)/图层(L)] <通过>:　10

//输入 10 指定偏移距离

选择要偏移的对象，或 [退出(E)/放弃(U)] <退出>:

//单击选择矩形

指定要偏移的那一侧上的点，或 [退出(E)/多个(M)/放弃(U)] <退出>:

//单击矩形内侧指定偏移方向，如图 2-20(b) 所示

选择要偏移的对象，或 [退出(E)/放弃(U)] <退出>:

//回车退出命令

（3）大矩形倒角

调用“倒角”命令。

◆ 下拉菜单：【修改】/【倒角】

◆ 修改工具栏按钮：

◆ 命令：Cha(Chamfer)

命令: _chamfer

("修剪"模式) 当前倒角距离 1＝0，距离 2＝0
选择第一条直线或 [放弃(U)/多段线(P)/距离(D)/角度(A)/修剪(T)/方式(E)/多个(M)]: d
//输入 d 重新指定倒角距离
指定第一个倒角距离 <0>: 4 //输入 4 指定第一个倒角距离
指定第二个倒角距离 <4>: //回车指定第二个倒角距离为 4
选择第一条直线或 [放弃(U)/多段线(P)/距离(D)/角度(A)/修剪(T)/方式(E)/多个(M)]: p
//输入 p 选择多段线方式
选择二维多段线: //单击选择矩形，完成倒角，如图 2-20(c) 所示

（4）小矩形倒圆角

调用“圆角”命令。

◆ 下拉菜单：【修改】/【圆角】
◆ 修改工具栏按钮：
◆ 命令：F(Fillet)

命令: _fillet
当前设置: 模式 = 修剪，半径 ＝0
选择第一个对象或 [放弃(U)/多段线(P)/半径(R)/修剪(T)/多个(M)]: r
//输入 r 重新指定半径
指定圆角半径 <0>: 6 //输入 6 指定圆角半径
选择第一个对象或 [放弃(U)/多段线(P)/半径(R)/修剪(T)/多个(M)]: p
//输入 p 选择多段线方式
选择二维多段线: //单击选择小矩形，完成倒圆角，如图 2-20(d) 所示

2.5.4 扩展知识

（1）矩形

通过确定两个对角点位置来绘制，同时可以绘制带圆角、倒角等特性的矩形。采用前述方法调用命令后，命令行提示“指定第一个角点或 [倒角(C)/标高(E)/圆角(F)/厚度(T)/宽度(W)]”，根据图形给出的实际条件，选择相应的选项来进行绘制，如图 2-21 所示。

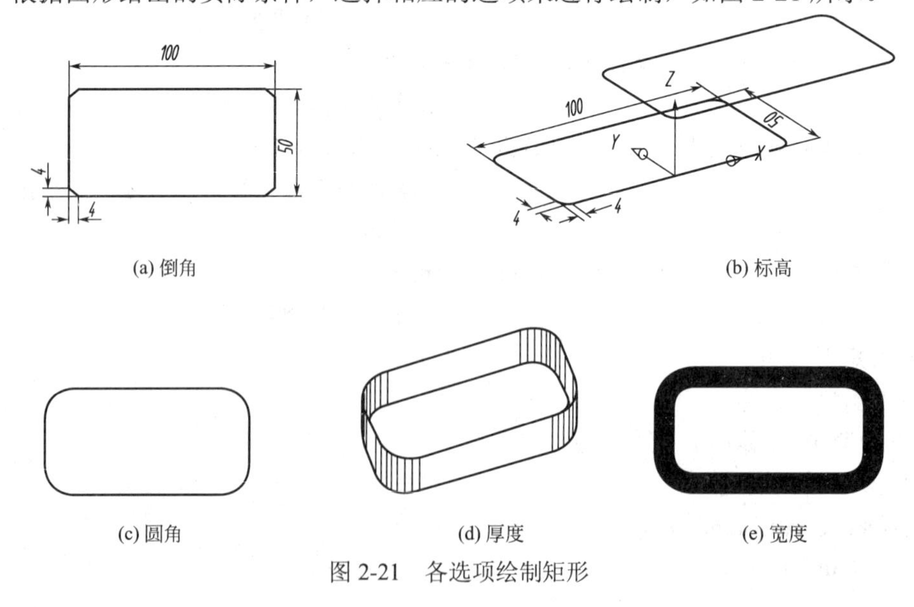

(a) 倒角 (b) 标高

(c) 圆角 (d) 厚度 (e) 宽度

图 2-21 各选项绘制矩形

① 倒角：选择该选项，可绘制带倒角的矩形，如图 2-21(a) 所示。调用命令后，命令行提示如下。

命令: _rectang
指定第一个角点或 [倒角(C)/标高(E)/圆角(F)/厚度(T)/宽度(W)]: c
//输入 c，选择倒角选项
指定矩形的第一个倒角距离 <0>: 4　//输入 4，指定第一个倒角距离
指定矩形的第二个倒角距离 <4>:　//回车指定第二个倒角距离为 4
指定第一个角点或 [倒角(C)/标高(E)/圆角(F)/厚度(T)/宽度(W)]:
//屏幕单击指定第一角点
指定另一个角点或 [面积(A)/尺寸(D)/旋转(R)]: @100,-50
//键盘输入 100，-50 回车确认

小提示：

指定矩形的第一个倒角距离与矩形的第二个倒角距离如果不同，可绘制具有非 45 度倒角的矩形。

② 标高：绘制与 XOY 平面距离一定高度的矩形。常用于建筑图，如图 2-21(b) 所示。

③ 圆角：可绘制带圆角的矩形，如图 2-21(c) 所示。

④ 厚度：可绘制具有厚度的矩形，如图 2-21(d) 所示。

⑤ 宽度：可绘制具有宽度的矩形，如图 2-21(e) 所示。

（2）偏移

可以创建与源对象平行并等距的新对象。调用命令后，命令行提示“指定偏移距离或[通过(T)/删除(E)/图层(L)] <通过>”，根据图形给出的实际条件，选择相应的选项来进行偏移。

(a) 偏移前　(b) 偏移后

图 2-22　通过方式偏移

① 指定偏移距离：方法如前所述。

② 通过：选择该选项，可通过指定点偏移对象，如图 2-22 所示。调用命令后，命令行提示如下。

命令: _offset
当前设置: 删除源=否　图层=源　OFFSETGAPTYPE=0
指定偏移距离或 [通过(T)/删除(E)/图层(L)] <通过>:　//回车选择通过项
选择要偏移的对象，或 [退出(E)/放弃(U)] <退出>:　//单击选择小圆
指定通过点或 [退出(E)/多个(M)/放弃(U)] <退出>:　//单击通过点顶点
选择要偏移的对象，或 [退出(E)/放弃(U)] <退出>:　//回车退出命令

③ 删除：可设置在偏移后是否删除源对象。

④ 图层：可设置偏移对象的图层是当前层还是源对象所在层。

（3）倒角

可以将尖角倒平，采用前述方法调用命令后，命令行提示“选择第一条直线或 [放弃(U)/多段线(P)/距离(D)/角度(A)/修剪(T)/方式(E)/多个(M)]”， 根据图形给出的实际条件，选择相应的选项来进行绘制，如图 2-23 所示。

① 选择第一条直线：通过确定倒角所需两条边的第一条边、第二条边绘制倒角。如图 2-23(a) 所示。调用命令后，命令行提示如下。

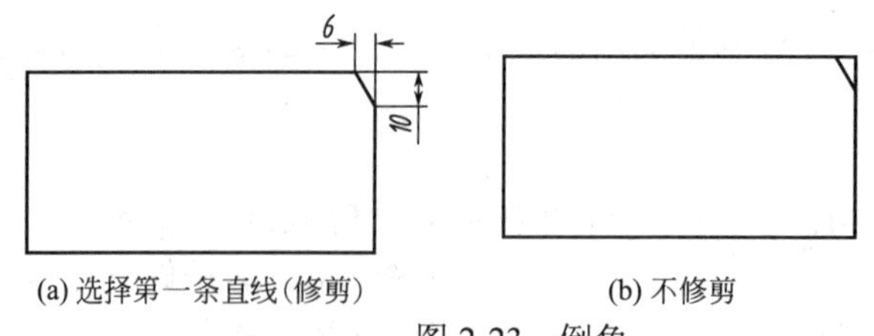

(a) 选择第一条直线（修剪）　　(b) 不修剪

图 2-23　倒角

命令: _chamfer

（“修剪”模式）当前倒角距离 1＝4，距离 2＝4

选择第一条直线或 [放弃(U)/多段线(P)/距离(D)/角度(A)/修剪(T)/方式(E)/多个(M)]: d
//输入 d 重新指定倒角距离

指定第一个倒角距离 <4>: 6　　//输入 6 指定第一个倒角距离

指定第二个倒角距离 <6>: 10　　//输入 10 指定第二个倒角距离

选择第一条直线或 [放弃(U)/多段线(P)/距离(D)/角度(A)/修剪(T)/方式(E)/多个(M)]:
//单击选择矩形上边

选择第二条直线，或按住 Shift 键选择要应用角点的直线:
//单击选择矩形右侧边，完成倒角

② 多段线：可对二维多段线执行倒角命令，方法如前所述。

③ 距离：用于设置倒角到定边端点的距离。需要设置倒角到两条选定边的距离，两距离可以相同，也可不同。方法如前所述。

④ 角度：通过指定第一条直线的倒角长度、第一条直线的倒角角度绘制倒角。

⑤ 修剪：用于设置是否将选定边修剪为倒角端点，如图 2-23(b) 所示。

⑥ 方式：用于设置创建倒角的方式，有使用两个距离、一个距离和一个角度两种方式。

⑦ 多个：用于创建多个倒角。

（4）圆角

可在两个图形对象之间用光滑圆弧线连接。采用前述方法调用命令后，命令行提示“选择第一个对象或 [放弃(U)/多段线(P)/半径(R)/修剪(T)/多个(M)]”，根据图形给出的实际条件，选择相应的选项来进行绘制。其各选项含义与倒角相同。

2.6 多段线、样条曲线、删除、分解

2.6.1 任务

绘制平面图形如图 2-24 所示。

2.6.2 知识点

掌握绘制多段线的方法，学习样条曲线命令、删除命令、分解命令的使用方法，利用捕捉“自（F）”精确定位。

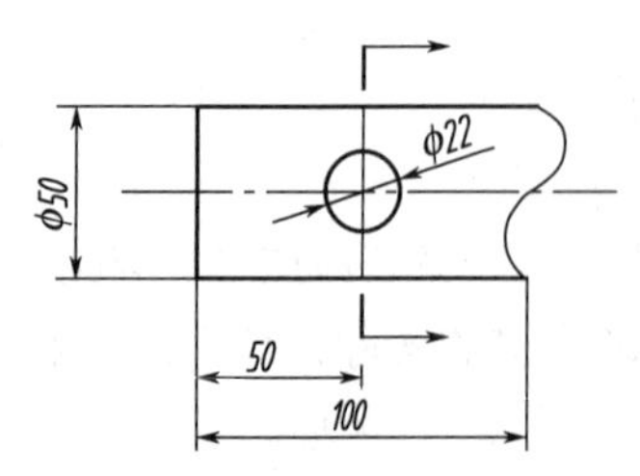

图 2-24　多段线、样条曲线、删除、分解

2.6.3 图形绘制

（1）设置图层

打开“图层特性管理器”对话框，设置粗实线层、细实线层、中心线层。

（2）绘制长 100、宽 50 的矩形

将粗实线层置为当前层，调用“矩形”命令，绘制长 100、

宽 50 的矩形。

（3）绘制 ϕ22 的圆

调用“圆”命令。

命令: _circle 指定圆的圆心或 [三点(3P)/两点(2P)/相切、相切、半径(T)]: _from 基点: <偏移>: @50,0

//按【shift】键+鼠标右键，在弹出菜单中单击选择“自（F）”，如图 2-25 所示；单击选择矩形左侧边中点为基点，如图 2-26(a) 所示，用键盘输入@50,0 确定圆心，如图 2-26(b) 所示

指定圆的半径或 [直径(D)]: 11

//键盘输入半径 11，绘制圆

（4）绘制水平、竖直中心线

将中心线层置为当前层，打开“对象捕捉”、“对象追踪”，并设置中点捕捉，调用“直线”命令，捕捉矩形左侧边“中点”，停留片刻，出现蚂蚁线后，沿蚂蚁线左移光标，在合适处单击，沿蚂蚁线右移光标在合适处单击，绘制水平中心线，如图 2-26(c) 所示。

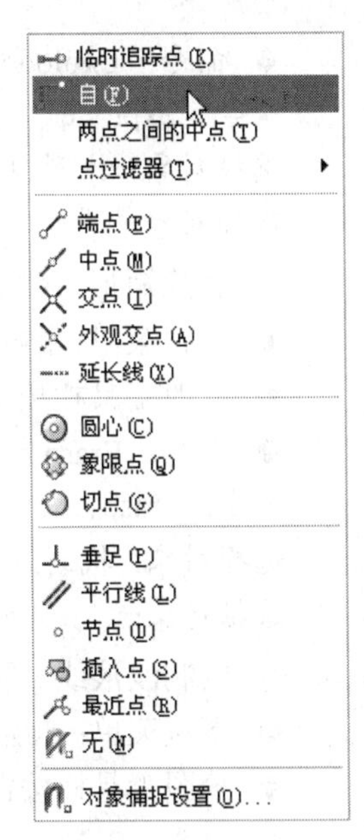

图 2-25　捕捉菜单

采用同样方法绘制竖直中心线。

（a）指定基点

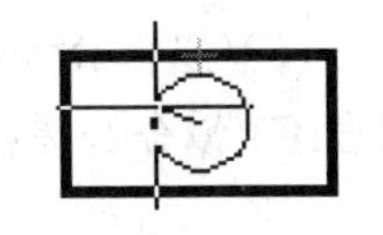

（b）指定圆心画圆

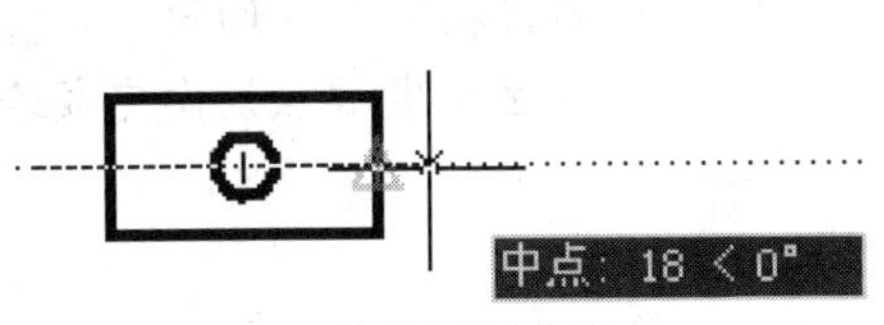

（c）绘制水平中心线

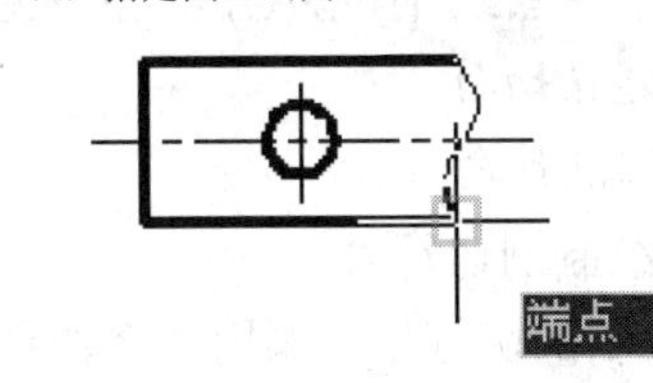

（d）绘制波浪线

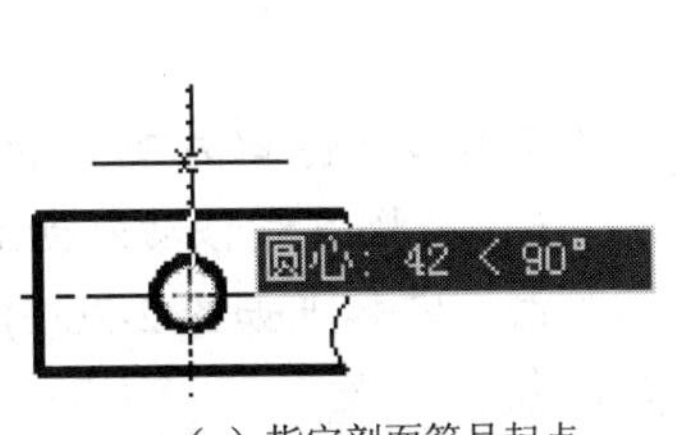

（e）指定剖面符号起点

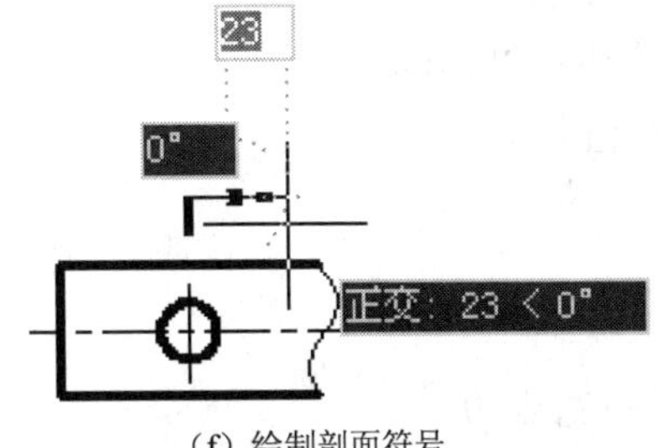

（f）绘制剖面符号

图 2-26　绘图步骤

（5）绘制波浪线

① 分解矩形　调用“分解”命令。

◆ 下拉菜单：【修改】/【分解】

◆ 修改工具栏按钮：

◆ 命令：Explode

命令: _explode

选择对象: 找到 1 个 //单击选择矩形

选择对象: //回车矩形被分解

② 删除矩形右侧边 调用“删除”命令。

◆ 下拉菜单：【修改】/【删除】

◆ 修改工具栏按钮：

◆ 命令：Erase

命令: _erase

选择对象: 找到 1 个 //单击选择矩形右侧边

选择对象: //回车矩形右侧边被删除

③ 绘制波浪线 将细实线层置为当前层，调用“样条曲线”命令。

◆ 下拉菜单：【绘图】/【样条曲线】

◆ 绘图工具栏按钮：

◆ 命令：Spl(Spline)

命令: _spline

指定第一个点或 [对象(O)]: //单击选择矩形右上角点

指定下一点: //合适位置单击

指定下一点或 [闭合(C)/拟合公差(F)] <起点切向>: //合适位置单击

指定下一点或 [闭合(C)/拟合公差(F)] <起点切向>: //单击选择矩形右下角点如图 2-26(d) 所示

指定下一点或 [闭合(C)/拟合公差(F)] <起点切向>: //回车选择起点切向选项

指定起点切向: //单击指定起点切向

指定端点切向: //单击指定端点切向完成绘制

（6）绘制剖切符号

① 绘制剖切符号 调用“多段线”命令。

◆ 下拉菜单：【绘图】/【多段线】

◆ 绘图工具栏按钮：

◆ 命令：Pl(Pline)

命令: _pline

指定起点: //在圆心处停留片刻，出现蚂蚁线后，沿蚂蚁线移动光标至合适处单击指定起点如图 2-26(e) 所示

当前线宽为 0

指定下一个点或 [圆弧(A)/半宽(H)/长度(L)/放弃(U)/宽度(W)]: w //输入 w 选择线宽

指定起点宽度 <0>: 2 //输入 2 指定起点宽度

指定端点宽度 <2>: 2 //输入 2 指定端点宽度

指定下一个点或 [圆弧(A)/半宽(H)/长度(L)/放弃(U)/宽度(W)]: //移动光标至上方单击指定端点

指定下一点或 [圆弧(A)/闭合(C)/半宽(H)/长度(L)/放弃(U)/宽度(W)]: w

//输入 w 选择线宽

指定起点宽度 <2>: 0.5　　//输入 0.5 指定起点宽度

指定端点宽度 <1>: 0.5　　//输入 0.5 指定端点宽度

指定下一点或 [圆弧(A)/闭合(C)/半宽(H)/长度(L)/放弃(U)/宽度(W)]:

//移动光标至右方单击指定端点

指定下一点或 [圆弧(A)/闭合(C)/半宽(H)/长度(L)/放弃(U)/宽度(W)]: w

//输入 w 选择线宽

指定起点宽度 <1>: 4　　//输入 4 指定箭头起点宽度

指定端点宽度 <4>: 0　　//输入 0 指定箭头端点宽度

指定下一点或 [圆弧(A)/闭合(C)/半宽(H)/长度(L)/放弃(U)/宽度(W)]:

//移动光标至右方单击指定箭头端点，如图 2-26(f) 所示

指定下一点或 [圆弧(A)/闭合(C)/半宽(H)/长度(L)/放弃(U)/宽度(W)]:

//回车退出命令

② 绘制矩形下方剖切符号　调用“镜像”命令，绘制矩形下方剖切符号。

2.6.4　扩展知识

（1）多段线

可以绘制由线段、圆弧构成并可设置线宽的连续线段组。采用前述方法调用命令后，命令行提示“指定下一个点或 [圆弧(A)/半宽(H)/长度(L)/放弃(U)/宽度(W)]”，根据图形给出的实际条件，选择相应的选项来进行绘制。各选项含义如下。

① 圆弧：可从绘制直线方式切换到绘制圆弧方式。

② 半宽或宽度：可设置多段线的起点、端点半宽、宽度。

③ 长度：可指定绘制线段的长度。

④ 放弃：可删除多段线上最近一次绘制的直线段或圆弧段。

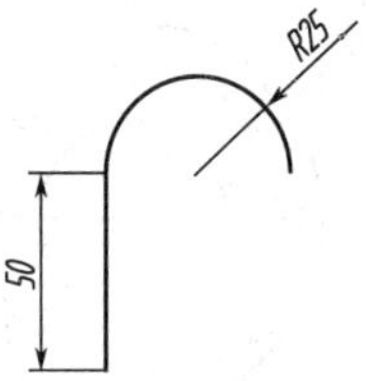

图 2-27　多段线

绘制如图 2-27 所示图形。

命令: _pline

指定起点:　　//单击指定起点

当前线宽为 4

指定下一个点或 [圆弧(A)/半宽(H)/长度(L)/放弃(U)/宽度(W)]: h

//输入 h 选择半宽

指定起点半宽 <2>: 1　　//输入起点半宽 1

指定端点半宽 <1>:　　//回车指定端点半宽为 1

指定下一个点或 [圆弧(A)/半宽(H)/长度(L)/放弃(U)/宽度(W)]: l

//输入 l 选择长度

指定直线的长度: 50　　//输入长度 50

指定下一点或 [圆弧(A)/闭合(C)/半宽(H)/长度(L)/放弃(U)/宽度(W)]: a

//输入 a 切换至圆弧

指定圆弧的端点或

[角度(A)/圆心(CE)/闭合(CL)/方向(D)/半宽(H)/直线(L)/半径(R)/第二个点(S)/放弃(U)/宽度(W)]: r　　//输入 r 指定半径

指定圆弧的半径: 25　　　　//输入半径 25

指定圆弧的端点或 [角度(A)]: a　　　　//输入 a 指定圆弧角度

指定包含角: -180　　　　//输入包含角-180

指定圆弧的弦方向 <90>:　　　　//直线右侧单击指定方向

指定圆弧的端点或

[角度(A)/圆心(CE)/闭合(CL)/方向(D)/半宽(H)/直线(L)/半径(R)/第二个点(S)/放弃(U)/宽度(W)]:　　　　//回车退出多段线命令

（2）样条曲线

可以绘制一条通过若干控制点的光滑曲线，常用于绘制波浪线、相贯线、截交线。采用前述方法调用命令后，命令行提示“指定下一点或 [闭合(C)/拟合公差(F)] <起点切向>”，各选项含义如下。

① 闭合：可绘制起点、终点重合的样条曲线。

② 拟合公差：可控制样条曲线对控制点的接近程度，如公差设为 0，则样条曲线精确通过控制点。

2.7 复制、阵列、图案填充、打断对象

2.7.1 任务

绘制平面图形如图 2-28 所示。

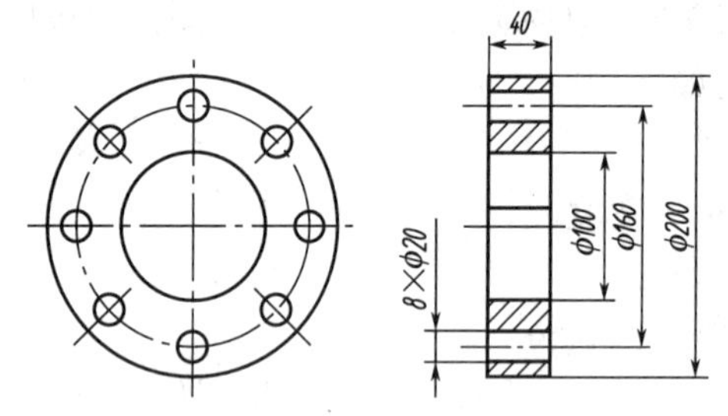

图 2-28 复制、阵列、图案填充、打断

2.7.2 知识点

学习复制命令、阵列命令、图案填充命令、打断于点、打断命令的使用，利用对象捕捉、对象追踪绘制两视图。

2.7.3 图形绘制

（1）设置图层

打开“图层特性管理器”对话框，设置粗实线层、细实线层、中心线层。

（2）绘制圆 φ100、φ160、φ200

将粗实线层置为当前层，调用“圆”命令，打开“对象捕捉”、“对象追踪”，并设置圆心捕捉；绘制圆 φ100、φ160、φ200；单击 φ160 圆周，单击“图层”工具栏【图层特性管理器】按钮右侧的向下小三角按钮，在列表框中选择“中心线层”，将圆 φ160 放在中心线层，如图 2-29(a) 所示。

（3）绘制水平、竖直中心线

将中心线层置为当前层，设置象限点捕捉，调用“直线”命令，捕捉大圆左象限点，停留片刻，出现蚂蚁线后，沿蚂蚁线左移光标，在合适处单击，沿蚂蚁线右移光标在合适处单击，绘制水平中心线，如图 2-29(b) 所示。采用同样方法绘制竖直中心线。

（4）绘制 8 个圆 φ20

① 绘制上方圆 φ20　将粗实线层置为当前层，设置交点捕捉，调用“圆”命令，绘制圆 φ20，如图 2-29(c) 所示。

② 打断竖直中心线　单击修改工具栏按钮，调用“打断于点”命令，单击选择竖直中心线，单击选择打断点，如图 2-29(d) 所示。

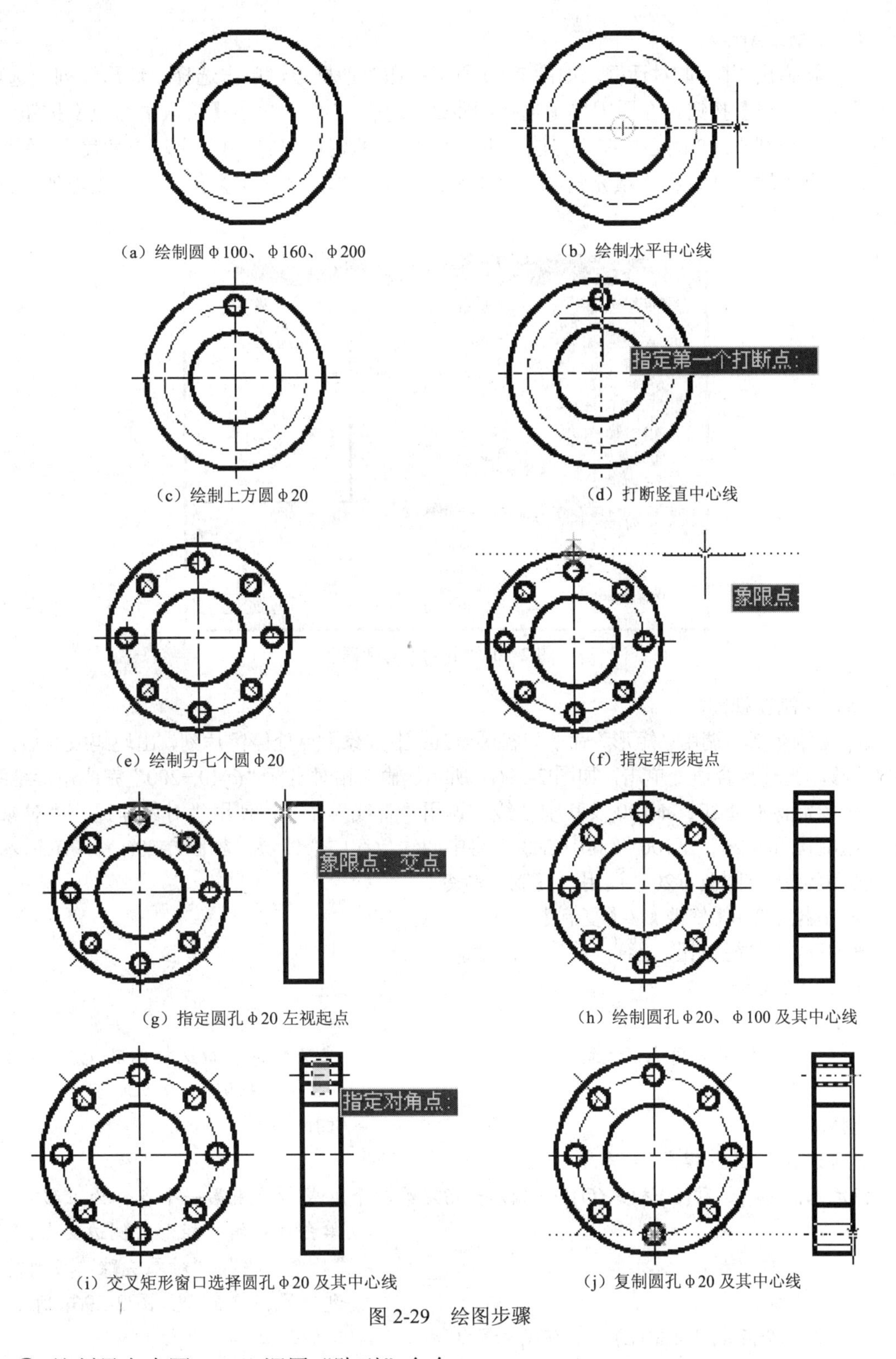

（a）绘制圆 ϕ100、ϕ160、ϕ200　（b）绘制水平中心线

（c）绘制上方圆 ϕ20　（d）打断竖直中心线

（e）绘制另七个圆 ϕ20　（f）指定矩形起点

（g）指定圆孔 ϕ20 左视起点　（h）绘制圆孔 ϕ20、ϕ100 及其中心线

（i）交叉矩形窗口选择圆孔 ϕ20 及其中心线　（j）复制圆孔 ϕ20 及其中心线

图 2-29　绘图步骤

③ 绘制另七个圆 ϕ20　调用“阵列”命令。

- ◆ 下拉菜单:【修改】/【阵列】
- ◆ 修改工具栏按钮: 器

◆ 命令：Array

系统将弹出“阵列”对话框，如图 2-30 所示；在对话框中，单击选择“环形阵列”选项；单击【选择对象】按钮，在图中单击选择圆 ϕ20 及其中心线；单击【拾取中心点】按钮，在图中单击选择圆 ϕ200 圆心；在“方法”下拉列表框中选择“项目总数和填充角度”，在“项目总数”框中输入 8，在“填充角度”框中输入 360；单击【确定】按钮，完成阵列，如图 2-29(e) 所示。

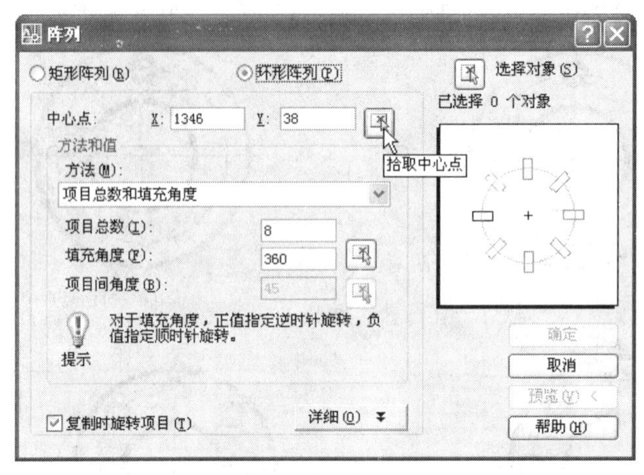

图 2-30 “阵列”对话框

(5) 绘制左视图

① 绘制矩形 调用“矩形”命令，在圆 ϕ200 上方象限点处停留片刻，出现蚂蚁线后，沿蚂蚁线移动光标至合适处单击，如图 2-29(f) 所示，输入相对坐标“@40,−200”完成矩形绘制。

② 绘制圆孔 ϕ20、ϕ100 及其中心线 调用“直线”命令，使用“对象捕捉”、“对象追踪”，绘制圆孔 ϕ20、ϕ100 及其中心线。将中心线放在中心线层，如图 2-29(g)、(h) 所示。

③ 复制下方圆孔 ϕ20 调用“复制”命令。

◆ 下拉菜单：【修改】/【复制】

◆ 修改工具栏按钮：

◆ 命令：Copy

命令: _copy

选择对象: 指定对角点: 找到 3 个 //交叉矩形窗口选择圆孔 φ20 及其中心线，如图 2-29(i) 所示

选择对象: //回车确认

当前设置: 复制模式 = 多个

指定基点或 [位移(D)/模式(O)] <位移>: 指定第二个点或 <使用第一个点作为位移>: //单击中心线与矩形右侧边交点，利用“对象捕捉”、“对象追踪”找到复制到位置，单击，如图 2-29(j) 所示

指定第二个点或 [退出(E)/放弃(U)] <退出>: //回车退出

④ 绘制剖面线 调用“图案填充”命令。

◆ 下拉菜单：【绘图】/【图案填充】

◆ 绘图工具栏按钮：

◆ 命令：Bh(Bhatch)

系统将弹出 “图案填充和渐变色” 对话框，如图 2-31 所示，单击“图案（P)” 列表框选择“ANSI31”；单击【添加:拾取点】按钮，在绘图窗口中填充区域内单击选择，回车返回“图案填充和渐变色”对话框；单击【预览】按钮，查看剖面线方向与间隔是否合适，如需修改，按【Esc】键，返回对话框，修改“角度”和“比例”。如预览符合要求，回车完成剖面线绘制。将剖面线置于细实线层。

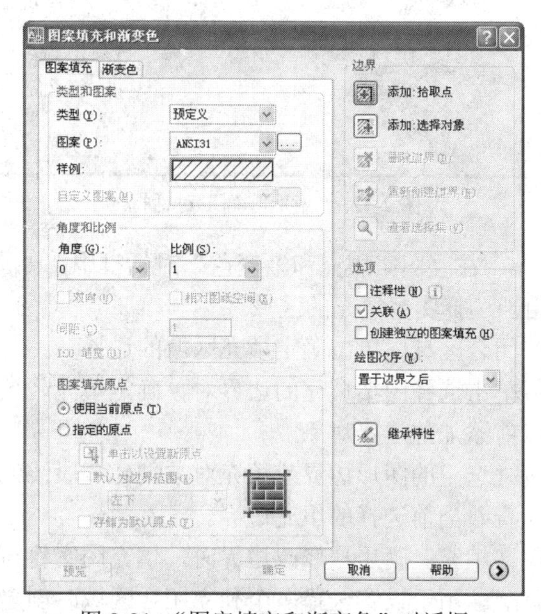

图 2-31 “图案填充和渐变色” 对话框

2.7.4 扩展知识

（1）复制

可以创建与原对象形状相同的新对象。采用前述方法调用命令后，命令行提示“指定基点或 [位移(D)/模式(O)] <位移>”，各选项含义如下。

① 位移：可由给出的 X、Y、Z 方向位移进行复制。

② 模式：可设置单个、多个复制模式。

（2）阵列

可以快速绘制呈环形、矩形规则分布的图形。

① 矩形阵列：采用前述方法调用命令后，系统将弹出“阵列”对话框，单击选择“矩形阵列”选项，如图 2-32 所示；在“行（W)”、“列（O)” 框中输入矩形阵列的行数、列数；单击【选择对象】按钮，在图中单击选择要阵列对象；在“行偏移”、“列偏移”、“阵列角度” 框中分别输入行间距离、列间距离、阵列图形与 X 轴夹角，或单击右侧【拾取行偏移】、【拾取列偏移】、【拾取阵列的角度】按钮，在图中单击拾取；单击【确定】按钮，完成阵列。

② 环形阵列：方法如前所述。

（3）图案填充

可以在图中封闭区域内填充某种图案。采用前述方法调用命令后，系统将弹出 “图案填充和渐变色”对话框，如图 2-31 所示。

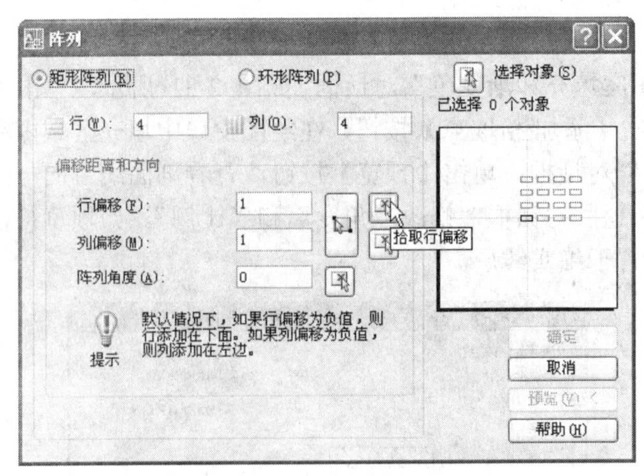

图 2-32 “矩形阵列”对话框

① 定义图案填充区域：在“图案填充和渐变色”对话框中，如图 2-31 所示。右侧排列的“按钮”与“选项”用于选择图案填充的区域。

【添加：拾取点】：在闭合区域内单击确定填充区域的边界。

【添加：选择对象】：单击选择图案填充的边界对象确定填充区域的边界。

【删除边界】：删除以前添加的边界对象。

【重新创建边界】：围绕选定的图形边界或填充对象创建多段线或面域。

【查看选择集】：单击查看当前选择的填充边界。

“关联”：创建关联图案填充。既用户修改边界时，填充图案将自动更新。

“创建独立的图案填充”：用于设置选择多个独立闭合区域时创建单个图案填充对象或多个图案填充对象。

“绘图次序”：选择图案填充的绘图顺序。

【继承特性】：用已绘制图案的填充特性填充到指定的边界。

② 选择填充图案及修改：在“图案填充”选项卡中，“类型和图案”选项组可以选择图案填充的样式。“角度和比例”可以定义图案填充角度和比例，如图 2-31 所示。

“类型”：用于选择填充图案的类型。

“图案”：用于选择填充图案的样式。

“样例”：单击“样例”显示框可弹出“填充图案选项板”的对话框，选择所需图案。

“角度”：用于选择填充图案的角度。

“比例”：用于设置放大或缩小填充图案的比值。

③ 孤岛：在“图案填充与渐变色”对话框中，单击【更多】选项按钮，展开其他选项，可以控制“孤岛”的样式，如图 2-33 所示。

“孤岛检测”：控制是否检测内部闭合边界。

“普通”：从外部边界向里填充。如系统遇到一个内部孤岛，将断开图案填充，直到遇到该孤岛内的另一个孤岛，再继续填充，如图 2-33 所示。

“外部”：从外部边界向里填充。如系统遇到内部孤岛，将终止图案填充，如图 2-33 所示。

“忽略”：忽略所有内部边界，填充图案时将通过所有内部边界，如图 2-33 所示。

④ 渐变色：在“图案填充”选项卡中，选择“渐变色”填充选项卡，可以创建填充图案为一种颜色到另一种颜色的渐变色。常用于增加图形的演示效果。

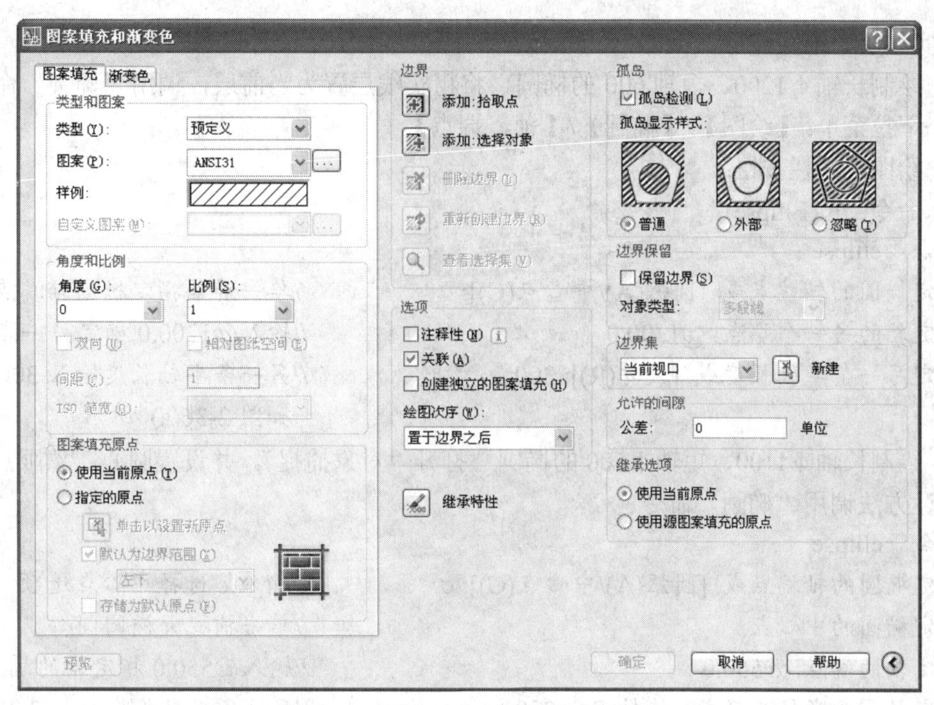

图 2-33　“图案填充与渐变色”对话框

（4）打断于点和打断

① 打断于点：用于打断所选的对象，使之成为两个对象。使用方法如前所述。

② 打断：用于删除所选对象的一段而将其分为两个部分。打断中心线，如图 2-34 所示。

图 2-34　打断中心线

调用“打断”命令。

◆ 下拉菜单：【修改】/【打断】

◆ 修改工具栏按钮：

◆ 命令：Br(Break)

命令: _break 选择对象:　　　　　　　　　　//单击 A 点

指定第二个打断点 或 [第一点(F)]:　　　　　//单击 B 点，完成打断

2.8　椭圆、椭圆弧、等轴测图

2.8.1　任务

绘制平面图形如图 2-35 所示。

2.8.2　知识点

掌握绘制椭圆、椭圆弧、等轴测图的方法。

2.8.3　图形绘制

（1）利用“椭圆”绘制

① 设置图层　打开“图层特性管理器”对话框，

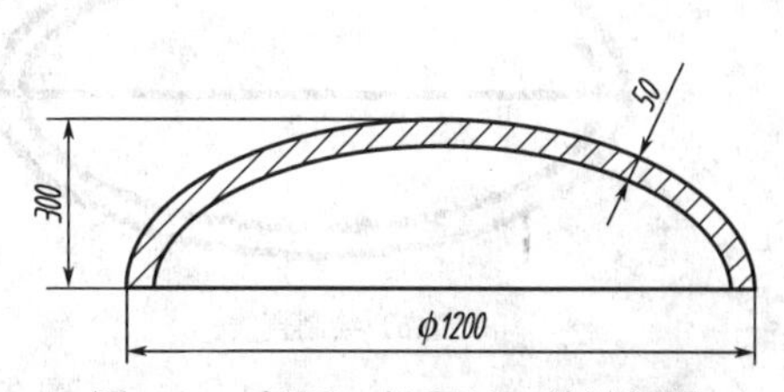

图 2-35　椭圆、椭圆弧、等轴测图

设置粗实线层、细实线层。

② 绘制长轴φ1200、短轴600的椭圆　将粗实线层置为当前层，调用“椭圆”命令。

◆ 下拉菜单：【绘图】/【椭圆】/【轴、端点】

◆ 绘图工具栏按钮：

◆ 命令：El(Ellipse)

命令: _ellipse

指定椭圆的轴端点或 [圆弧(A)/中心点(C)]: 　　//单击屏幕指定椭圆轴端点

指定轴的另一个端点: @1200,0 　　//输入@1200,0 确定另一点

指定另一条半轴长度或 [旋转(R)]: 300 　　//另一条半轴长度输入 300 如图 2-36(a) 所示

③ 绘制长轴φ1100、短轴φ500的椭圆　打开“对象捕捉”，并设置圆心、象限点捕捉，采用前述方法调用“椭圆”命令。

命令: _ellipse

指定椭圆的轴端点或 [圆弧(A)/中心点(C)]: c 　　//输入 c 选择中心点选项

指定椭圆的中心点: 　　//单击捕捉大椭圆圆心

指定轴的端点: @550,0 　　//输入@550,0 指定轴的端点

指定另一条半轴长度或 [旋转(R)]: 250 　　//另一条半轴长度输入 250，如图 2-36(b) 所示

也可采用偏移命令绘制小椭圆。

④ 调用“直线”命令，绘制直线　调用命令后，捕捉大椭圆左象限点、右象限点，完成直线绘制。如图 2-36(c) 所示。

⑤ 修剪多余图线　调用“修剪”命令，修剪多余图线，如图 2-36(d) 所示。

⑥ 绘制剖面线　将细实线层置为当前层，调用“图案填充”命令，绘制剖面线。

（2）利用“椭圆弧”绘制

① 采用同“椭圆”绘制一样的方法设置图层。

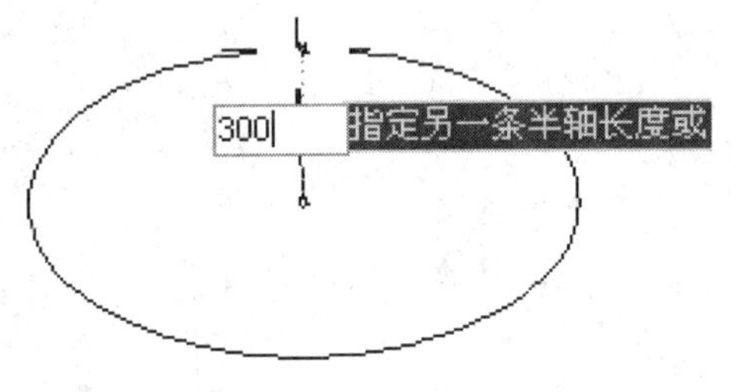

（a）绘制长轴φ1200、短轴600的椭圆

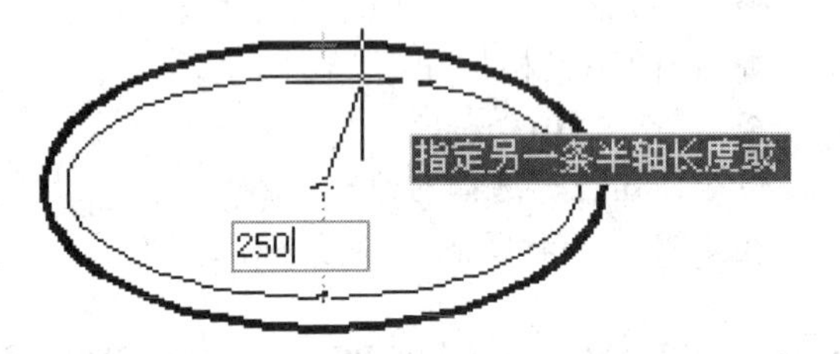

（b）绘制长轴φ1100、短轴500的椭圆

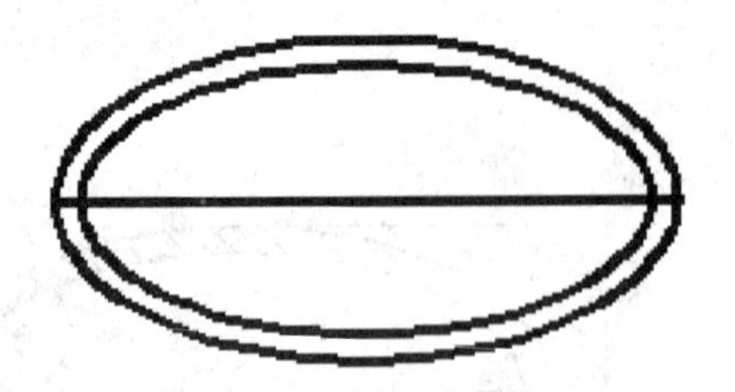

（c）绘制直线

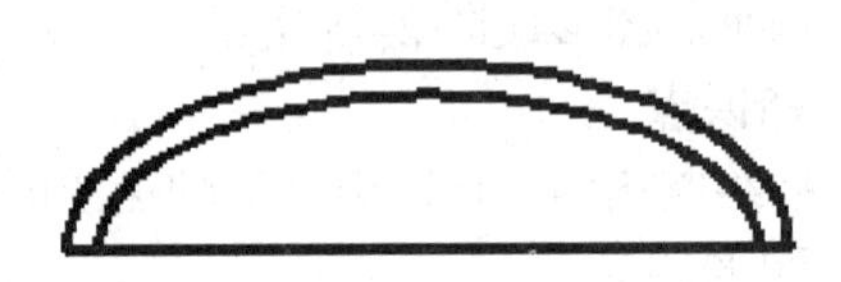

（d）修剪多余图线

图 2-36　利用椭圆绘图步骤

② 绘制直线段 1200 将粗实线层置为当前层，打开“正交”，调用“直线”命令，输入 1200，绘制直线。

③ 绘制长轴 φ1200、短轴 φ600 的椭圆弧 打开“对象捕捉”，并设置端点、圆心捕捉，调用“椭圆弧”命令。

◆ 下拉菜单：【绘图】/【椭圆】/【椭圆弧】

◆ 绘图工具栏按钮：

命令: _ellipse
指定椭圆的轴端点或 [圆弧(A)/中心点(C)]: _a
指定椭圆弧的轴端点或 [中心点(C)]: //捕捉线段左端点
指定轴的另一个端点: //捕捉线段右端点
指定另一条半轴长度或 [旋转(R)]: 300 //输入另一条半轴长度 300
指定起始角度或 [参数(P)]: //单击线段右端点指定起始角度
指定终止角度或 [参数(P)/包含角度(I)]: //单击线段左端点指定终止角度，如图 2-37(a) 所示

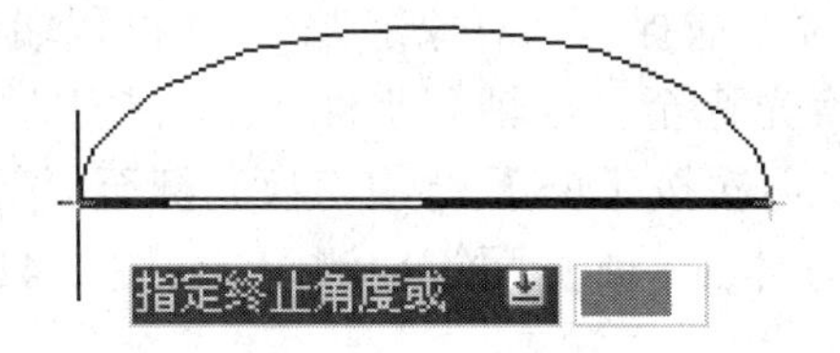

（a）绘制长轴 φ1200、短轴 600 的椭圆弧

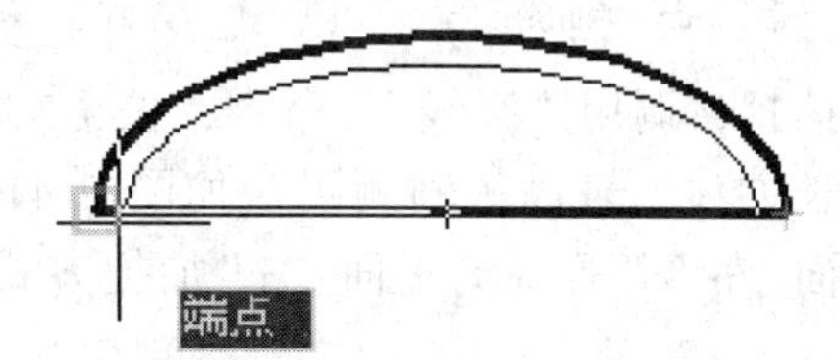

（b）绘制长轴 φ1100、短轴 500 的椭圆弧

图 2-37 利用椭圆弧绘图步骤

小提示:

椭圆弧起始角度指中心点与起始轴端点连线、中心点与椭圆弧起始点连线间的逆时针夹角；终止角度指中心点与起始轴端点连线、中心点与椭圆弧终止点连线间的逆时针夹角，如图 2-38 所示；前述椭圆弧起始角度、终止角度为 180 度、360 度。

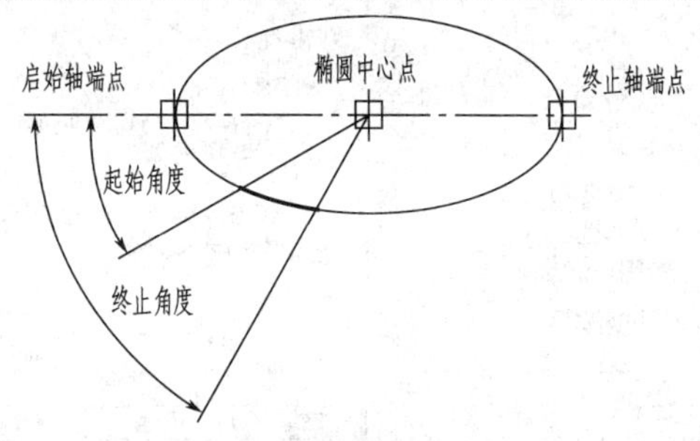

图 2-38 起始角度、终止角度

④ 绘制长轴 φ1100、短轴 500 的椭圆弧 采用同样方法调用“椭圆弧”命令。

命令: _ellipse
指定椭圆的轴端点或 [圆弧(A)/中心点(C)]: _a
指定椭圆弧的轴端点或 [中心点(C)]: c //输入 c 选择中心点选项
指定椭圆弧的中心点: //单击捕捉大椭圆圆心
指定轴的端点: @550,0 //输入@550,0 指定轴的端点

指定另一条半轴长度或 [旋转(R)]: 250　　//另一条半轴长度输入 250

指定起始角度或 [参数(P)]:　　//单击线段右端点指定起始角度

指定终止角度或 [参数(P)/包含角度(I)]:　　//单击线段左端点指定终止角度，如图 2-37(b) 所示

⑤ 绘制剖面线　将细实线层置为当前层，调用“图案填充”命令，绘制剖面线。

2.8.4　扩展知识

在轴测图中，圆、圆弧的投影可采用“椭圆”、“椭圆弧”命令中的“等轴测圆”选项绘制。例如绘制如图 2-39 所示图形。

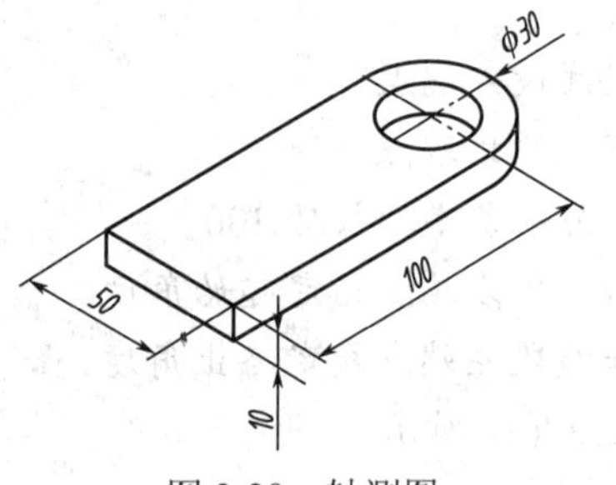

图 2-39　轴测图

绘图步骤如下。

（1）设置“等轴测捕捉”，调出“等轴测圆”选项

单击【工具】菜单/【草图设置】，弹出“草图设置”对话框，在“捕捉和栅格”选项卡上选择“等轴测捕捉”，如图 2-40 所示，单击【确定】按钮。

（2）绘制水平长方体等轴测图

打开“正交”、“对象捕捉”、“对象追踪”，并设置端点、中点捕捉；调用“直线” 命令；按【F5】键，切换光标至“等轴测平面 上”捕捉方式；绘制长方体上表面等轴测图，如图 2-41(a) 所示；再次按【F5】键，切换光标至“等轴测平面 左”、“等轴测平面 右”捕捉方式，绘制长方体左、前侧面等轴测图，如图 2-41(b) 所示。

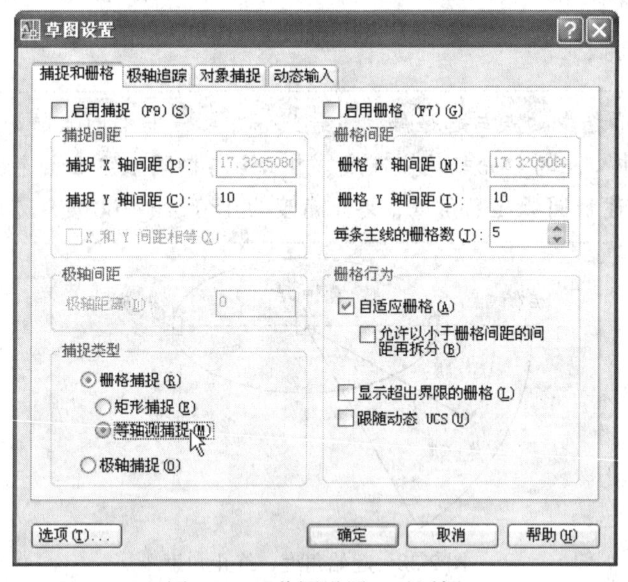

图 2-40　“草图设置”对话框

（3）绘制椭圆

采用前述方法调用“椭圆”命令。

命令: _ellipse

指定椭圆轴的端点或 [圆弧(A)/中心点(C)/等轴测圆(I)]: I

//输入 I 选择等轴测圆选项

指定等轴测圆的圆心: <等轴测平面 左> <等轴测平面 上>

//按【F5】键，切换光标至"等轴测平面上"捕捉方式，捕捉 AB 直线中点指定圆心

指定等轴测圆的半径或 [直径(D)]: 15　　//输入圆半径 15，如图 2-41(c) 所示

（4）绘制椭圆弧

采用前述方法调用"椭圆弧"命令。

命令: _ellipse

指定椭圆轴的端点或 [圆弧(A)/中心点(C)/等轴测圆(I)]: _a

指定椭圆弧的轴端点或 [中心点(C)/等轴测圆(I)]: I　　//输入 I 选择等轴测圆选项

指定等轴测圆的圆心:　　//捕捉椭圆中心指定圆心

指定等轴测圆的半径或 [直径(D)]: 25　　//输入半径 25

指定起始角度或 [参数(P)]:　　//单击 A 点指定起始角度

指定终止角度或 [参数(P)/包含角度(I)]:　　//单击 B 点指定终止角度，如图 2-41(d) 所示

（5）复制椭圆、椭圆弧

调用"复制"命令，选择上表面椭圆、椭圆弧，单击 A 点为基点，单击 C 点为第二点，完成复制，如图 2-41(e) 所示。

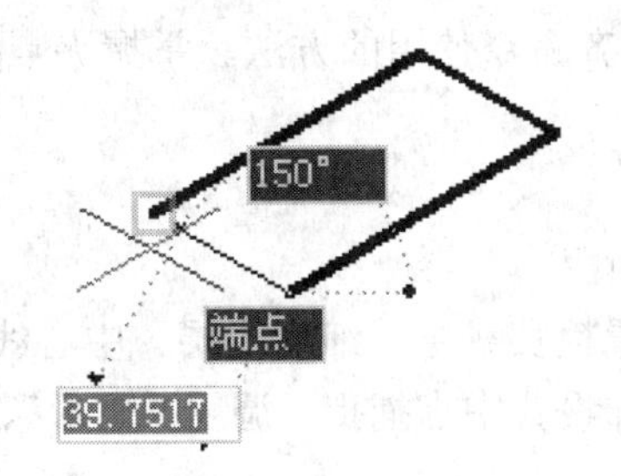

（a）绘制长方体上表面等轴测图

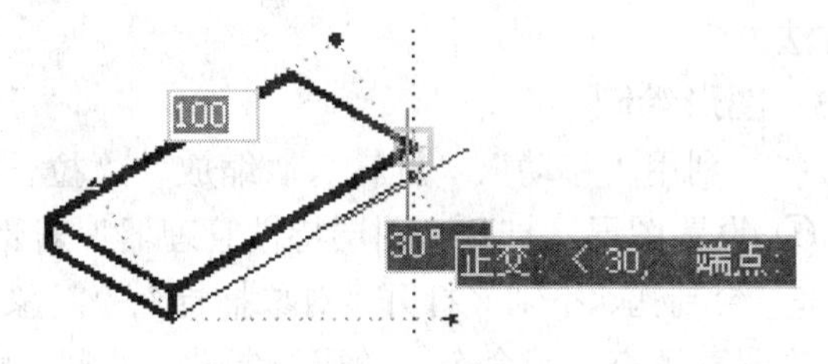

（b）绘制长方体左、前侧面等轴测图

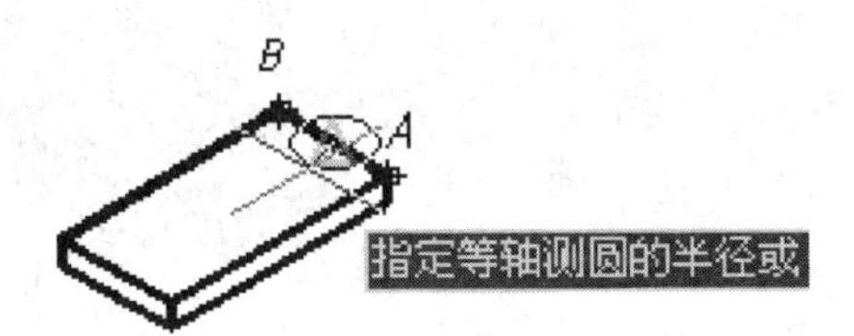

（c）绘制椭圆

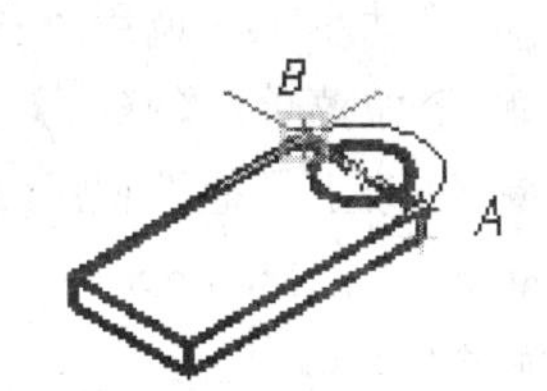

（d）绘制椭圆弧

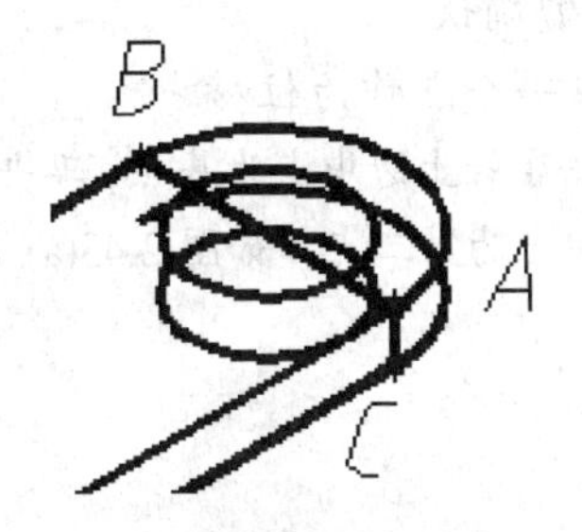

（e）复制椭圆、椭圆弧

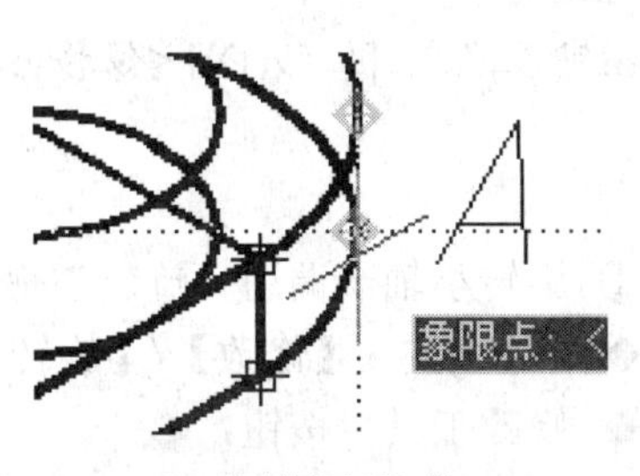

（f）绘制椭圆弧切线

图 2-41　绘图步骤

（6）绘制椭圆弧切线

设置“象限点”捕捉；按【F5】键，切换光标至“等轴测平面左”捕捉方式；调用“直线”命令，捕捉两椭圆弧右象限点，完成切线绘制，如图 2-41(f) 所示。

（7）修剪多余图线

调用“修剪”命令，修剪多余图线。

2.9 移动、旋转、缩放、拉长、对齐、夹点

2.9.1 任务

绘制平面图形如图 2-42(a) 所示，并将其装配成如图 2-42(b) 所示。

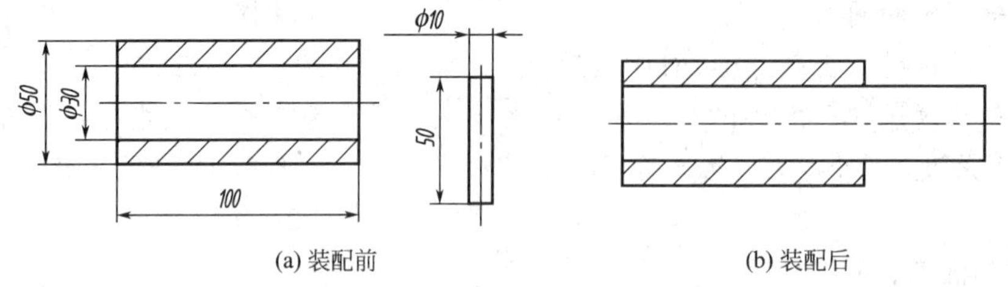

(a) 装配前　　(b) 装配后

图 2-42　移动、旋转、缩放、拉长、对齐、夹点

2.9.2 知识点

学习移动命令、旋转命令、缩放命令、拉长命令、对齐命令使用的方法。掌握夹点操作的方法。

2.9.3 图形绘制

（1）利用“移动”、“旋转”、“缩放”、“拉长”命令装配

① 设置图层　打开“图层特性管理器”对话框，设置粗实线层、细实线层、中心线层。

② 绘制孔、小轴　打开“对象捕捉”、“对象追踪”，并设置中点捕捉；调用“矩形”、“直线”、“图案填充”等命令，随层绘制孔、小轴，如图 2-42(a) 所示。

③ 移动小轴　调用“移动”命令。

◆ 下拉菜单：【修改】/【移动】

◆ 修改工具栏按钮：

◆ 命令：M(Move)

命令: _move

选择对象: 指定对角点: 找到 2 个　　//选择小轴

选择对象:　　//右键确认

指定基点或 [位移(D)] <位移>:　指定第二个点或 <使用第一个点作为位移>:

//单击小轴上边中点为基点，单击孔左边中点为第二点，如图 2-43(a) 所示

④ 旋转小轴　调用“旋转”命令。

◆ 下拉菜单：【修改】/【旋转】

◆ 修改工具栏按钮：

◆ 命令：Ro(Rotate)

命令: _rotate

UCS 当前的正角方向：ANGDIR=逆时针　ANGBASE=0
选择对象：指定对角点：找到 2 个　//选择小轴
选择对象：　//右键确认
指定基点：　//单击小轴上边中点为基点
指定旋转角度，或 [复制（C）/参照(R)] <0>：90　//输入旋转角度 90 度，如图 2-43(b) 所示

⑤ 缩放小轴　调用"缩放"命令。

◆ 下拉菜单：【修改】/【缩放】
◆ 修改工具栏按钮：
◆ 命令：Sc(Scale)

命令: _scale
选择对象：找到 1 个　//选择小轴矩形
选择对象：　//右键确认
指定基点：　//单击小轴左边中点为基点
指定比例因子或 [复制(C)/参照(R)] <1.0000>：3　//输入比例因子 3，如图 2-43(c) 所示

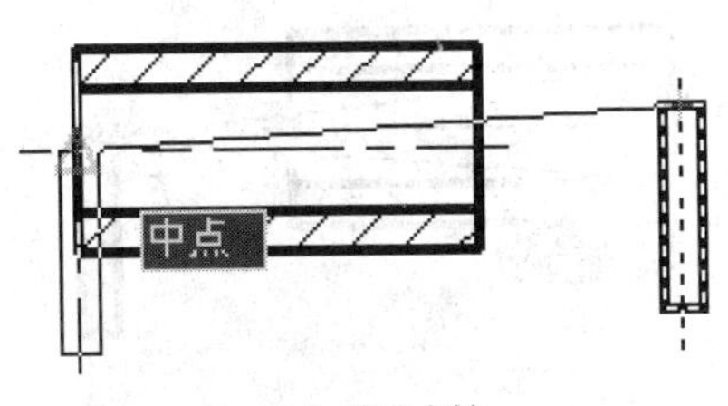

（a）移动小轴

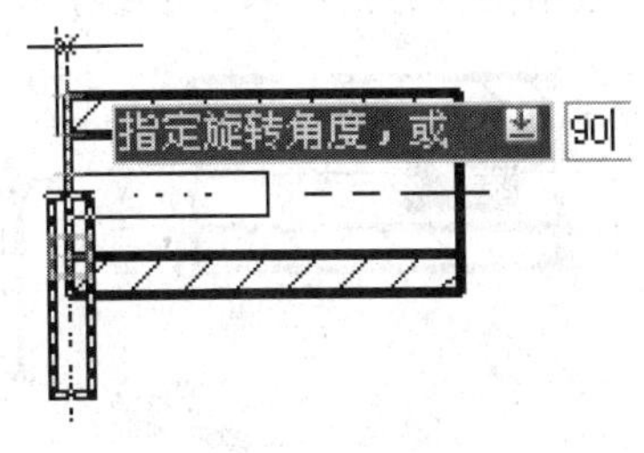

（b）旋转小轴

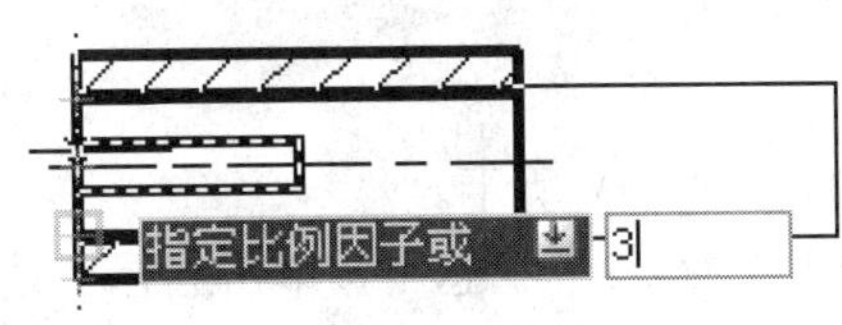

（c）缩放小轴

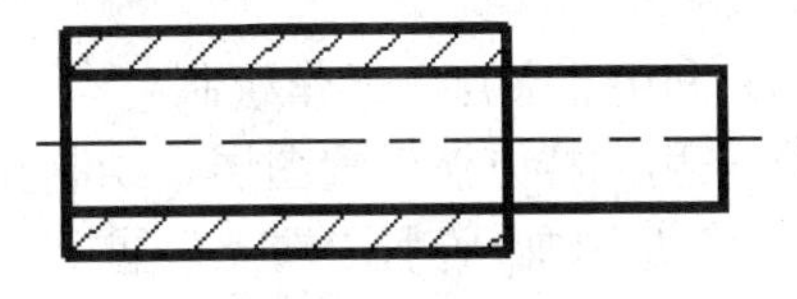

（d）拉长中心线

图 2-43　绘图步骤

⑥ 拉长中心线　打开"正交"，调用"拉长"命令。

◆ 下拉菜单：【修改】/【拉长】
◆ 命令：Len(Lengthen)

命令: _lengthen
选择对象或 [增量(DE)/百分数(P)/全部(T)/动态(DY)]: dy　//输入 dy 选择动态选项
选择要修改的对象或 [放弃(U)]:　//单击选择中心线
指定新端点:　//移动光标在合适处单击，如图 2-43(d) 所示
选择要修改的对象或 [放弃(U)]:　//回车退出

小提示：

向右拉长中心线时，要单击选择靠近中心线的右端处。

⑦ 修剪多余图线　调用“修剪”命令，修剪多余图线，如图 2-42(b) 所示。

（2）利用“对齐”命令装配

① 采用同样方法设置图层、绘制孔、小轴，如图 2-42(a) 所示。

② 装配孔、轴　设置“端点”捕捉，调用“对齐”命令。

◆ 下拉菜单：【修改】/【三维操作】/【对齐】

◆ 命令：Al（Align）

命令: _align

选择对象: 找到 1 个　　//选择小轴矩形

选择对象:　　//右键确认

指定第一个源点:　　//选择 A 点

指定第一个目标点:　　//选择 C 点如图 2-44(a) 所示

指定第二个源点:　　//选择 B 点

指定第二个目标点:　　//选择 D 点如图 2-44(b) 所示

指定第三个源点或 <继续>:　　//右键确认

是否基于对齐点缩放对象? [是(Y)/否(N)] <否>: y　　//输入 y 缩放对象

③ 采用同样方法拉长中心线，修剪多余图线。

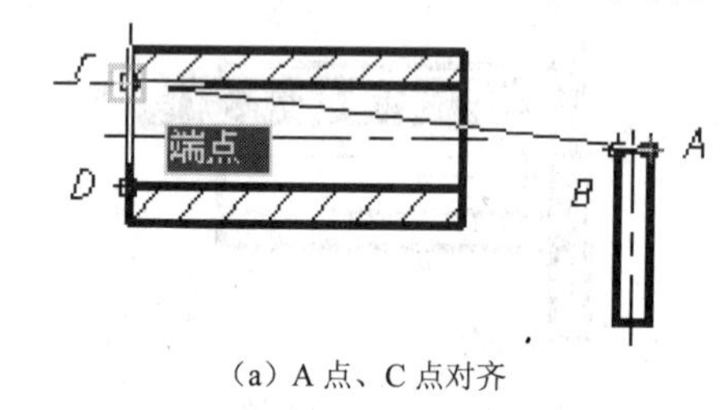

（a）A 点、C 点对齐

（b）B 点、D 点对齐

图 2-44　绘图步骤

（3）利用“夹点”操作绘制

① 采用同样方法设置图层、绘制孔、小轴，如图 2-42(a) 所示。

② 移动小轴　设置“端点”捕捉；在命令行处于“命令:”状态下，单击选择小轴矩形，矩形 4 角点出现蓝色小方框既夹点；单击左上角点 A 点，A 点变红；单击鼠标右键，弹出夹点编辑菜单，选择“移动”选项，如图 2-45 所示。命令行提示如下。

确认(E)
最近的输入
移动(M)
镜像(I)
旋转(R)
缩放(L)
拉伸(S)
基点(B)
复制(C)
参照(F)
放弃(U)　CTRL+Z
特性(P)
退出(X)

图 2-45　夹点编辑菜单

** 移动 **

指定移动点或 [基点(B)/复制(C)/放弃(U)/退出(X)]:　　//单击 B 点，如图 2-46(a) 所示

③ 旋转小轴　再次单击夹点 B 点，B 点变红；单击鼠标右键，弹出夹点编辑菜单，选择“旋转”选项，命令行提示如下。

** 旋转 **

指定旋转角度或 [基点(B)/复制(C)/放弃(U)/参照(R)/退出(X)]: 90

//输入 90 度，如图 2-46(b) 所示

④ 缩放小轴　再次单击夹点 B 点，B 点变红；单击鼠标右键，弹出夹点编辑菜单，选择“缩放”选项，命令行提示如下。

** 比例缩放 **

指定比例因子或 [基点(B)/复制(C)/放弃(U)/参照(R)/退出(X)]: 3

//输入 3，如图 2-46(c) 所示

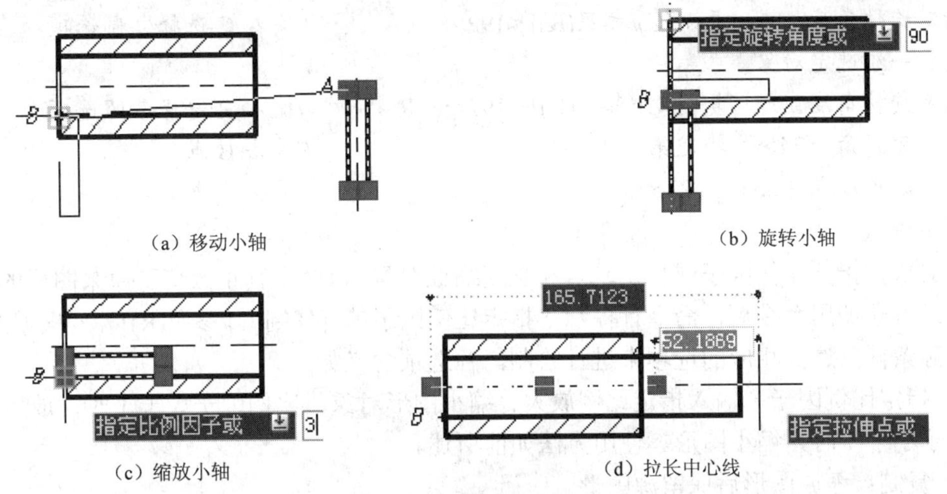

（a）移动小轴　（b）旋转小轴

（c）缩放小轴　（d）拉长中心线

图 2-46　绘图步骤

⑤ 拉长中心线　按【Esc】键取消小轴选择状态；单击选择水平中心线，直线两端点、中点出现蓝色夹点；单击直线右端点，夹点变红；命令行提示如下。

** 拉伸 **

指定拉伸点或 [基点(B)/复制(C)/放弃(U)/退出(X)]:　　//移动光标在合适处单击，如图 2-46(d) 所示

命令: *取消*　　//按【Esc】键取消中心线选择状态

⑥ 修剪多余图线　调用“修剪”命令，修剪多余图线，如图 2-42(b) 所示。

2.9.4　扩展知识

（1）移动

可将图形对象从一个位置移动到另一个位置。可以采用指定基点、位移的方式移动图形。指定基点可采用单击第二个点、指定方向输入距离、输入第二个点坐标方式；位移可采用输入坐标方式。

（2）旋转

可将图形对象旋转到任意角度或参照一个对象进行旋转。采用前述方法调用命令后，命令行提示“指定旋转角度，或 [复制(C)/参照(R)]”，根据图形给出的实际条件，选择相应的选项来进行绘制。各选项含义如下。

① 指定旋转角度：可输入旋转角度或指定点确定旋转方向，逆时针旋转输入正值，顺时针旋转输入负值。

② 复制：可在旋转图形后保留源图形。

③ 参照：可通过指定参照角度来旋转图形。

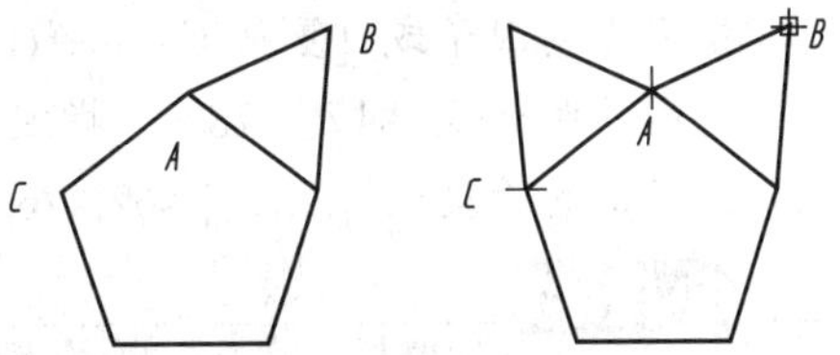

(a) 旋转复制前　(b) 旋转复制后

图 2-47　旋转

绘制如图 2-47(a) 所示图形。将图 2-47(a) 中三角形旋转复制到图 2-47(b) 所示位置。

命令: _rotate

UCS 当前的正角方向:　ANGDIR=逆时针　ANGBASE=0

选择对象: 找到 1 个　　//选择三角形

选择对象:　　//右键确认

指定基点:　<对象捕捉 开>　　//单击 A 点

指定旋转角度，或 [复制(C)/参照(R)] <192>: C //输入 C 选择复制选项
旋转一组选定对象。
指定旋转角度，或 [复制(C)/参照(R)] <192>: R //输入 R 选择参照选项
指定参照角 <24>: 指定第二点: //单击 B 点
指定新角度或 [点(P)] <216>: //单击 C 点

（3）缩放

将对象按指定比例因子或指定基点和长度缩放对象。该命令真正改变了原来图形的大小。采用前述方法调用命令后，命令行提示“指定比例因子或 [复制(C)/参照(R)]”，根据图形给出的实际条件，选择相应的选项来进行绘制。各选项含义如下。

① 指定比例因子：输入指定比例放大、缩小图形对象；比例因子大于 1 时，放大图形；比例因子小于 1 时，缩小图形。使用方法如前所述。

② 复制：缩放图形后保留源图形。

③ 参照：可通过指定参照长度来缩放图形。

绘制如图 2-48(a) 所示图形。将图 2-48(a) 中圆形复制缩放到图 2-48(b) 所示位置。

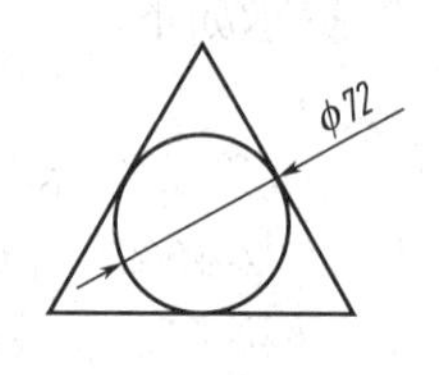

(a) 复制缩放前

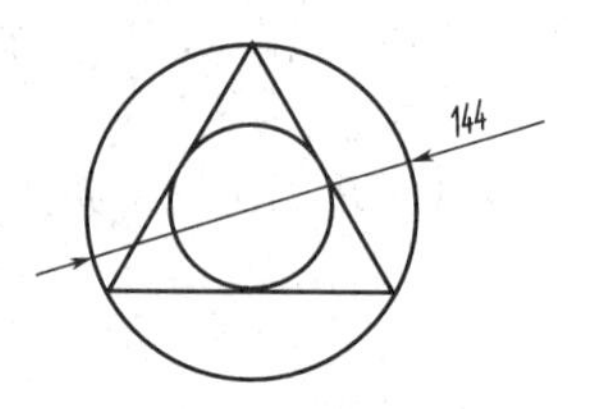

(b) 复制缩放后

图 2-48 缩放

命令: _scale
选择对象: 找到 1 个 //选择圆形
选择对象: //右键确认
指定基点: //单击小圆心
指定比例因子或 [复制(C)/参照(R)] <20.6942>: c //输入 C 选择复制选项
缩放一组选定对象。
指定比例因子或 [复制(C)/参照(R)] <20.6942>: r //输入 R 选择参照选项
指定参照长度 <17.1178>: 指定第二点: //单击小圆圆心及象限点
指定新的长度或 [点(P)] <62.4763>: //单击三角形顶点

小提示：

◎缩放命令改变了原来图形本身尺寸的大小，而 ZOOM 命令仅仅改变在屏幕上的显示大小，图形本身尺寸无变化。

◎在命令行提示“指定参照长度 <17.1178>”时，也可输入 72，在命令行提示“指定新的长度或 [点(P)] <62.4763>”时，输入 144。

（4）拉长

可以延伸或缩短非闭合直线、非闭合曲线的长度，也可以改变圆弧的角度。采用前述方法调用命令后，命令行提示“选择对象或 [增量(DE)/百分数(P)/全部(T)/动态(DY)]”，根据图形给出的实际条件，选择相应的选项来进行绘制，如图 2-49 所示图形。

① 选择对象：可显示所选直线对象的长度或曲线对象的长度、包含角度。

② 增量：可通过输入对象长度增加量来修改图形对象长度。图形对象长度增量方向可通过“选择要修改的对象”时鼠标单击指定方向。增量为正，延伸对象；增量为负，缩短对象。如输入长度增量 50，OA 线段拉长为 150，如图 2-49 所示。

③ 百分数：可通过输入对象长度百分数来修改图形对象长度。如输入百分数 150，OB 线段拉长为 150，如图 2-49 所示。

④ 全部：可通过输入对象总长度来修改图形对象长度。如输入总长度 150，OC 线段拉长为 150，如图 2-49 所示。

⑤ 动态：可通过动态拖动图形对象的一个端点修改图形长度，如图 2-49 所示。

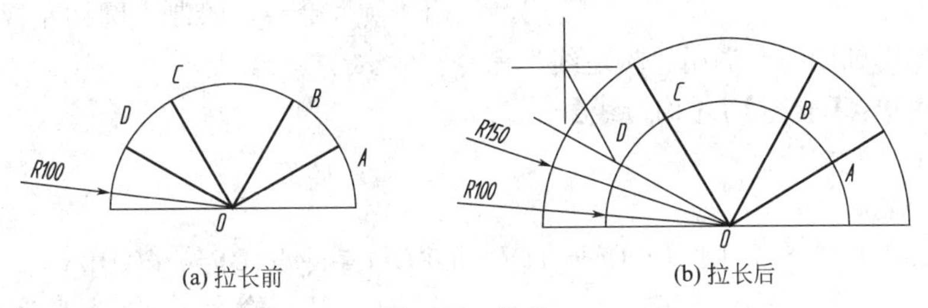

图 2-49　拉长

（5）对齐

可以将选择的图形对象移动、旋转、比例缩放，从而与指定的对象对齐。方法如前所述。

（6）夹点操作

夹点是图形对象上可以控制对象位置、大小的关键点；在命令行处于“命令：”状态下，选择图形对象，图形对象上出现的蓝色小方框即为夹点；夹点有两种状态，冷态和热态；冷态指蓝色小方框；热态指被激活的夹点，单击蓝色小方框变红，即被激活。

夹点操作可以对图形进行拉伸、移动、旋转、比例缩放、镜像操作。使用夹点操作必须使夹点处于热态。使用夹点操作有以下方法。

① 夹点变红处于热态时，按回车键或空格键在拉伸、移动、旋转、比例缩放、镜像命令中切换，选择所需命令，进行编辑操作。

② 夹点变红处于热态时，单击右键，弹出夹点编辑菜单，选择所需命令，进行编辑操作。如前所述。

小提示：

◎在拉伸、移动、旋转、比例缩放、镜像模式下编辑夹点时，按【Ctrl】键，系统将编辑复制对象。

◎直线、圆、椭圆等图形的中心夹点为移动夹点，激活可直接移动。

2.10　圆弧、延伸、构造线

2.10.1　任务

绘制平面图形如图 2-50 所示。

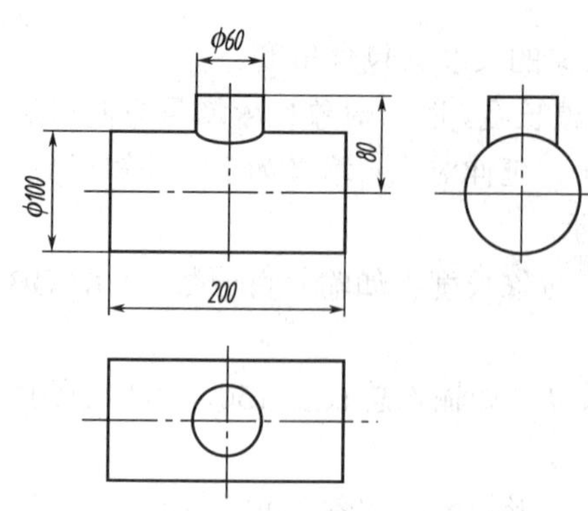

图 2-50 圆弧、延伸、构造线

2.10.2 知识点

学习圆弧命令、延伸命令、构造线命令使用的方法。掌握三视图画法。

2.10.3 图形绘制

（1）设置图层

打开“图层特性管理器”对话框，设置粗实线层、中心线层。

（2）绘制大圆柱三视图

① 绘制大圆柱左视图 将粗实线层设为当前层，调用“圆”命令，绘制大圆柱左视图。

② 绘制作图辅助线 调用“构造线”命令。

- ◆ 下拉菜单：【绘图】/【构造线】
- ◆ 绘图工具栏按钮：
- ◆ 命令: Xline

命令: _xline 指定点或 [水平(H)/垂直(V)/角度(A)/二等分(B)/偏移(O)]: a

//输入 a 选择角度选项

输入构造线的角度 (0) 或 [参照(R)]: 135 //输入角度 135 度

指定通过点: //在合适位置单击指定通过点，如图 2-51(a) 所示

指定通过点: //回车退出当前命令

③ 绘制大圆柱主视图、俯视图 打开“对象捕捉”、“对象追踪”，设置象限点、交点、端点捕捉；采用同样方法调用“构造线”命令。绘制水平构造线、垂直构造线。

命令: _xline 指定点或 [水平(H)/垂直(V)/角度(A)/二等分(B)/偏移(O)]: h

//输入 h 选择水平选项

指定通过点: //捕捉圆最上象限点并单击，如图 2-51(b) 所示

指定通过点: //捕捉圆最下象限点并单击

指定通过点: //捕捉圆最左象限点并追踪，找到通过点并单击，如图 2-51(c) 所示

指定通过点: //捕捉圆最右象限点并追踪，找到通过点并单击

指定通过点: //回车退出当前命令

命令: //回车重复构造线命令

XLINE 指定点或 [水平(H)/垂直(V)/角度(A)/二等分(B)/偏移(O)]: v

//输入 v 选择垂直选项

指定通过点: //在合适位置单击，如图 2-51(d) 所示

指定通过点: //回车退出当前命令

命令: //回车重复构造线命令

XLINE 指定点或 [水平(H)/垂直(V)/角度(A)/二等分(B)/偏移(O)]: o

//输入 o 选择偏移选项

指定偏移距离或 [通过(T)] <200.0000>: 200　　//输入偏移距离 200

选择直线对象:　　//单击选择垂直构造线

指定向哪侧偏移:　　//在左侧单击指定方向，如图 2-51(e) 所示

选择直线对象:　　//回车退出当前命令

④ 修剪、删除多余图线　调用“修剪”、“删除”命令，修剪、删除多余图线。

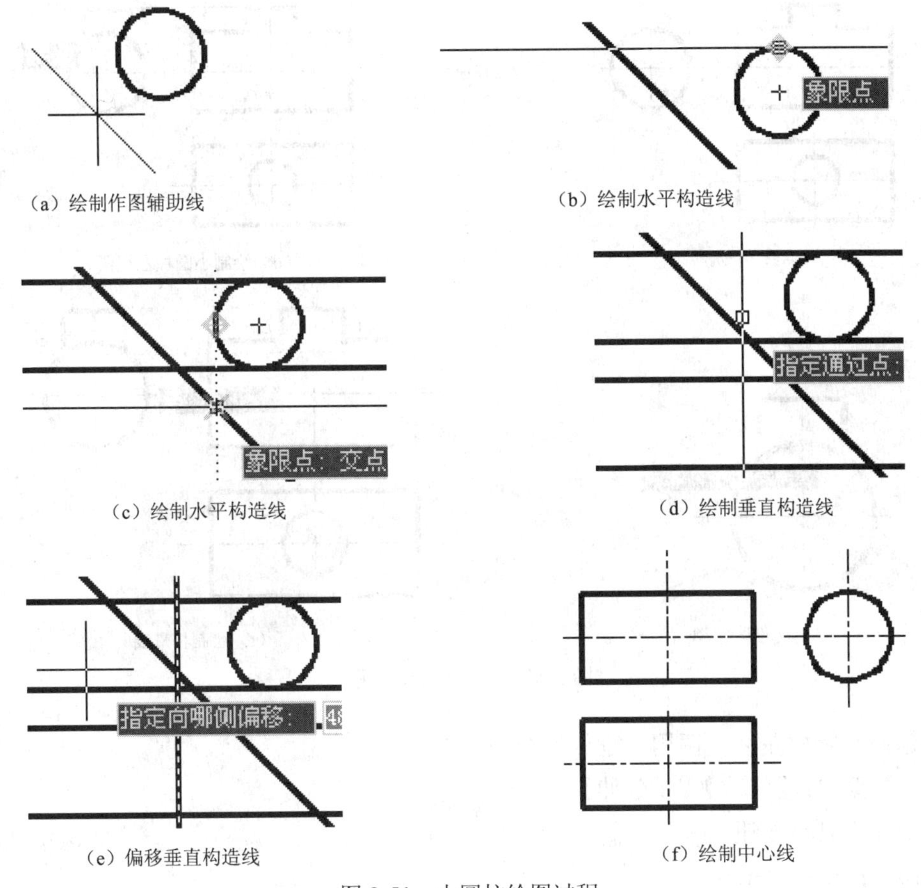

（a）绘制作图辅助线　（b）绘制水平构造线

（c）绘制水平构造线　（d）绘制垂直构造线

（e）偏移垂直构造线　（f）绘制中心线

图 2-51　大圆柱绘图过程

⑤ 绘制中心线　将中心线层置为当前层；设置中点捕捉；调用“直线”命令，绘制中心线，如图 2-51(f) 所示。

（3）绘制小圆柱三视图

① 绘制小圆柱俯视图　将粗实线层设为当前层，调用“圆”命令，绘制小圆柱俯视图。

② 绘制小圆柱主视图　打开“正交”；调用“直线”命令，绘制小圆柱主视图左边，如图 2-52(a)、(b) 所示。采用同样方法绘制小圆柱主视图其余图线。

调用“修剪”命令，修剪图形如图 2-52(c) 所示。

③ 绘制小圆柱左视图　调用“复制”命令，复制小圆柱主视图到左视图位置，如图 2-52(d) 所示。

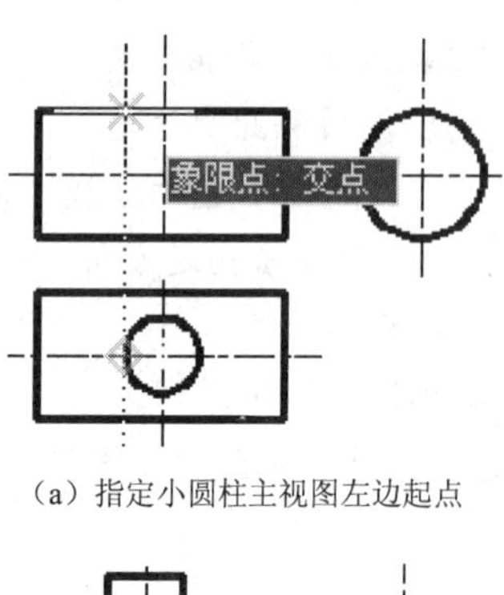

（a）指定小圆柱主视图左边起点

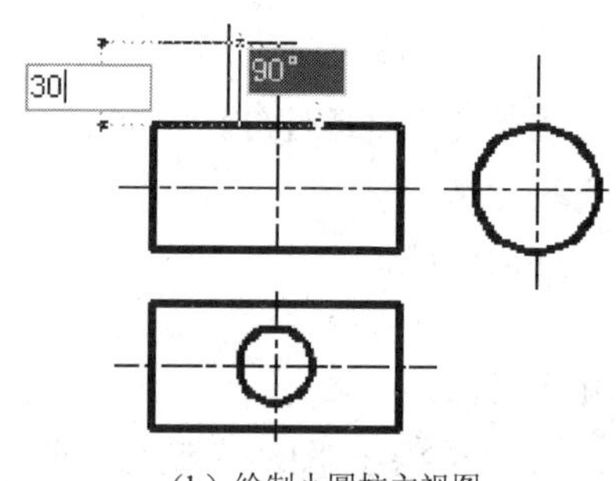

（b）绘制小圆柱主视图

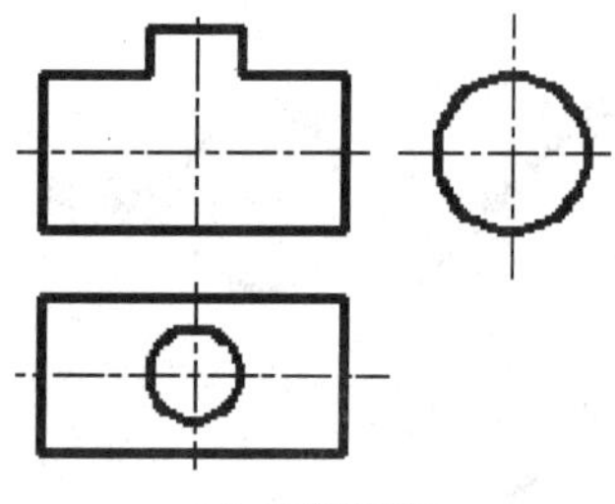
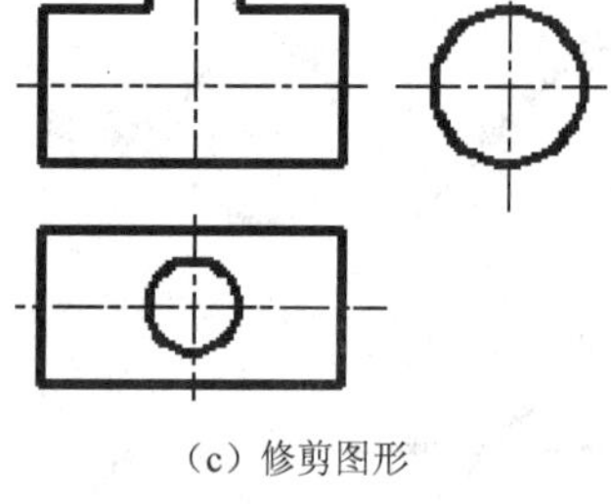

（c）修剪图形

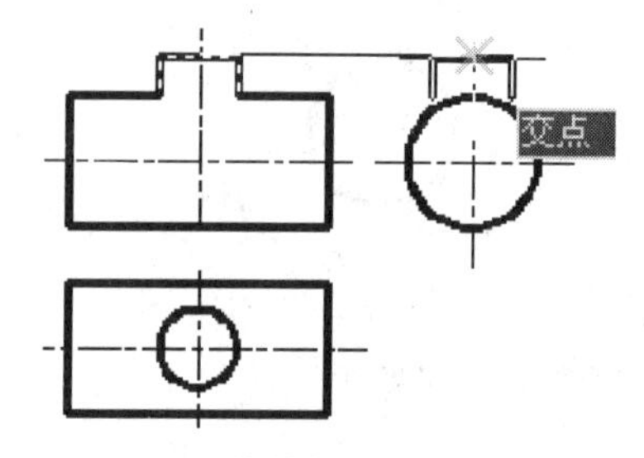

（d）绘制小圆柱左视图

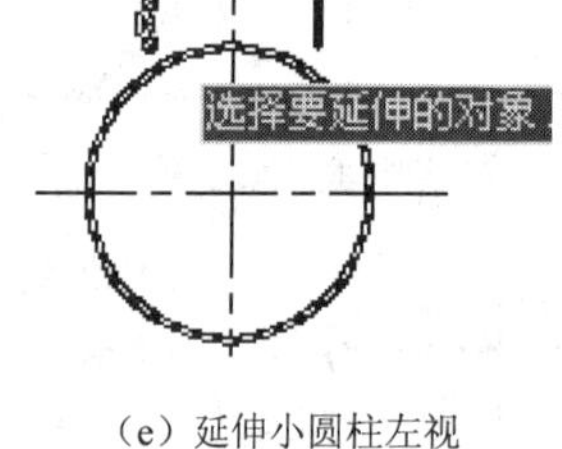

（e）延伸小圆柱左视

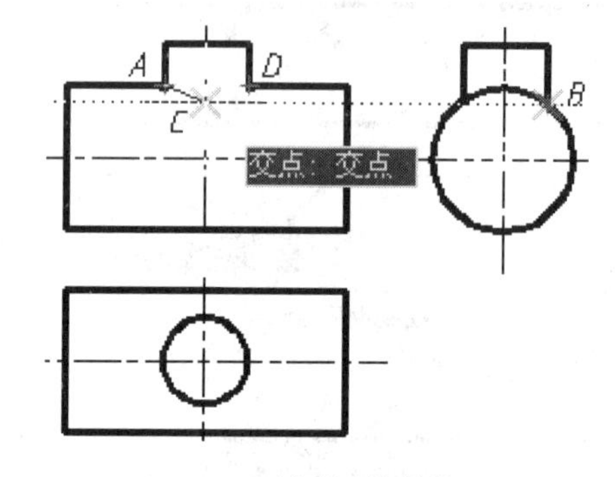

（f）绘制相贯线

图 2-52 小圆柱绘图过程

④ 延伸小圆柱左视 调用“延伸”命令。

◆ 下拉菜单：【修改】/【延伸】

◆ 修改工具栏按钮：

◆ 命令：Ex(Extend)

命令: _extend

当前设置:投影=UCS，边=延伸

选择边界的边...

选择对象或 <全部选择>: 找到 1 个 //单击选择大圆

选择对象: //右键确认

选择要延伸的对象，或按住 Shift 键选择要修剪的对象，或

[栏选(F)/窗交(C)/投影(P)/边(E)/放弃(U)]: //单击小圆柱左边下段，如图 2-52(e) 所示

选择要延伸的对象，或按住 Shift 键选择要修剪的对象，或

[栏选(F)/窗交(C)/投影(P)/边(E)/放弃(U)]: //单击小圆柱右边下段

选择要延伸的对象，或按住 Shift 键选择要修剪的对象，或
[栏选(F)/窗交(C)/投影(P)/边(E)/放弃(U)]: //回车退出

⑤ 绘制相贯线 调用“圆弧”命令，绘制相贯线。

◆ 下拉菜单：【绘图】/【圆弧】

◆ 绘图工具栏按钮：

◆ 命令：A(Arc)

命令: _arc 指定圆弧的起点或 [圆心(C)]: //单击 A 点
指定圆弧的第二个点或 [圆心(C)/端点(E)]: //光标在 B 点停留片刻，沿蚂蚁线左移光标，至出现与垂直中心线交点符号时，单击 C 点，如图 2-52(f)所示
指定圆弧的端点: //单击 D 点

2.10.4 扩展知识

（1）圆弧

通过选择下拉菜单【绘图】/【圆弧】，系统将弹出“圆弧”下拉菜单，如图 2-53 所示。在子菜单中提供了 11 种绘制圆弧的方法，如图 2-54 所示，其功能和使用方法如下。

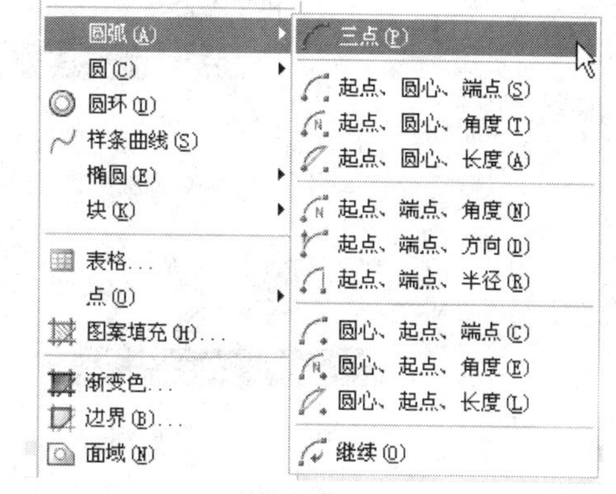

图 2-53 “圆弧”下拉菜单

① 三点：指定圆弧起点、第二点、端点绘制圆弧。

② 起点、圆心、端点：指定圆弧起点、圆心、端点绘制圆弧，如图 2-54(a) 所示。

③ 起点、圆心、角度：指定圆弧起点、圆心、包含角绘制圆弧，如图 2-54(b) 所示。

④ 起点、圆心、长度：指定圆弧起点、圆心、弦长度绘制圆弧，如图 2-54(c) 所示。

⑤ 起点、端点、角度：指定圆弧起点、端点、包含角绘制圆弧，如图 2-54(d) 所示。

⑥ 起点、端点、方向：指定圆弧起点、端点、圆弧起点切向绘制圆弧，如图 2-54(e) 所示。

⑦ 起点、端点、半径：指定圆弧起点、端点、半径绘制圆弧，如图 2-54(f) 所示。

⑧ 圆心、起点、端点：指定圆弧圆心、起点、端点绘制圆弧，如图 2-54(g) 所示。

⑨ 圆心、起点、角度：指定圆弧圆心、起点、包含角绘制圆弧，如图 2-54(h) 所示。

⑩ 圆心、起点、长度：指定圆弧圆心、起点、弦长度绘制圆弧，如图 2-54(i) 所示。

⑪ 继续：以最近一次绘制的直线、圆弧、多段线的端点为圆弧起点继续绘制与其相切圆弧，如图 2-54(i) 所示。

（2）延伸

可延伸某对象与指定的边界精确相交。“延伸”命令选项与“修剪”完全相同。

（3）构造线

可绘制两个方向无限延伸的直线。采用前述方法调用命令后，命令行提示“指定点或 [水平(H)/垂直(V)/角度(A)/二等分(B)/偏移(O)]”，各选项含义如下。

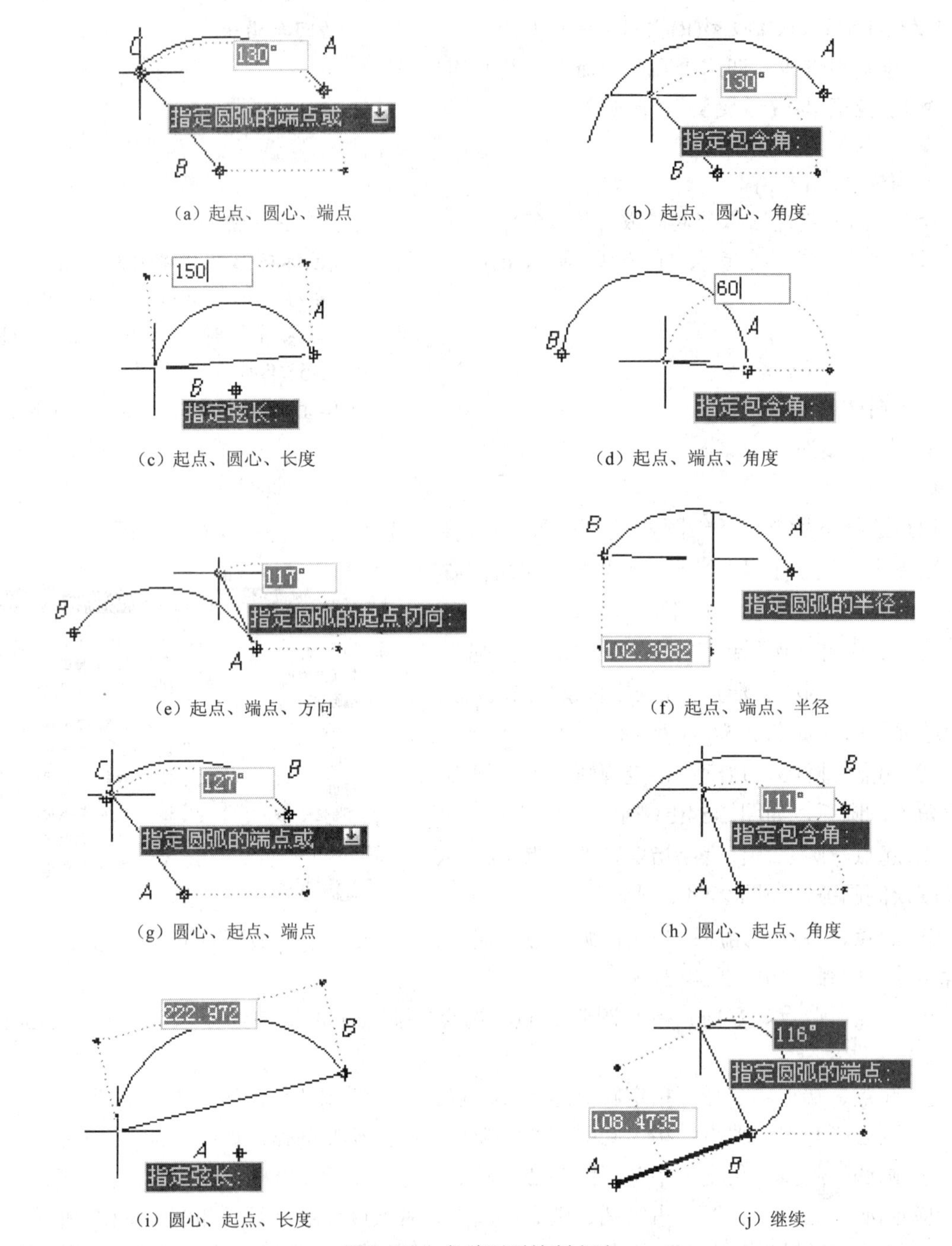

（a）起点、圆心、端点　（b）起点、圆心、角度

（c）起点、圆心、长度　（d）起点、端点、角度

（e）起点、端点、方向　（f）起点、端点、半径

（g）圆心、起点、端点　（h）圆心、起点、角度

（i）圆心、起点、长度　（j）继续

图 2-54　各种圆弧绘制方法

① 指定点：绘制通过指定点的构造线。

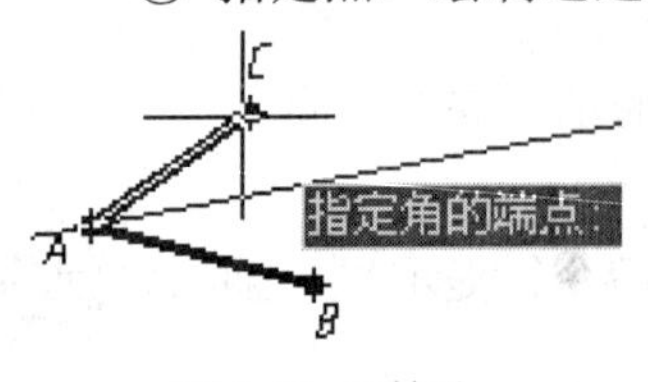

图 2-55 二等分

② 水平：绘制通过指定点的 X 轴平行线。使用方法如前所述。

③ 垂直：绘制通过指定点的 Y 轴平行线。使用方法如前所述。

④ 角度：绘制指定角度的构造线。使用方法如前所述。

⑤ 二等分：绘制指定角的二等分构造线，如图 2-55 所示。

⑥ 偏移：绘制平行于指定对象的构造线。使用方法如前所述。

2.11 多线、拉伸

2.11.1 任务

绘制平面图形如图 2-56(a) 所示并将其拉伸为如图 2-56(b) 所示图形。

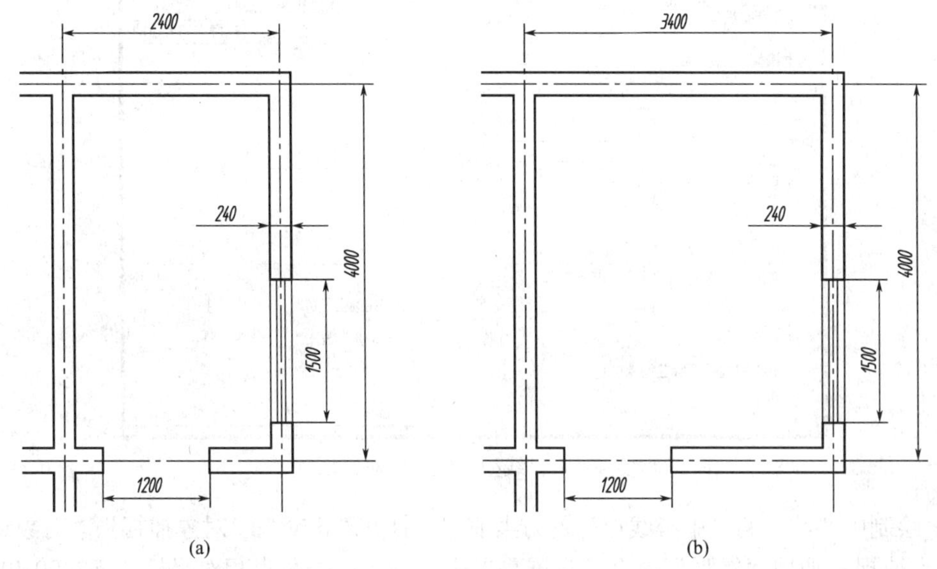

图 2-56 多线、拉伸

2.11.2 知识点

学习多线样式的设置，掌握多线命令、多线编辑、拉伸命令使用的方法。

2.11.3 图形绘制

（1）设置图形界限、图形显示的大小

① 设置图形界限 调用“图形界限”命令。

◆ 下拉菜单:【格式】/【图形界限】

◆ 命令: Limits

命令: '_limits

重新设置模型空间界限:

指定左下角点或 [开(ON)/关(OFF)] <0.0000,0.0000>: //回车确认原点为左下角点

指定右上角点 <3000.0000,6000.0000>: 4000,5000 //输入右上角点 4000,5000

② 设置图形显示大小

调用“Zoom”命令，输入“比例”选项 S，在系统提示“输入比例因子”时，输入 0.01。

（2）设置图层

打开“图层特性管理器”对话框，设置中心线层（线型 Centerx2、线宽 0.09)、墙体层（线型 Continuous、线宽 0.3)、门窗层（线型 Continuous、线宽 0.09)。

（3）绘制中心线

① 设置全局比例因子 单击下拉菜单【格式】/【线型】，弹出“线型管理器”对话框，如图 2-57 所示；在“全局比例因子” 数值框内输入新的比例因子 160，单击【确定】按钮即可。

小提示：

如“线型管理器”对话框中无【详细信息】选项，可单击【显示细节】按钮，在对话框的底部会出现【详细信息】选项组。

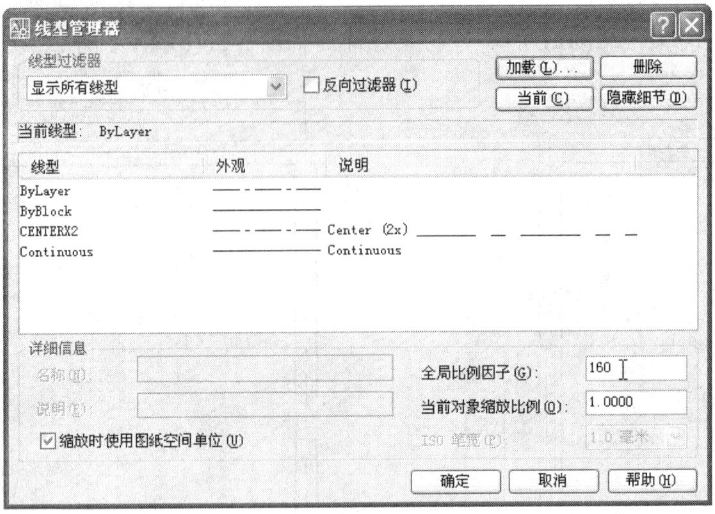

图 2-57 “线型管理器”对话框

② 绘制中心线　将“中心线层”置为当前层。打开“正交”、“对象捕捉”、“对象追踪”，设置端点捕捉；调用“矩形”命令，在屏幕单击，输入另一角点相对坐标（@2400,4000），完成矩形绘制；调用“分解”命令，分解矩形；使用夹点操作拉长各直线如图 2-58 所示。

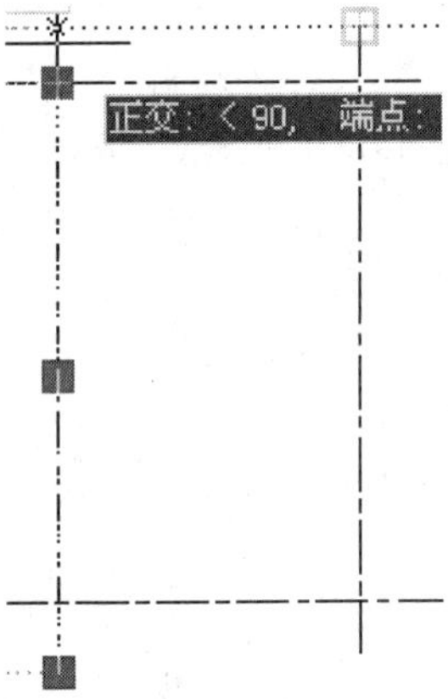

图 2-58 中心线

（4）绘制墙体

① 设置“墙体 120”的“多线样式”　调用“多线样式”命令。

◆ 下拉菜单：【格式】/【多线样式】

◆ 命令：Mlstyle

弹出“多线样式”对话框，如图 2-59 所示。单击【新建】按钮，在弹出“创建新的多线样式”对话框中输入“墙体 120”，如图 2-60 所示。单击【继续】按钮，在弹出“新建多线样式：墙体 120”对话框中设置多线特性，如图 2-61 所示。完成特性设置后，单击【确定】按钮，返回“多线样式”对话框，单击【置为当前】按钮，将“墙体 120”置为当前。单击【确定】按钮，完成墙体的“多线样式”设置。

② 绘制墙体　将“墙体层”置为当前层。设置交点捕捉；调用“多线”命令。

◆ 下拉菜单：【绘图】/【多线】

◆ 命令：Ml(Mline)

命令: _mline

当前设置: 对正 = 无，比例 = 1.00，样式 = 墙体 120

指定起点或 [对正(J)/比例(S)/样式(ST)]:　　　　//单击上水平中心线左端点

指定下一点:　　　　//单击中心线矩形右上交点

指定下一点或 [放弃(U)]:　　　　//单击中心线矩形右下交点

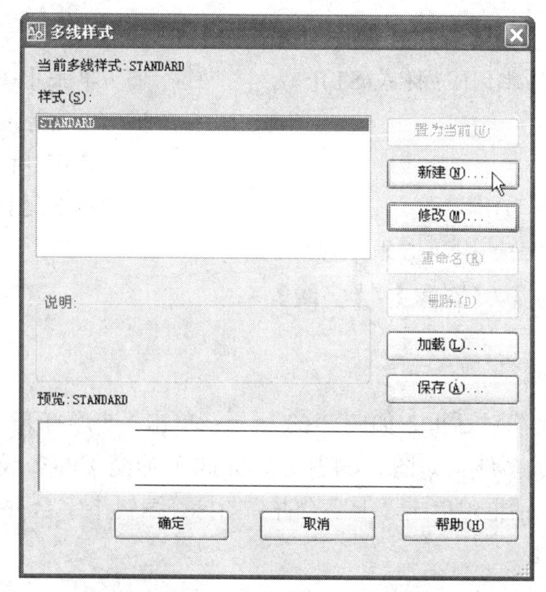

图 2-59 “多线样式”对话框

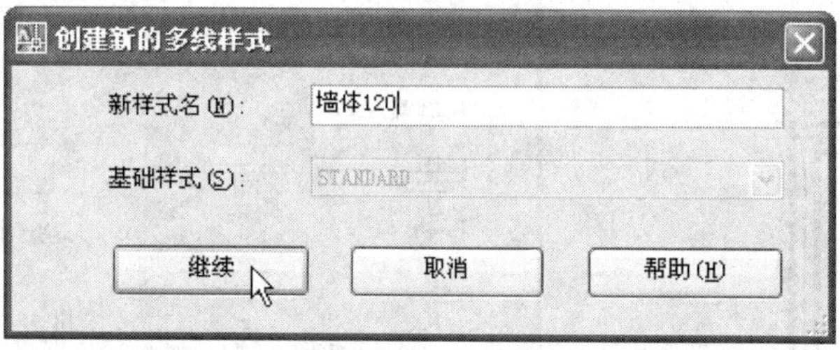

图 2-60 “创建新的多线样式”对话框

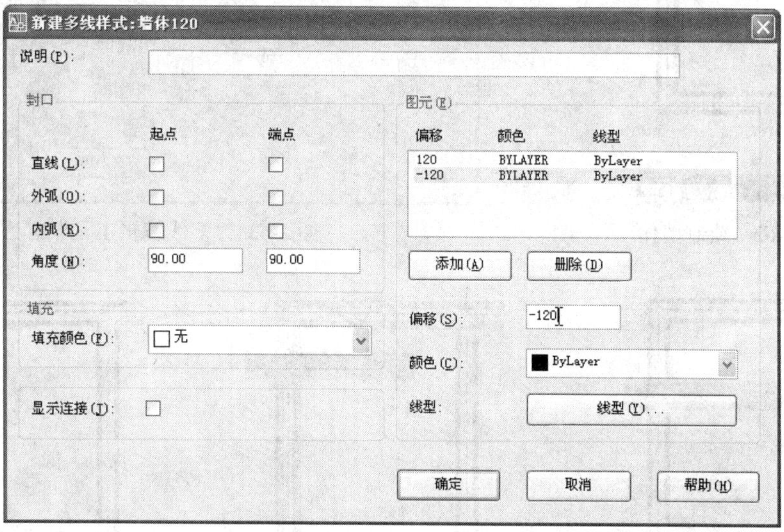

图 2-61 “新建多线样式：墙体 120”对话框

指定下一点或 [闭合(C)/放弃(U)]:　　　　　　　　//单击下水平中心线左端点
指定下一点或 [闭合(C)/放弃(U)]:　　　　　　　　//回车退出
命令:　　　　　　　　　　　　　　　　　　　　　//回车重复多线命令
MLINE

当前设置：对正 = 无，比例 = 1.00，样式 = 墙体 120

指定起点或 [对正(J)/比例(S)/样式(ST)]: //单击中心线矩形左上交点

指定下一点: //单击左垂直中心线下端点，如图 2-62 所示

指定下一点或 [放弃(U)]: //回车退出

③ 修改“墙体 120” 调用“编辑多线”命令。

◆ 下拉菜单：【修改】/【对象】/【多线】

◆ 命令：mledit

◆ 双击多线

弹出“多线编辑工具”对话框，如图 2-63 所示；单击“T 形打开”图标，返回绘图窗口，选择要编辑成 T 形交叉的多线；如图 2-64 所示。完成 T 形交叉的多线编辑。同样方法，再次打开“多线编辑工具”对话框，单击“十字合并”图标，编辑十字合并的多线，效果如图 2-65 所示。

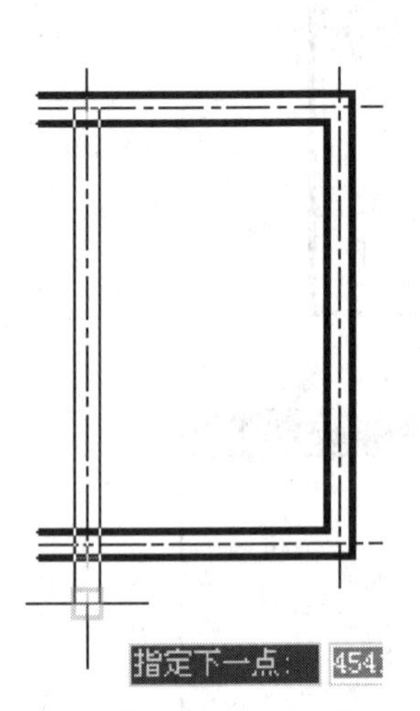

图 2-62 绘制墙体

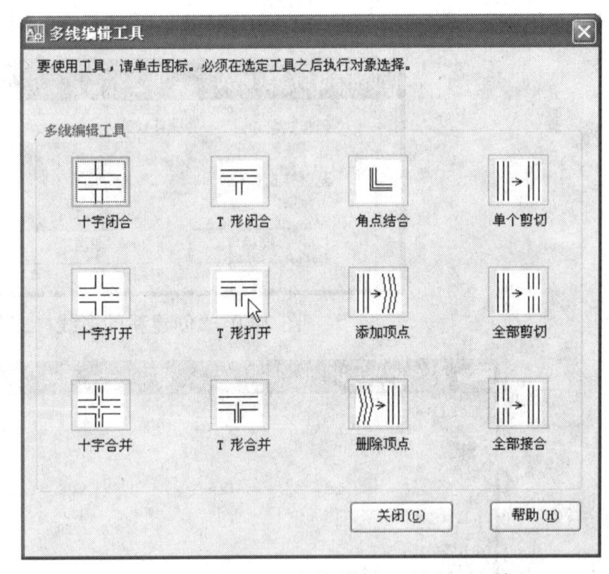

图 2-63 “多线编辑工具”对话框

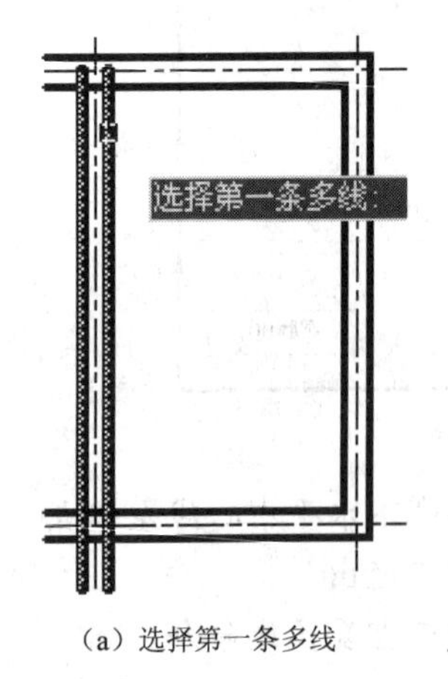

（a）选择第一条多线

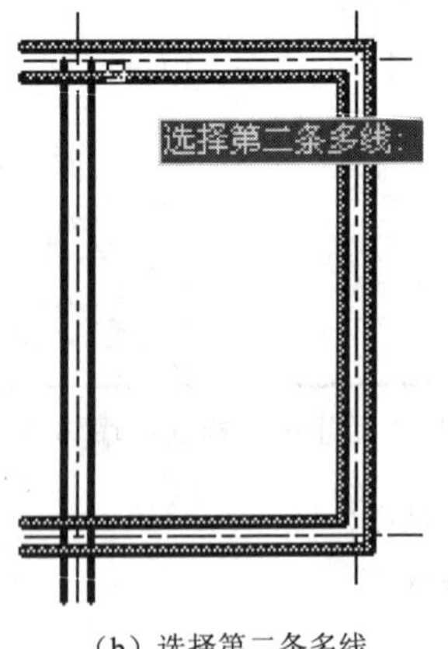

（b）选择第二条多线

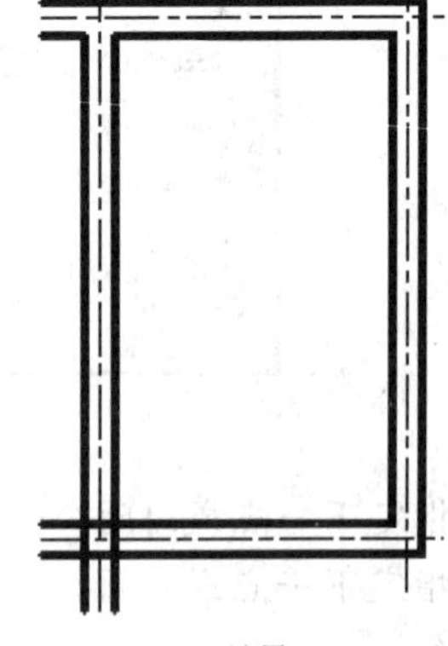

（c）效果

图 2-64 编辑多线 T 形交叉

（5）绘制门窗

① 墙上开门窗　调用“偏移”命令，将左垂直中心线向右偏移 400、1200，将下水平中心线向上偏移 400、1900，如图 2-66(a) 所示；调用“修剪”命令，修剪多余图线，如图 2-66(b) 所示；调用“删除”命令，删除多余图线，如图 2-66(c) 所示。

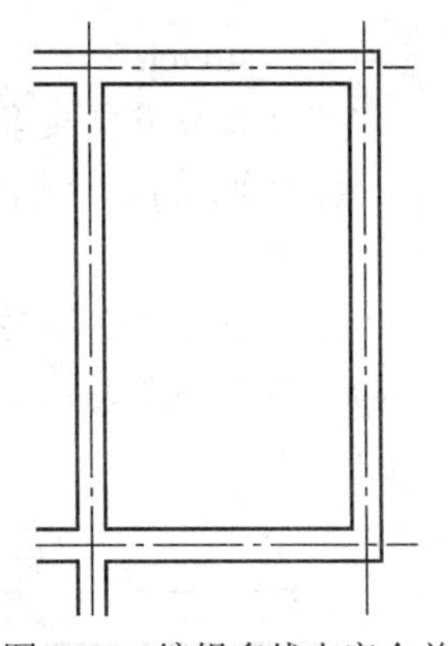

图 2-65　编辑多线十字合并

② 绘制窗户　将“门窗层”置为当前层，调用“直线”命令，捕捉窗洞四交点，分别绘制两条垂直线；调用“偏移”命令，将左垂直线向右偏移 80、160，完成窗体绘制，如图 2-66(d) 所示。

（6）拉伸

调用“拉伸”命令。

◆ 下拉菜单：【修改】/【拉伸】

◆ 修改工具栏按钮：

◆ 命令：S(Stretch)

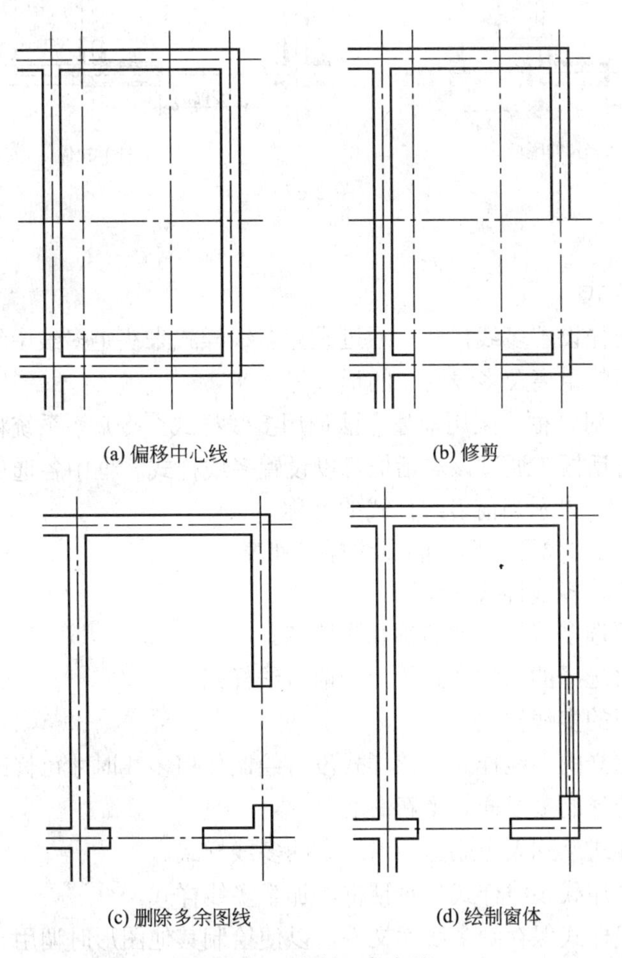

图 2-66　绘制门窗步骤

命令: _stretch

以交叉窗口或交叉多边形选择要拉伸的对象...

选择对象: 指定对角点: 找到 19 个　　//交叉窗口选择如图 2-67(a) 所示

选择对象:　　//右键确认

指定基点或 [位移(D)] <位移>:　　//单击矩形右上交点

指定第二个点或 <使用第一个点作为位移>: 1000　　//输入拉伸距离 1000，如图 2-67(b) 所示

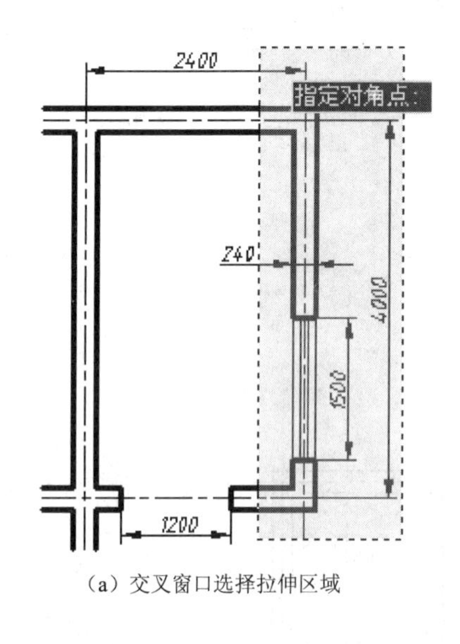

(a) 交叉窗口选择拉伸区域

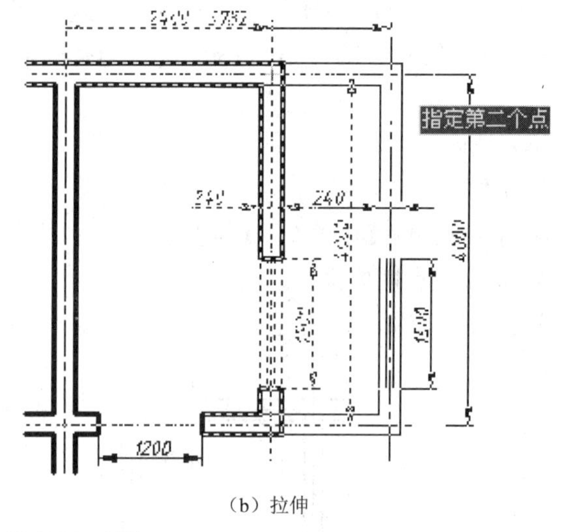

(b) 拉伸

图 2-67　拉伸

2.11.4　扩展知识

(1) 设置多线样式

创建多线前，应先设置多线样式，通过设置多线样式来决定多线中线条的数量、线条的颜色和线型、直线间的距离及多线封口的形式等。

① “多线样式”对话框　采用前述方法调用多线样式命令后，系统将显示弹出如图 2-59 所示“多线样式”对话框，通过该对话框可以设置多线样式。框中各选项和按钮作用如下。

“当前多线样式”: 显示当前多线样式的名称。

“样式”：显示已加载到图形中的多线样式列表。

“说明”: 显示所选多线样式的说明。

“预览”: 显示所选多线样式的名称和预览图。

【置为当前】: 将选择的多线样式置为当前多线样式。

【新建】: 创建新的多线样式。

【修改】: 修改选择的多线样式。该样式没有绘制任何多线时才可修改。

【重命名】: 为选择的多线样式重新命名。

【删除】: 在“样式”列表中删除当前选定的多线样式。

【加载】: 打开“加载多线样式”对话框，加载多线样式。

【保存】: 将多线样式保存到多线库文件，以便绘制其他图形时调用。

② “创建新的多线样式”对话框　在“多线样式”对话框中，单击【新建】按钮，弹出

“创建新的多线样式”对话框，如图 2-60 所示，框中各选项和按钮作用如下。

“新样式名”：输入新的多线样式名称。

“基础样式”：输入创建新多线样式的多线样式。

【继续】：打开“新建多线样式” 对话框。

③ “新建多线样式” 对话框 在“创建新的多线样式”对话框中输入新的样式名，单击【继续】按钮，弹出“新建多线样式” 对话框，如图 2-61 所示，框中各选项和按钮作用如下。

“说明”：输入多线样式的说明。

“封口”：设置多线起点和端点封口形状。分为直线、外弧、内弧、角度四种形式。如图 2-68 所示。

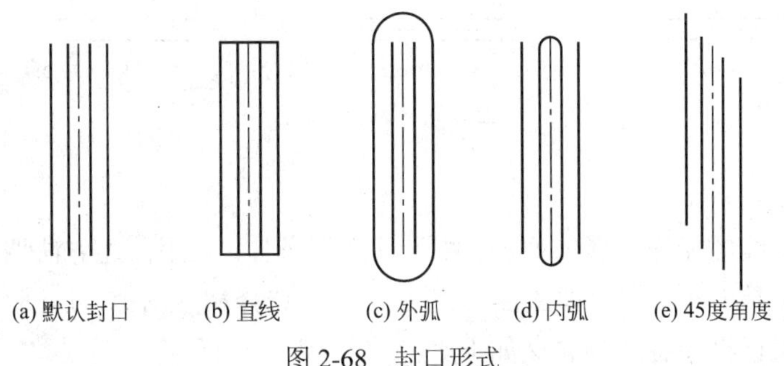

图 2-68 封口形式

“填充”：设置多线的背景填充。

“显示连接”：设置每条多线线段顶点处连接的显示与否，如图 2-69 所示。

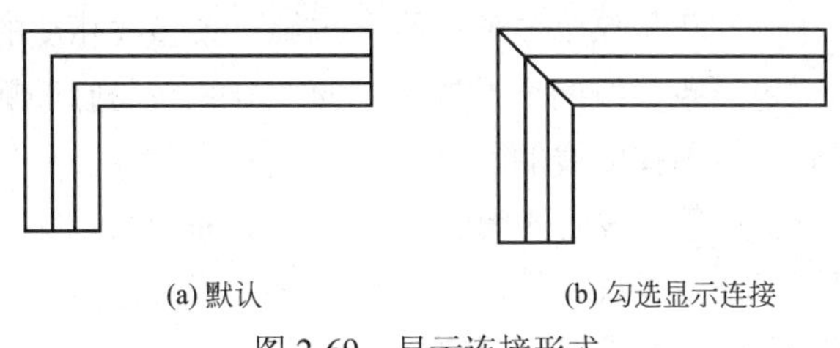

图 2-69 显示连接形式

“图元”：设置多线元素偏移、颜色和线型等元素特性。其区域内各选项、按钮作用如下：

“偏移、颜色和线型”：显示当前多线样式中的所有元素。

【添加】：单击按钮可将新元素添加到当前多线样式中。

【删除】：单击按钮可从多线样式中删除选择的元素。

“偏移”：设置多线样式中的每个元素偏移值。既在“偏移、颜色和线型”中选择需偏移的元素，在“偏移”数据框中输入所选元素相对于中心线偏移的距离。

“颜色”：设置多线样式中元素的颜色。既在“偏移、颜色和线型”中选择需设置颜色的元素，在“颜色”下拉框中单击选择所需颜色。

“线型”：设置多线样式中元素的线型。既在“偏移、颜色和线型”中选择需设置线型的元素，单击“线型”右侧【线型】按钮，在“选择线型”对话框中选择所需线型。

按要求设置多线样式后，单击【确定】按钮，返回“多线样式” 对话框，单击【确定】按钮。多线样式创建完毕。

（2）创建多线

多线可以绘制多条相互平行的直线。常用于建筑图墙体的绘制。采用前述方法调用多线命令，命令行提示“指定起点或 [对正(J)/比例(S)/样式(ST)]”，指定多线的起点、终点即可绘制。其他选项含义如下。

① 对正：选择多线对正方式。分上、无、下三种。如多线起点为中心线左端点，三种对正方式效果如图 2-70 所示。

② 比例：指定多线比例，一般为 1。

③ 样式：指定当前多线样式。

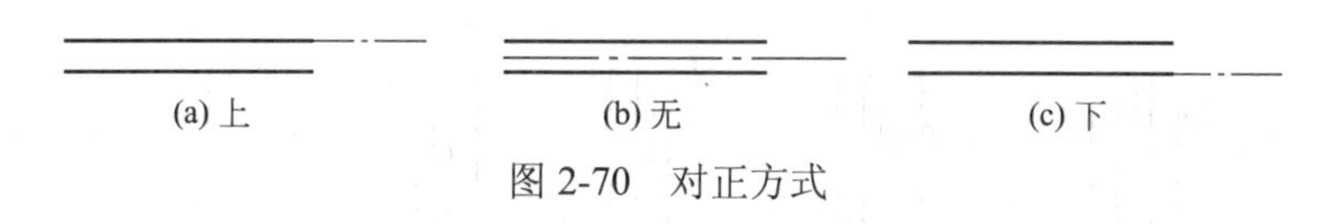

图 2-70　对正方式

（3）编辑多线

可进行编辑多线的相交方式或添加、删除顶点等操作。采用前述方法调用多线编辑命令，弹出“多线编辑工具”对话框，如图 2-63 所示；单击选择相应图标，返回绘图窗口选择要编辑的多线即可。对话框中各选项含义如下。

① “十字闭合” 创建两条多线间的闭合十字交点。系统将打断删除第一条多线上与第二条多线的相交部分。

② “十字打开” 创建两条多线间打开的十字交点。系统将打断删除第一条多线上与第二条多线的相交部分，并将打断删除第二条多线上与第一条多线相交的外部元素。

③ “十字合并” 创建两条多线间合并的十字交点。系统将打断删除第一条多线及第二条多线的外部的相交部分。与选择多线的顺序无关。

④ “T 形闭合” 创建两条多线间的闭合 T 形交点。系统将以第二条多线为修剪边界把第一条多线修剪，保留第一条多线选择端。

⑤ “T 形打开” 创建两条多线间打开的 T 形交点。

⑥ “T 形合并” 创建两条多线间合并的 T 形交点。

⑦ “角点结合” 创建两条多线间角点结合。系统将多线修剪或延伸到它们的交点处。

⑧ “添加顶点” 在多线上添加一个顶点。

⑨ “删除顶点” 在多线上删除一个顶点。

⑩ “单个剪切” 修剪多线上选择的多线元素。

⑪ “全部剪切” 修剪多线全部元素。

⑫ “全部接合” 将已被全部剪切的线段重新结合起来。

（4）拉伸

拉伸命令可在一个方向上按指定的尺寸拉伸、缩短对象。拉伸命令是通过改变端点位置来拉伸或缩短图形对象，除被伸长、缩短的对象外，其他图形对象间的几何关系将保持不变。交叉窗口内的对象被移动，与交叉窗口相交的对象被拉伸。

小　　结

本章主要介绍了绘图编辑命令的使用方法及技巧，绘图命令中应重点掌握线性对象、几何图形、构造线的使用；编辑命令中注意使用夹点编辑对象，从而提高绘图编辑效率。

习　　题

一、选择题

1. 在 AutoCAD 中，绘制圆的方法有________种。

A. 1　　B. 3　　C. 5　　D. 6

2. 在对图形对象采用拉伸操作时，选择对象必须采用________选择方式。

A. 单击　　B. 矩形窗口　　C. 交叉窗口　　D. 折线

3. 采用矩形命令绘制带圆角的矩形，应选择________选项绘制。

A. 倒角　　B. 圆角　　C. 宽度　　D. 厚度

4. 要绘制角度为135度的剖面线，在“图案填充和渐变色”对话框中“角度”下拉框内要输入________度。

A. 135　　B. 45　　C. 0　　D. 90

5. 重复刚才的命令，最简单的方法是________。

A. 命令行输入命令　　B. 选择下拉菜单　　C. 单击按钮　　D. 回车

6. 在等轴测图中，切换光标，按________键。

A. F3　　B. F4　　C. F5　　D. F6

7. 调整中心线长度的最简单方法是________。

A. 拉长命令　　B. 拉伸命令　　C. 夹点操作　　D. 延伸

二、实训题

1. 绘制如图2-71所示图形。

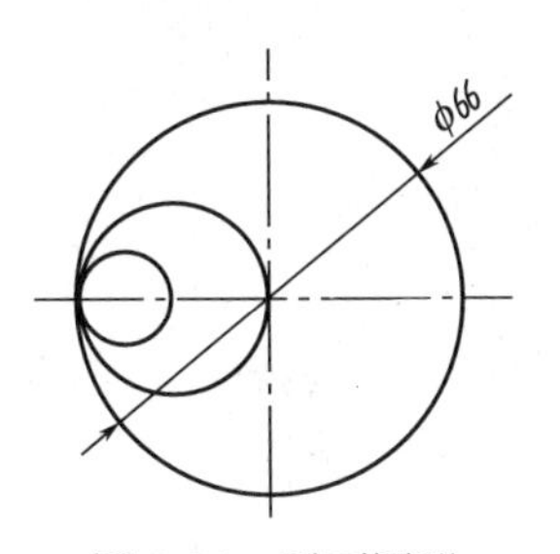

图2-71　平面图形

2. 绘制如图2-72所示图形。

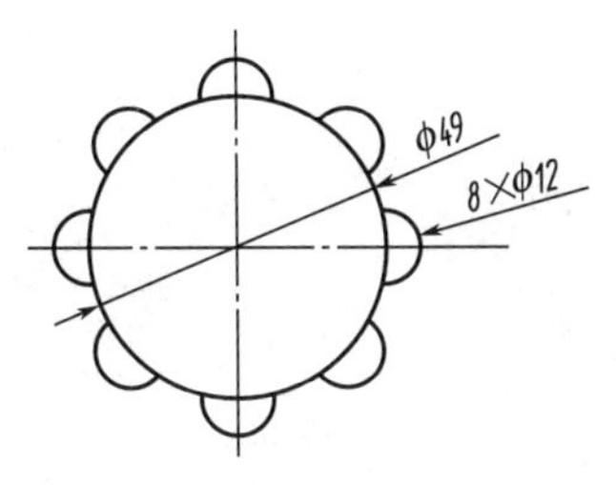

图2-72　平面图形

3. 绘制如图2-73所示图形。

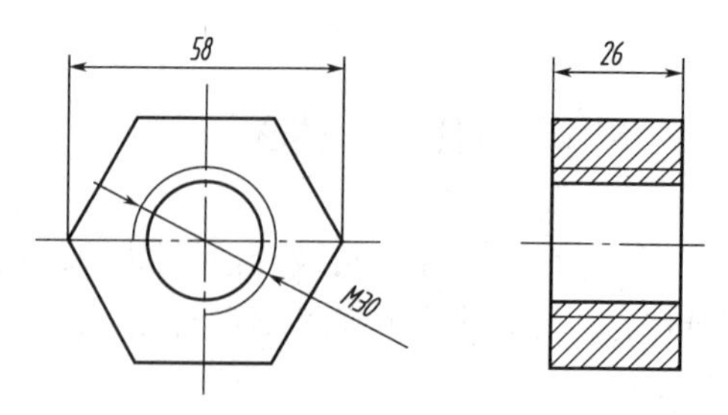

图 2-73　平面图形

4．绘制如图 2-74 所示图形。

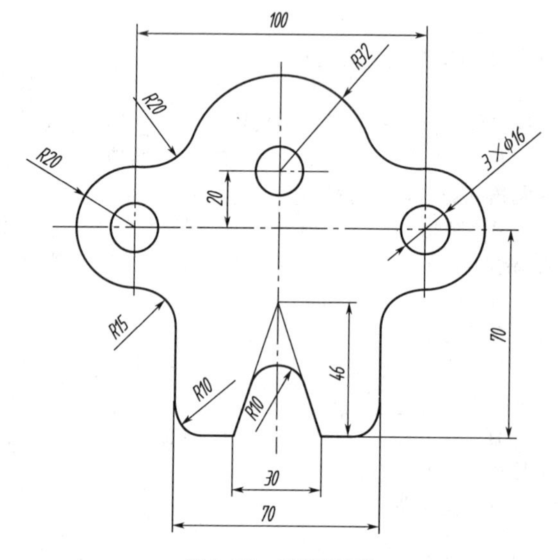

图 2-74　平面图形

第3章　文字与表格

教学目标：本章将介绍如何设置文字样式、创建单行与多行文字、编辑文字、插入表格的方法。通过本章的学习，使用户掌握图纸中技术要求、标题栏、文字说明等内容的书写、编辑，学会标题栏、明细栏等表格的绘制。

在进行图样绘制过程中常常用到文字与表格，如在工程图中需要输入技术要求、标题栏、明细栏等。AutoCAD 2008 提供了强大的书写文本、插入表格的功能，简短的文字标注使用单行文字，复杂的文字标注使用多行文字。标题栏、明细栏可以使用插入表格。

3.1　文字

AutoCAD 2008 提供了单行文字、多行文字两种书写文字，输入文字前要设置文字样式，以指定书写文字的外观。文字输入后可以根据需要对其进行修改。

3.1.1　任务 1

创建符合国标的单行文字“未注圆角 R3”，如图 3-1（a）所示；并将其改为“未注圆角 R5”，如图 3-1（b）所示。

3.1.2　知识点

掌握文字样式的设置、单行文字输入和文字编辑的方法。

未注圆角R3　　未注圆角R5

（a）编辑前　　（b）编辑后

图 3-1　文字

3.1.3　文字创建过程

（1）设置文字样式

① 打开“文字样式”对话框　调用“文字样式”命令。

◆ 下拉菜单：【格式】/【文字样式】

◆ 文字工具栏按钮：

◆ 命令：St（Style）

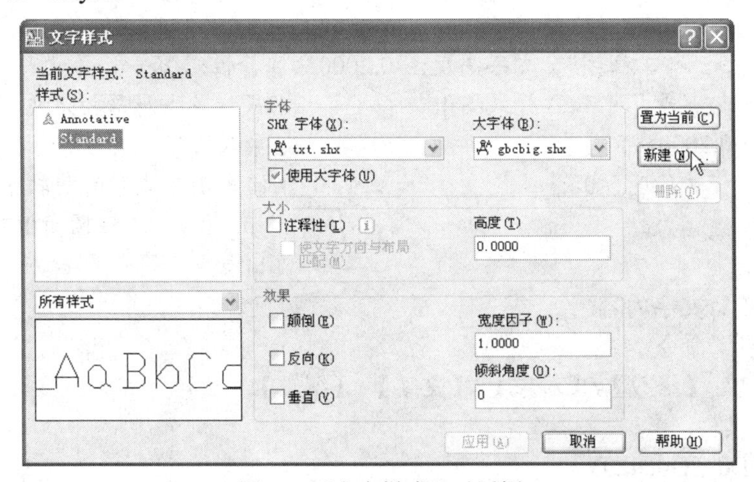

图 3-2　“文字样式”对话框

图 3-3 “新建文字样式”对话框

弹出“文字样式”对话框，如图 3-2 所示。

② 新建文字样式　单击“文字样式”对话框中的【新建】按钮，弹出“新建文字样式”对话框，在“样式名”文本框中输入“工程字”，如图 3-3 所示。

③ 设置文字样式　单击“新建文字样式”对话框中【确定】按钮，返回“文字样式”对话框，从“字体”选项组的“SHX 字体”下拉列表中选择“gbeitc.shx”；选中“使用大字体”复选框，在“大字体”下拉列表框中选择“gbcbig.shx”；设高度为“0”，宽度因子为“1”，如图 3-4 所示。单击【应用】按钮，单击【关闭】按钮，则创建了“工程字”文字样式。

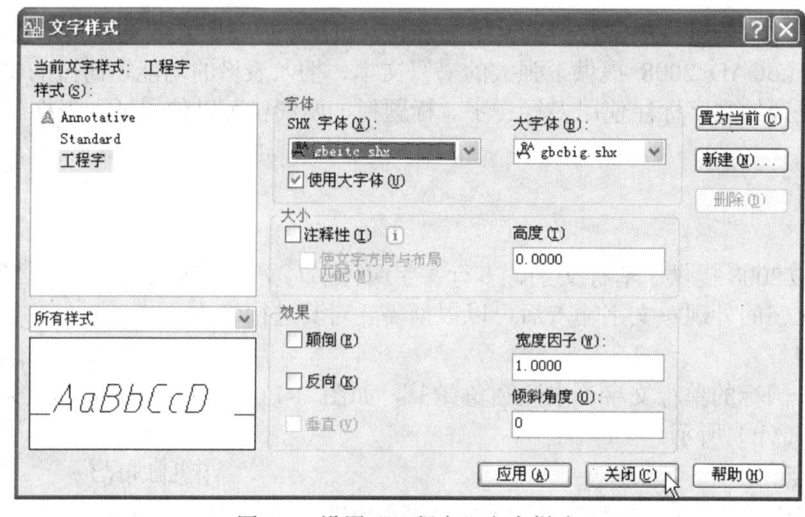

图 3-4 设置“工程字”文字样式

（2）输入单行文字“未注圆角 R3”

调用“单行文字”命令。

- ◆ 下拉菜单：【绘图】/【文字】/【单行文字】
- ◆ 文字工具栏：A|
- ◆ 命令行：Dt（Dtext）

命令: _dtext

当前文字样式: “工程字”　文字高度: 0.2000　注释性: 否

指定文字的起点或 [对正(J)/样式(S)]:　　//鼠标单击屏幕指定文字起点

指定高度 <0.2000>: 5　　//输入文字高度 5

指定文字的旋转角度 <0>:　　//回车确定文字的旋转角度 0 度，在光标处输入“未注圆角 R3”，回车两次退出命令

（3）编辑单行文字内容

调用“编辑”命令。

- ◆ 下拉菜单：【修改】/【对象】/【文字】/【编辑】
- ◆ 文字工具栏：
- ◆ 命令：Dd（Ddedit）
- ◆ 双击要编辑的文字

命令: _ddedit
选择注释对象或 [放弃(U)]:　　//选择要编辑的文字，在光标处选择文字内容进行修改，回车
选择注释对象或 [放弃(U)]:　　//回车退出命令

小提示:

修改编辑单行文字，也可在选择要编辑的文字后，单击标准工具栏上【对象特性】按钮，弹出“特性”选项板，如图 3-5 所示，在其中编辑文字内容、文字样式、字高、对正方式等特性。

3.1.4　扩展知识

（1）文字样式

用于设置文字的字体、高度、宽度因子、倾斜角等参数，以确定文字的外观。采用前述方法调用命令后，弹出“文字样式”对话框，如图 3-2 所示。“文字样式”对话框中各选项、按钮含义如下。

“当前文字样式”：显示当前的文字样式。

“样式”：显示已加载到图形中可以使用的文字样式列表。

“字体”：用于设置样式中的文字字体、字体的格式。在工程图纸中书写符合国标的汉字，要在“SHX 字体”下拉列表中选择斜体西文“gbeitc.shx”或正体西文“gbenor.shx”，并选中“使用大字体”复选框，在“大字体”下拉列表中选择“gbcbig.shx”大字体。

“大小”：设置文字的大小。一般设置“高度”为 0，在每次使用该样式时按提示输入文字高度；如设置“高度”为大于 0 的数值，则该样式文字高度为固定值，书写时不能调整文字高度。

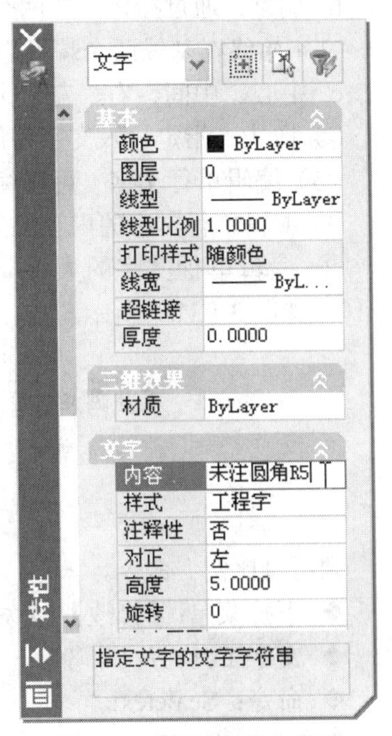

图 3-5　利用“特性”选项板编辑单行文字

“效果”：用于设置文字颠倒、反向、垂直特殊效果，其中“宽度因子”用于设置文字宽度和高度的比例，“倾斜角度”用于设置文字的倾斜角度，正值表示右倾，负值表示左倾。

【置为当前】：将在“样式”下选定的文字样式设置为当前文字样式。

【新建】：建立新文字样式。

【删除】：删除在图中未使用的文字样式。

【应用】：将样式更改应用到当前样式和图形中具有当前样式的文字中。

（2）单行文字

用于书写不需要使用多种字体的短少文字，可以创建一行或几行文字，而每行文字都是一个独立的对象，可以对其重定位、调整格式或进行其他修改。

采用前述方法调用命令，命令行提示“指定文字的起点或[对正(J)/样式(S)]”，各选项含义如下。

① 对正　设置文字相对于起点的对正方式。对正选项包括[对齐(A)/调整(F)/中心(C)/中间(M)/右(R)/左上(TL)/中上(TC)/右上(TR)/左中(ML)/正中(MC)/右中(MR)/左下(BL)/中下(BC)/右下(BR)]选项，各选项含义如下。

a. 对齐：通过指定基线两个端点以及输入文字的数量来确定文字高度和宽度。文字始终在基线两个端点之间，如图 3-6 所示。

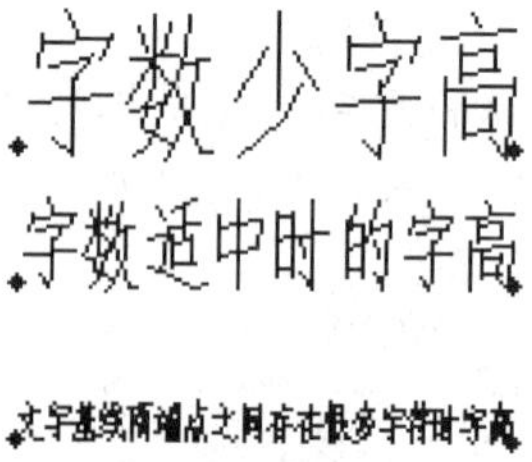

字数少字高
字数适中时的字高
文字基线两端点之间存在很多字符时字高

图 3-6　单行文字对齐方式

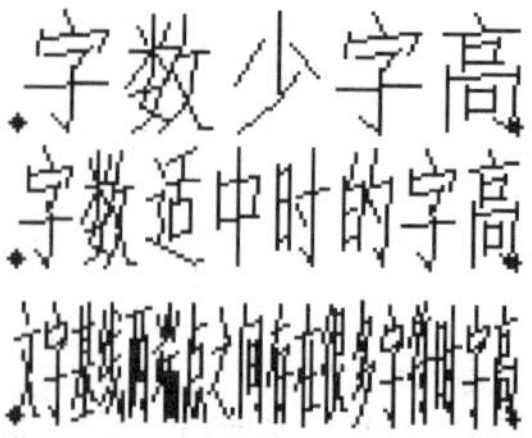

字数少字高
字数适中时的字高
文字基线两端点之间存在很多字符时字高

图 3-7　单行文字调整方式

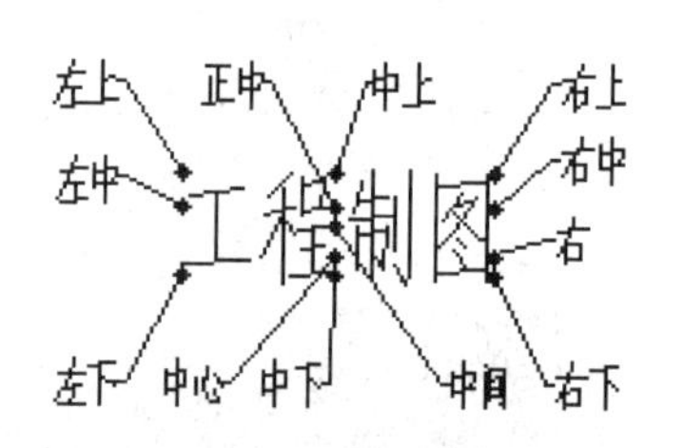

图 3-8　单行文字其余对齐方式

b. 调整：通过指定基线两个端点以及输入文字的数量来确定文字宽度，字高由设定值确定。文字始终在基线两个端点之间，如图 3-7 所示。

c. 中心、中间、右、左、上等其余选项：通过指定文本基点对齐文字，如图 3-8 所示。

② 样式　指定输入文字使用的文字样式。

（3）编辑单行文字　可以编辑单行文字的内容、大小、对正方式等特性。

① 编辑单行文字的内容　采用前述方法编辑。

② 编辑单行文字的大小　可以编辑文字的字高，将如图 3-9（a）所示文字修改字高为 10，如图 3-9（b）所示。

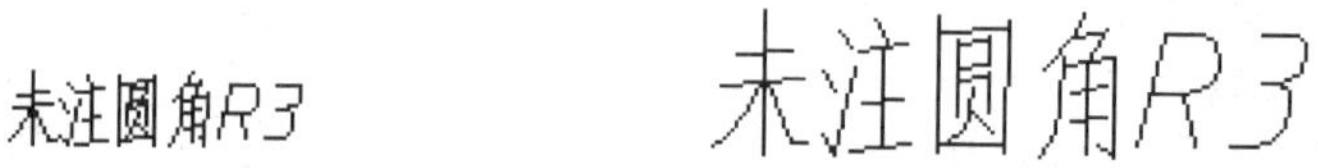

未注圆角R3

（a）编辑前

未注圆角R3

（b）编辑后

图 3-9　编辑单行文字的大小

调用“比例”命令。

◆ 下拉菜单：【修改】/【对象】/【文字】/【比例】

◆ 文字工具栏：

◆ 命令：Scaletext

命令: _scaletext

选择对象: 找到 1 个　　　　　　　　　　//选择需要编辑的对象

选择对象:　　　　　　　　　　　　　　//右键确认

输入缩放的基点选项

[现有(E)/左(L)/中心(C)/中间(M)/右(R)/左上(TL)/中上(TC)/右上(TR)/左中(ML)/正中(MC)/右中(MR)/左下(BL)/中下(BC)/右下(BR)] <现有>:　　　　//回车确认现有选项

指定新模型高度或 [图纸高度(P)/匹配对象(M)/比例因子(S)] <5>: 10

//指定新字高 10

③ 编辑单行文字的对正方式　调用“对正”命令。

◆ 下拉菜单：【修改】/【对象】/【文字】/【对正】

◆ 文字工具栏：

◆ 命令：Justifytext

重新指定文字的对正方式。

④ 利用“特性”选项板编辑单行文字　也可在“特性”选项板中编辑文字内容、文字样式、字高、对正方式等特性。方法如前所述。

3.1.5　任务 2

创建符合国标的多行文字，如图 3-10（a）所示；并将其修改为如图 3-10（b）所示。

技术要求
1.未注倒角1X45°。
2.人工时效处理。
3.铸件不得有砂眼、气孔等缺陷。
技术要求
1.未注倒角2X45°。
2.铸件不得有砂眼、气孔等缺陷。

（a）编辑前　　（b）编辑后

图 3-10　多行文字

3.1.6　知识点

掌握多行文字输入和文字编辑的方法。

3.1.7　文字创建过程

（1）设置文字样式

采用前述方法设置文字样式。“SHX 字体”下拉列表中选择“gbeitc.shx”；选中“使用大字体”复选框，在“大字体”下拉列表框中选择“gbcbig.shx”；设高度为“0”，宽度因子为“1”。

（2）输入多行文字

调用“多行文字”命令。

◆ 下拉菜单：【绘图】/【文字】/【多行文字】

◆ 文字工具栏：A

◆ 命令行：Mt（Mtextt）

命令: _mtext 当前文字样式:“工程字”　文字高度:　5　注释性:　否

指定第一角点:　　//单击指定文字区域第一角点

指定对角点或 [高度(H)/对正(J)/行距(L)/旋转(R)/样式(S)/宽度(W)/栏(C)]:

//单击指定文字区域对角点，弹出“在位文字编辑器”。在光标处输入需要的文字，如图 3-11 所示。单击【确定】按钮，完成输入

文字格式
工程字
gbeitc, gbcbig
7
确定
0.0000
1.0000
1.0000
技术要求
1.未注倒角1X45°。
2.人工时效处理

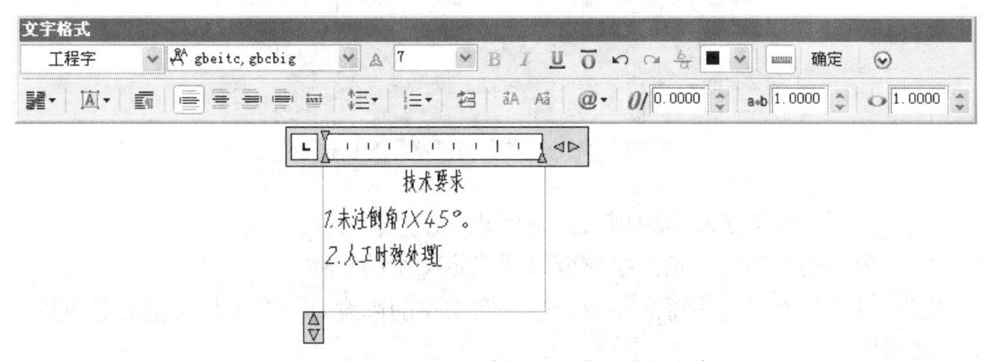

图 3-11　“在位文字编辑器”输入多行文字

（3）编辑多行文字

调用“编辑”命令。

◆ 下拉菜单：【修改】/【对象】/【文字】/【编辑】

◆ 文字工具栏：A/

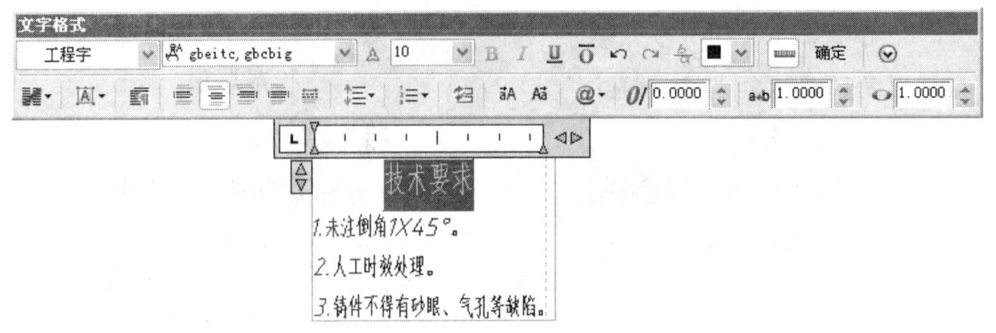

图 3-12 “在位文字编辑器”编辑多行文字

◆ 命令：Dd（Ddedit）

◆ 双击要编辑的文字

打开“在位文字编辑器”，选中需要编辑的文字，进行修改编辑，如图 3-12 所示。

3.1.8 扩展知识

（1）多行文字

用于书写由较多数目的文字行或段落所组成的复杂文字。其在同一个多行文字编辑器中创建的文字为一个多行文字对象，可以对其进行移动、旋转、删除、复制、镜像等操作。多行文字可以分解为单行文字。

采用前述方法调用命令，指定文字边框区域后，弹出“在位文字编辑器”对话框，如图 3-13 所示。各选项含义如下。

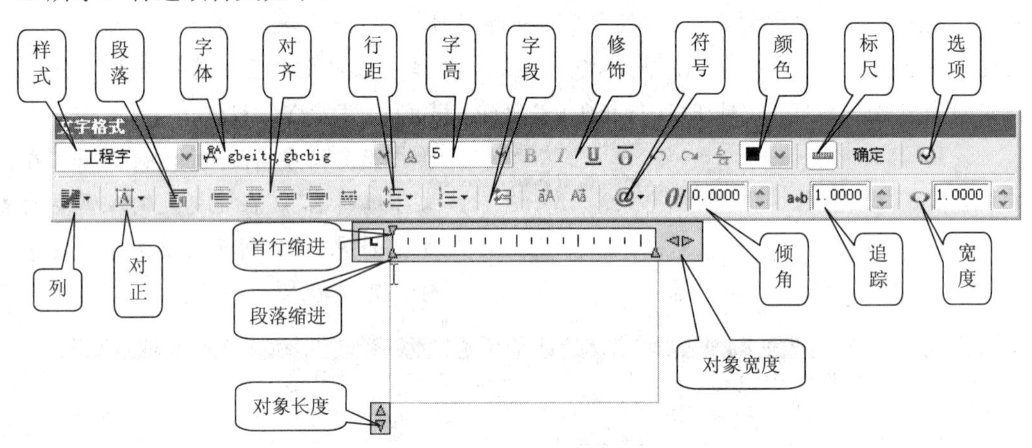

图 3-13 “在位文字编辑器”对话框

“样式”：设置多行文字对象应用的文字样式。

“字体”：为新输入的文字指定字体或改变选定文字的字体。

“字高”：设置新文字的字符高度或修改选定文字的高度。一个多行文字对象可以含有多个不同字高的文字。

【修饰】：可以切换新文字或选定文字的粗体、斜体、下划线、上划线格式。还可以创建堆叠文字，既选定包含堆叠字符(^、/、#)的文字，堆叠字符左侧的文字将堆叠在字符右侧的文字之上。

“颜色”：设置新文字的颜色或更改选定文字的颜色。

【标尺】：切换是否在编辑器顶部显示标尺。拖动标尺末尾的箭头可更改多行文字对象的宽度。

【选项】：显示其他文字选项列表。

【列】：设置分栏。

【对正】：设置多行文字对正方式。

【段落】：设置段落缩进、对齐、间距、行距等特性。

【对齐】：设置当前或选中段落对齐方式。

【行距】：设置当前段落或选定段落行距。

【字段】：打开“字段”对话框，从中选择要插入到文字中的字段。关闭该对话框后，字段的当前值将显示在文字中。

【符号】：在光标位置插入所选符号。在垂直文字中无法使用符号。

“倾角”：指定文字倾斜角度。

“追踪”：设置字符之间的间距。

“宽度”：增大、缩小字符宽度。

小提示：

如需插入特殊字符，可单击“在位文字编辑器”的【符号】按钮，弹出特殊符号快捷菜单，如图 3-14 所示，单击所需符号即可插入。没有列出的符号可通过单击“其他”选项，弹出“字符映射表”对话框，如图 3-15 所示，选择所需符号，单击【选择】按钮、【复制】按钮，关闭“字符映射表”对话框，在“在位文字编辑器”中单击右键，在快捷菜单中选择“粘贴”，即可插入字符。

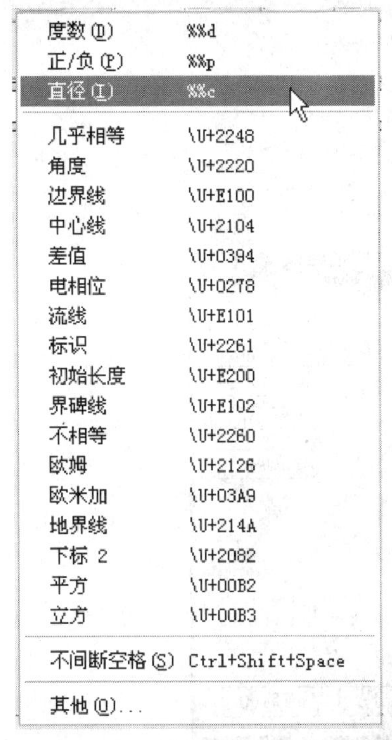

图 3-14　特殊符号快捷菜单

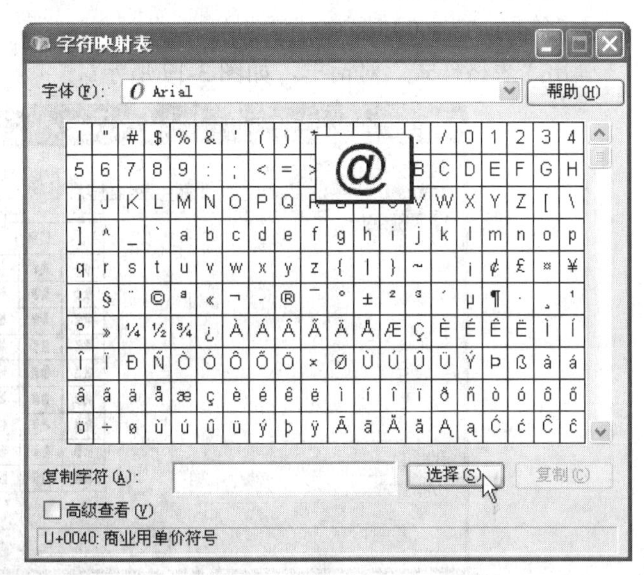

图 3-15　“字符映射表”对话框

（2）编辑多行文字

采用前述方法打开“在位文字编辑器”，编辑修改多行文字。也可在“特性”选项板中编辑文字内容、文字样式、字高、对正方式等特性，方法如单行文字。

3.2 表格

AutoCAD 2008 提供了绘制表格的功能，可以快速地绘制明细表、标题栏等。创建表格之前，首先也要设置表格样式，以确定表格外观；然后创建表格，如需要修改，还可编辑表格。

3.2.1 任务

创建标题栏，如图 3-16 所示。

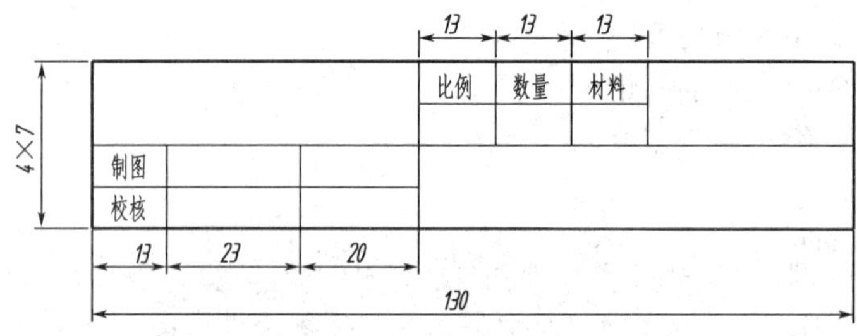

图 3-16 标题栏

3.2.2 知识点

掌握表格样式的设置、创建表格和编辑表格的方法。

3.2.3 表格创建过程

（1）设置表格样式

① 打开“表格样式”对话框 调用“表格样式”命令。

◆ 下拉菜单：【格式】/【表格样式】

◆ 样式工具栏按钮：

◆ 命令：Ts（Tablestyle）

弹出“表格样式”对话框，如图 3-17 所示。

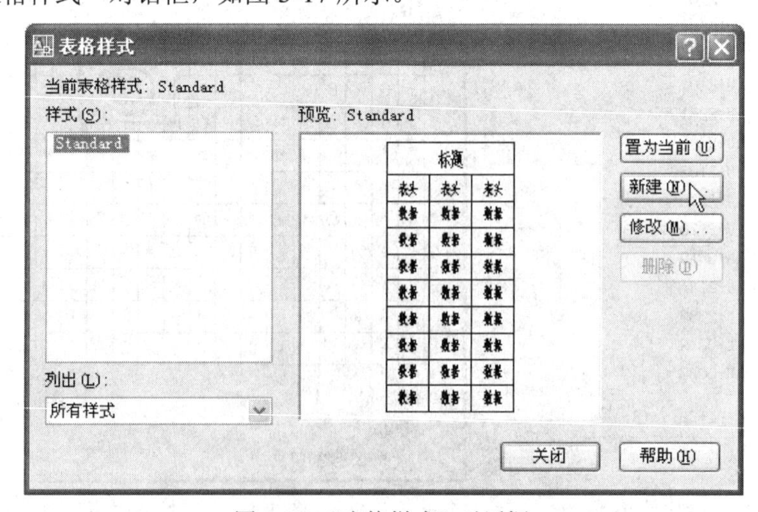

图 3-17 “表格样式”对话框

② 创建新的表格样式　单击“表格样式”对话框中的【新建】按钮，弹出“创建新的表格样式”对话框，在“新样式名”文本框中输入“标题栏”，如图 3-18 所示。

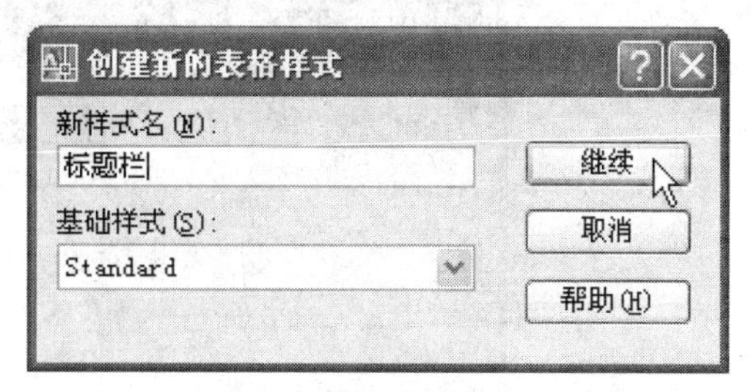

图 3-18　“创建新的表格样式”对话框

③ 设置表格样式

a. 单击“创建新的表格样式”对话框中【继续】按钮，打开“新建表格样式：标题栏”对话框，从“单元样式”下拉列表中选择“数据”，单击“基本”选项卡，“对齐”方式选择“正中”，“页边距”水平、垂直距离设为 0.000001，如图 3-19 所示。

b. 单击“文字”选项卡，“文字样式”选择“工程字”，“文字高度”设置为“5”，如图 3-20 所示。

c. 单击“边框”选项卡，在“线宽”列表框中，选择线宽“0.3mm”，单击“外边框”按钮；再选择线宽“0.09mm”，单击“内边框”按钮，如图 3-21 所示。

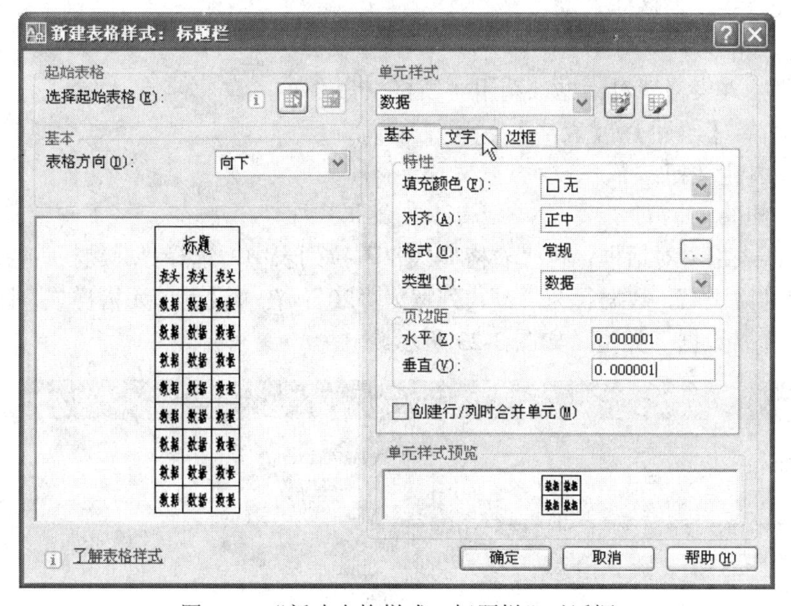

图 3-19　“新建表格样式：标题栏”对话框

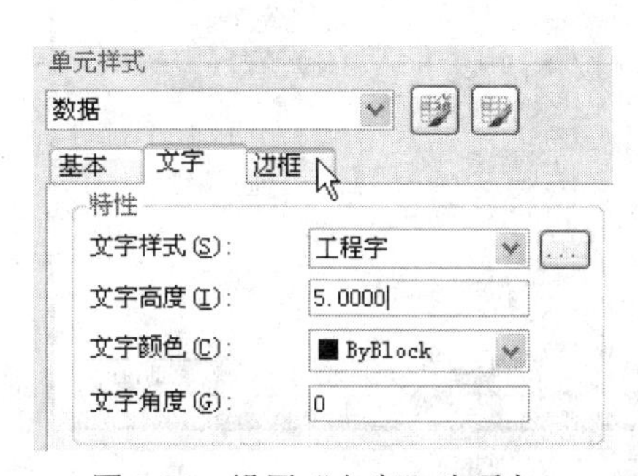

图 3-20　设置“文字”选项卡

图 3-21　设置“边框”选项卡

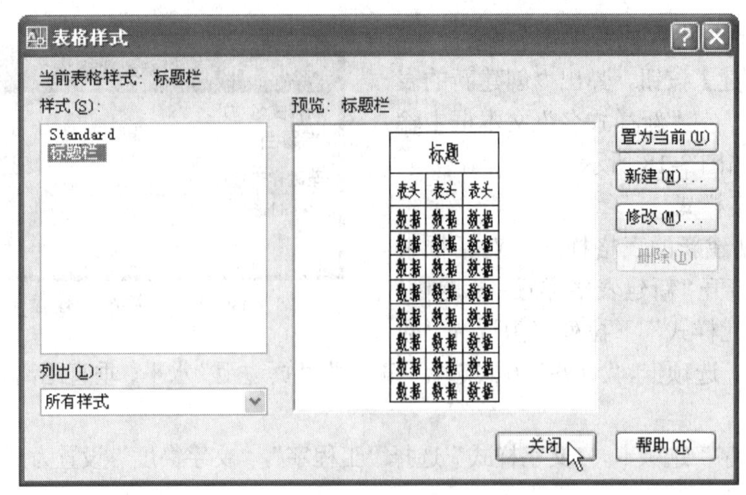

图 3-22　返回“表格样式”对话框

d. 单击【确定】按钮，返回“表格样式”对话框，如图 3-22 所示。单击【关闭】按钮，则创建了“标题栏” 表格样式。

（2）创建表格

① 设置“插入表格”对话框　调用“表格”命令。

◆ 下拉菜单：【绘图】/【表格】

◆ 绘图工具栏按钮：

◆ 命令：table

弹出“插入表格”对话框，在“表格样式”下拉列表中，选择“标题栏”；在“列和行设置”区域设置列为“7”、数据行为“2”、列宽为“20”；在“设置单元格样式”区域的下拉列表中，全部选择“数据”类型，如图 3-23 所示。

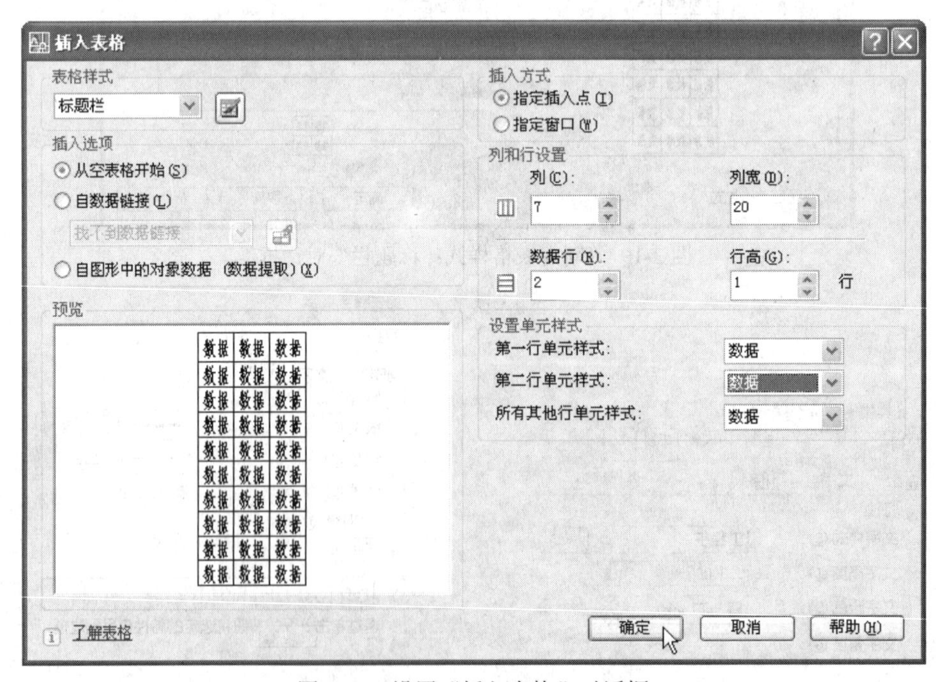

图 3-23　设置“插入表格”对话框

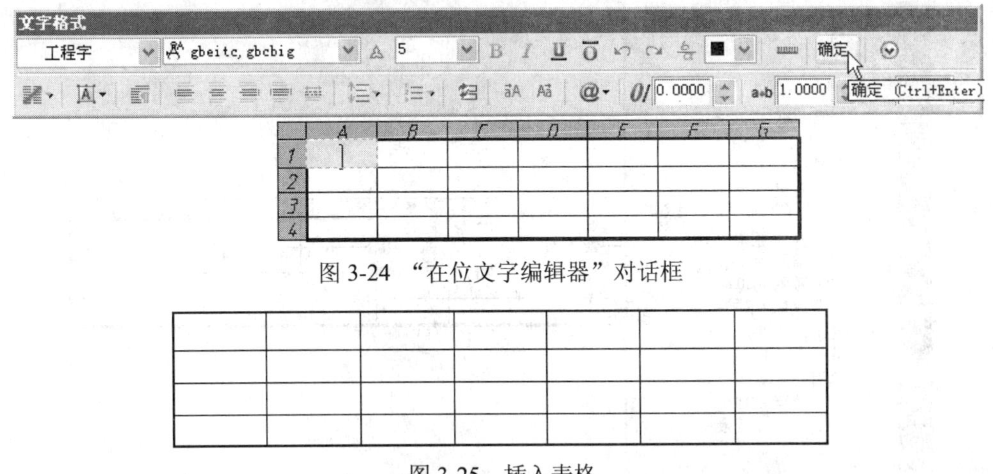

图 3-24 “在位文字编辑器”对话框

图 3-25 插入表格

② 插入表格 单击【确定】按钮。返回绘图窗口，在合适处单击，弹出“在位文字编辑器”对话框，如图 3-24 所示。单击【确定】按钮退出“在位文字编辑器”，完成表格插入，如图 3-25 所示。

（3）编辑表格

① 合并表格单元 首先在第一行的第一列表单元左上角单击并向第二行的第三列表单元右下角拖动，松开鼠标，则选中第一行、第二行的第一列至第三列单元格；同时弹出“表格”工具栏，单击【合并单元】按钮，选择“全部”选项，如图 3-26 所示，完成合并；同样方法合并第三行、第四行的第四列至第七列单元格，第一行、第二行的第七列单元格，结果如图 3-27 所示。

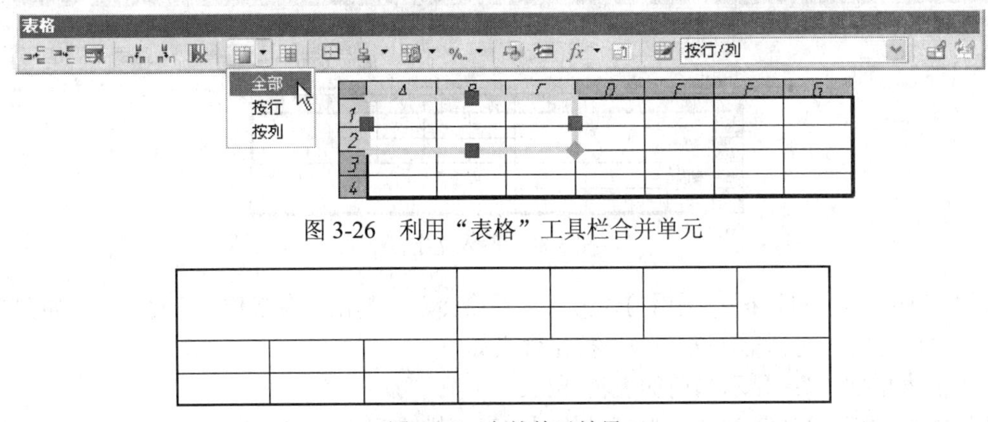

图 3-26 利用“表格”工具栏合并单元

图 3-27 合并单元效果

② 修改表格行高、列宽 单击【特性】按钮，打开“特性”面板，选中第一行的第一列单元格，在“特性”面板中的“单元宽度”、“单元高度”文本框中输入“56”、“14”，如图 3-28 所示。采用同样方法修改表格其他单元格行高、列宽，如图 3-29 所示。

③ 输入文字 双击单元格，输入相应文字，如图 3-30 所示。

3.2.4 扩展知识

（1）表格样式

用于设置表格的外观，包括字体、颜色、高度和行距、边框特性等。

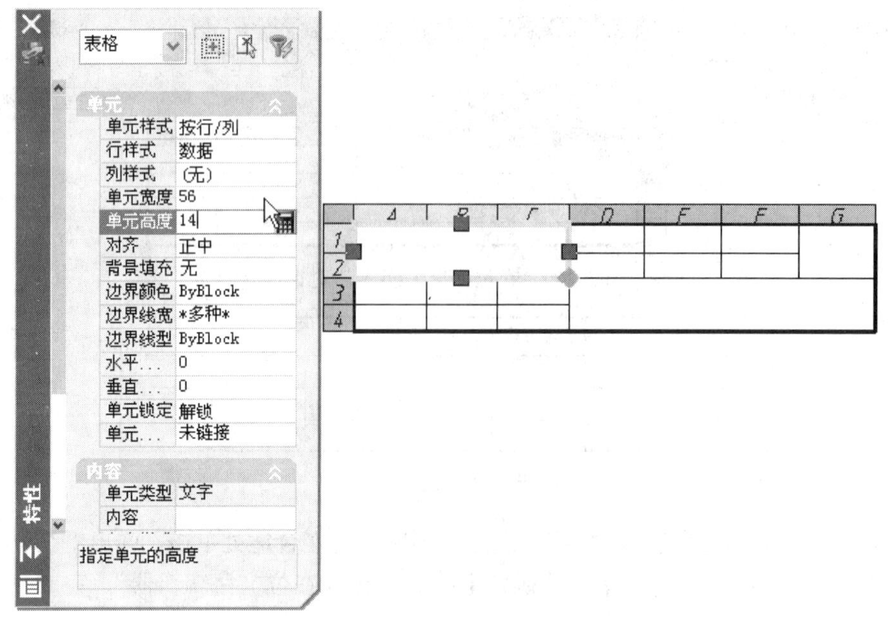

图 3-28 修改表格行高、列宽

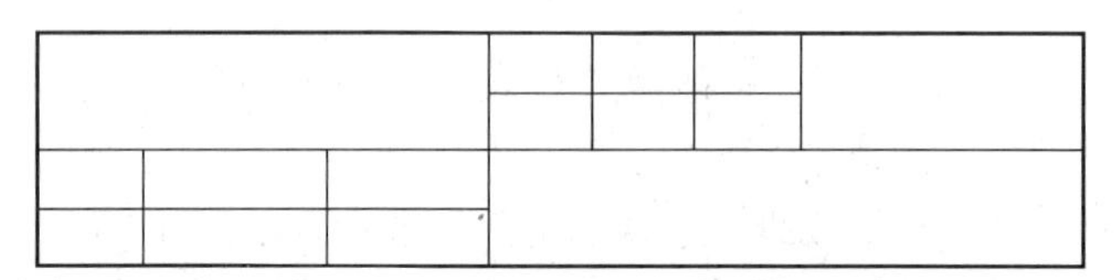

图 3-29 修改表格行高、列宽效果

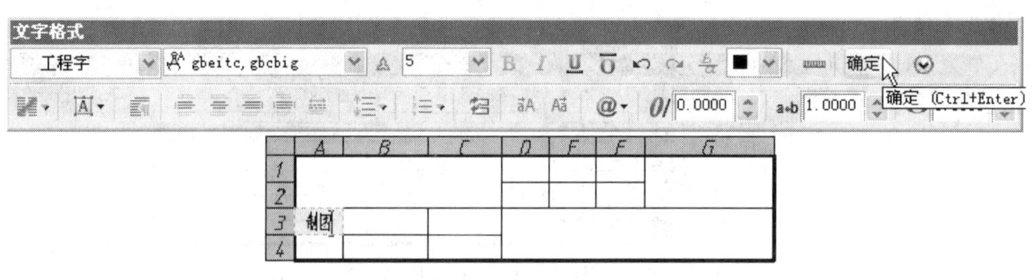

图 3-30 输入文字

①“表格样式”对话框 采用前述方法调用命令后，弹出“表格样式”对话框，如图 3-17 所示。“表格样式”对话框中各选项、按钮含义如下。

“当前表格样式”：显示当前的表格样式。

“样式”：显示已加载到图形中可以使用的表格样式列表。

“预览”：显示“样式”列表中选定样式的预览图。

【置为当前】：将在“样式”下选定的表格样式设置为当前表格样式。

【新建】：建立新表格样式。

【删除】：删除在“样式”列表中选定的表格样式。

【修改】：将选定样式修改设置。

②“新建表格样式”对话框 如图 3-19 所示，“新建表格样式”对话框中各选项、按钮含义如下。

“起始表格”：可在绘图窗口选择表格作为新表格的格式。

"基本"：设置表格方向。既设置由下向上或由上向下读取表格。

"预览"：显示当前表格样式设置效果的预览图。

"单元样式"：创建新的单元样式或选择修改现有单元样式。

"基本"：设置单元背景颜色、文字对齐方式、数据类型和格式、类型、单元边界和文字之间的间距等特性。

"文字"：设置单元中文字样式、文字高度、文字颜色、文字角度等特性。

"边界"：设置将要应用于边界的线宽、线型、颜色等特性。

"单元样式预览"：　显示当前单元样式设置效果图。

（2）创建表格

可设置表格的列数、列宽、行数、行高等。创建结束后系统自动进入表格内容编辑状态。

①"插入表格"对话框　采用前述方法调用命令后，弹出"插入表格"对话框，如图3-23所示。"插入表格"对话框中各选项、按钮含义如下。

"表格样式"：可以选择需要的表格样式。单击右侧的【启动"表格样式"对话框】按钮，可以修改选择的表格样式。

"插入选项"：设置插入空表格、从外部数据创建表格、从图中提取数据创建表格。

"预览"：显示当前表格样式设置效果的预览图。

"插入方式"：设置以表格左上角的位置插入固定大小表格或以拖动表格边框创建所需大小的表格。

"列和行设置"：　设置列和行的数目和大小。

"设置单元样式"：设置表中各行使用"标题"、"表头"、"数据"的哪一项。

② 插入表格　创建结束后，返回绘图窗口，在合适处单击，弹出"在位文字编辑器"，如图3-24所示。如表格样式正确，无须修改，可直接在"在位文字编辑器"中输入文字，完成表格填写。

（3）编辑表格

可以方便地编辑表格文字样式、大小、表单元的行高与列宽、合并表单元等特性。通过单击表格上的任意网格线可选中表格，然后通过使用"特性"选项板或夹点来修改该表格。也可单击表单元，打开"表格"工具栏修改表格。

①"特性"选项板　可以对编辑表格文字样式、大小、对齐方式、表格与表单元的行高与列宽等，调用"特性"命令。

◆ 下拉菜单：【修改】/【特性】

◆ 标准工具栏按钮：

◆ 命令：properties

弹出"特性"选项板，如图3-28所示。单击网格线以选中该表格或单击单元格选中单元格；在"特性"选项板中，单击要修改的值并输入新值；关闭"特性"选项板，并按【ESC】键删除选择。

② 夹点

a. 使用夹点修改表格：可以对表格进行移动、修改表宽、修改表高等操作，方法如下。

单击网格线以选中该表格。单击不同夹点实现不同修改表格操作，如图3-31所示。

b. 使用夹点修改表格单元：可以对表单元进行修改行高、列宽等操作，方法如下。

单击表单元以选中该单元。单击不同夹点实现不同修改单元操作，如图3-32所示。

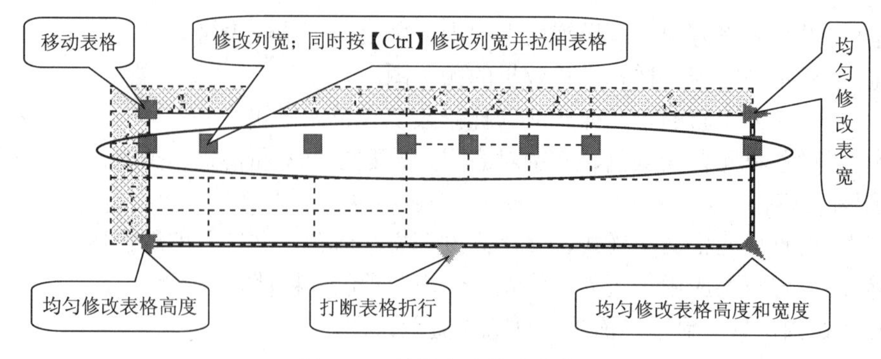

图 3-31　使用夹点修改表格

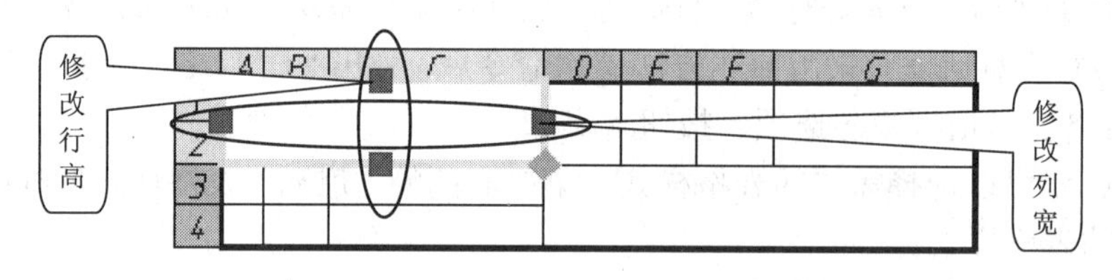

图 3-32　使用夹点修改表单元

c.“表格”工具栏：可以进行插入行列、删除行列、合并单元、修改单元边框、修改对齐方式、插入块、插入字段等操作，方法如下。

单击表单元以选中该单元，同时弹出“表格”工具栏，单击相应按钮进行修改，如图 3-26 所示。

小　　结

本章主要介绍了在绘图过程中如何利用文字、表格功能，正确书写符合国标的文字、插入符合要求的表格，如标题栏、明细栏等。

习　　题

一、选择题

1. 在 AutoCAD 中，设置符合国标的文字样式，SHX 字体常选用____________。

A. gbeitc.shx　　B. gdt.shx　　C. geniso.shx　　D. gothicg.shx

2. 在文字输入过程中，为方便调整字高，设置文字样式时，常将字高设为_______。

A. 3.5　　B. 5　　C. 0　　D. 10

3. 在标题栏中填写单位时，如单位名称较长，使用多行文字超出框格时，应采用单行文字的____________对齐方式。

A. 中间　　B. 中心　　C. 调整　　D. 左上

4. 在 AutoCAD 中，输入“ φ ”的代码是________。

A. %%c　　B. %%d　　C. %%p　　D. %%o

5. 在“插入表格”对话框中设置数据行为“4”时，插入的表格有_____行。

A. 4　　B. 5　　C. 6　　D. 7

二、实训题

1. 书写符合国标的技术要求（标题字高 7mm、正文字高 5mm），如图 3-33 所示。

技术要求

1.未注倒角1X45°。

2.Ø10H7锥销孔配作。

3.未注圆角R3 ~R5。

图 3-33　技术要求

2. 绘制填写标题栏（字高 5mm），如图 3-34 所示。

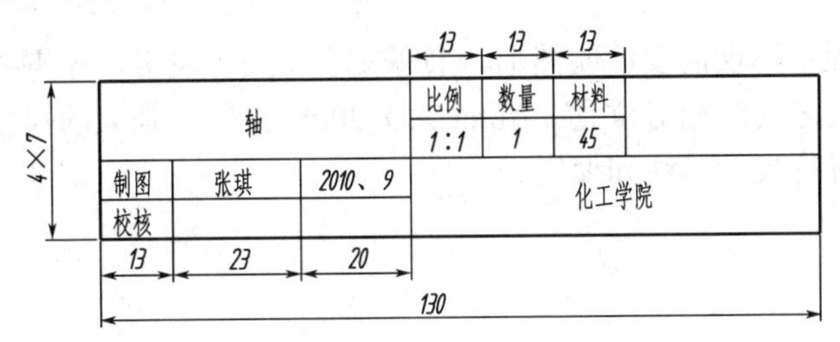

图 3-34　标题栏

3. 绘制明细栏（字高 3.5mm），如图 3-35 所示。

序号	代号	名称	数量	材料	备注
11		压紧螺母	1	45	
10		填料压盖	1	45	
9		填料		石棉绳	
8	GB/T67—2000	螺钉M6×16	6	Q235	
7		垫片	1	红纸板	
6		齿轮	2	45	m=2.5 z=14
5		从动轴	1	45	
4		泵盖	1	HT200	
3		主动轴	1	45	
2	GB/T119—2000	销A3×27	2	45	
1		泵体	1	HT200	
13	36	20	13	26	

12×7=84；总宽 130

图 3-35　明细栏

第 4 章　尺寸标注

教学目标：本章将介绍尺寸标注样式的设置、各种尺寸的标注以及尺寸编辑。通过本章的学习，使用户掌握常用尺寸标注样式的设置，能快速熟练标注工程图样中的各种尺寸，对已经绘制好的图样能按需进行尺寸编辑。

在图样绘制过程中不仅需要绘制图形、书写文字、插入表格，还需要标注尺寸，以确定物体的大小和各结构之间的相对位置。AutoCAD 2008 提供了强大的尺寸标注功能，可以快捷、方便的对图形进行尺寸标注和编辑。

4.1　概述

4.1.1　尺寸标注组成

国标规定完整的尺寸标注由尺寸线、尺寸界线、尺寸箭头和尺寸文字 4 部分组成，如图 4-1 所示。

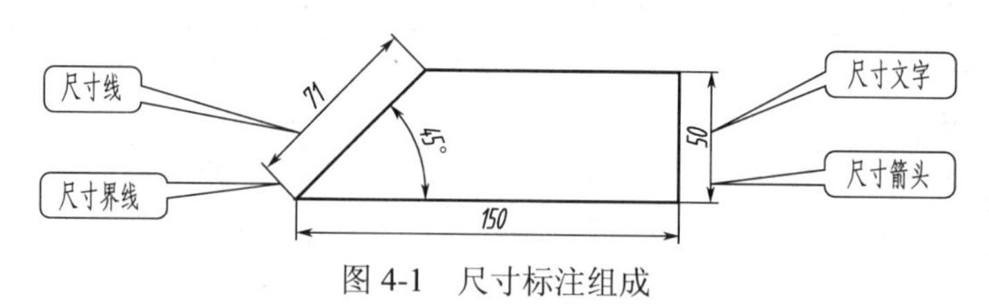

图 4-1　尺寸标注组成

（1）尺寸线

尺寸线是两端带有箭头的直线段或弧线段，标注文字可置于尺寸线的上方或尺寸线的断开处，它表示两个对象间的距离或角度。角度标注，尺寸线是一段圆弧。

（2）尺寸界线

表示尺寸标注的起点和终点。尺寸界线应自图形的轮廓线、轴线、对称中心线引出，它是垂直于尺寸线的直线段，有时用物体的轮廓线或中心线代替尺寸界线。

（3）尺寸箭头

尺寸箭头在尺寸线的两端，用于指出测量的开始位置和结束位置。AutoCAD 提供了多种形式的尺寸箭头，可以根据绘图需要选择，但在同一图形中，一般采用相同的终端形式。

（4）尺寸文字

表明测量的数值和尺寸类型的数字、字符和符号。尺寸文字样式通常与当前的文字样式相一致。尺寸文字包括公称尺寸、公差标注。在同一图中，尺寸文字大小应相同；尺寸文字不能被图线通过，否则应将图线断开。

在 AutoCAD 中标注尺寸时，一般单独创建尺寸标注层，以控制尺寸的显示和隐藏；充分利用对象捕捉功能准确捕捉，以获得精确的尺寸数值；采用 1:1 的比例绘图，以便自动测量数值大小。

4.1.2　尺寸标注命令

（1）尺寸标注命令的调用

尺寸标注命令调用方式同样有菜单、工具栏、键盘输入三种方式。用鼠标单击“标注”下拉菜单相应菜单项可执行该命令；鼠标单击“标注”工具栏上相应按钮可执行该命令；命令行输入相应命令可执行该命令，如图 4-2 所示。

小提示：

首次调出“标注”工具栏，可在已经打开的任意工具栏上任意位置右击鼠标,在弹出的光标菜单上选择“标注”选项，系统弹出尺寸“标注”工具栏。

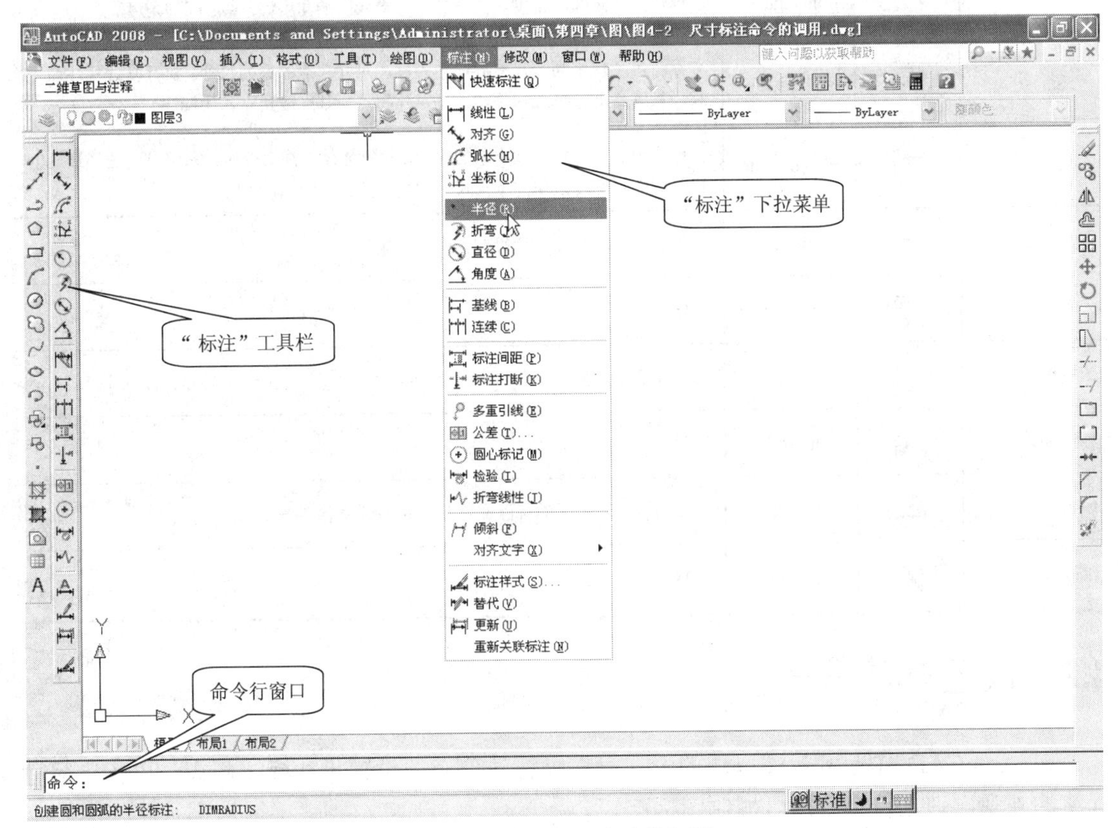

图 4-2　尺寸标注命令的调用

（2）尺寸标注命令功能

在 AutoCAD 中常用尺寸标注命令功能如表 4-1 所示。

表 4-1　常用尺寸标注命令功能

菜单	按钮	命令	功　　能
线性		dimlinear	标出指定两点之间的水平、垂直、旋转方向的距离尺寸
对齐		dimaligned	标注倾斜的对象。尺寸线平行于倾斜的标注对象
弧长		dimarc	用于标注圆弧的弧线长度

续表

菜单	按钮	命令	功 能
坐标		dimordinate	标注原点到特征点的垂直距离
半径		dimradius	用于标注圆、圆弧的半径
折弯		dimjogged	标注大圆弧半径
直径		dimdiameter	用于标注圆、圆弧的直径
角度		dimangular	标注圆或圆弧的角度、两条非平行直线间的角度、3点之间的角度
基线		dimbaseline	标注多个使用同一尺寸界限作为标注尺寸起点的系列尺寸。执行基线标注命令时，系统自动选择最后创建线性尺寸起点为基准线建立基线标注
连续		dimcontinue	标注一系列首尾连接不断的尺寸。执行连续标注命令时，系统自动选择最后创建的线性尺寸终点作为下一尺寸的起点建立连续标注
多重引线		mleader	用于倒角、零件序号等有指引线和注释的标注
公差		tolerance	创建形位公差标注
圆心标记		dimcenter	创建圆或圆弧的中心线
标注样式		dimstyle	设置尺寸标注的样式
编辑标注		dimedit	编辑标注对象上的标注文字和尺寸界线
编辑标注文字		dimtedit	移动和旋转标注文字

4.2 设置标注样式

在 AutoCAD 中尺寸标注以块的形式存在，标注前必须设置尺寸标注样式，以指定尺寸标注的外观，使之符合我国机械制图标准。

4.2.1 任务

创建常用尺寸标注样式。

4.2.2 知识点

掌握通过“标注样式管理器”设置标注样式的方法。

4.2.3 标注样式设置过程

（1）打开“标注样式管理器”对话框

调用“标注样式”命令。

◆ 下拉菜单：【格式】/【标注样式】或【标注】/【样式...】

◆ 样式工具栏按钮：

◆ 命令：D（Dimstyle)

弹出“标注样式管理器”对话框，如图4-3所示。

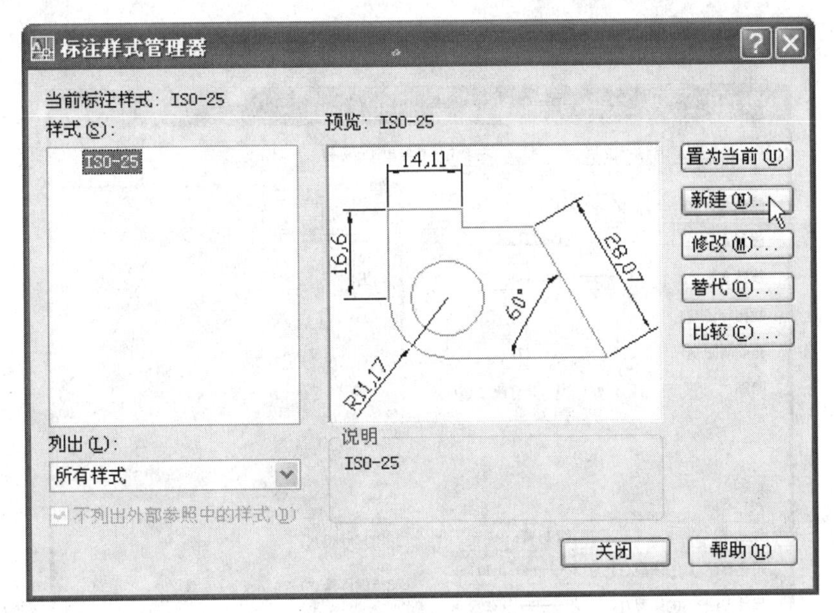

图 4-3 “标注样式管理器”对话框

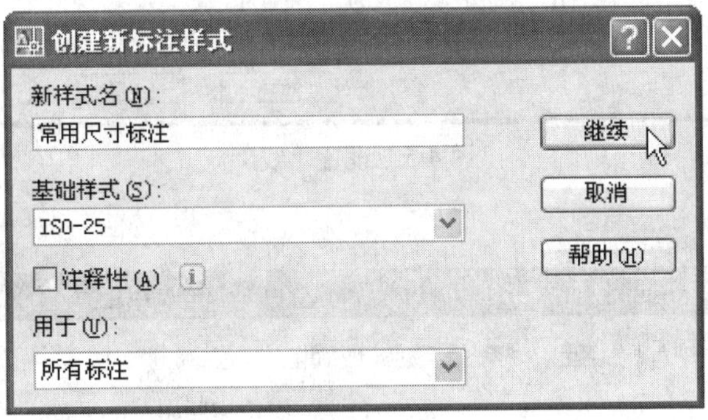

图 4-4 “创建新标注样式”对话框

（2）打开“创建新标注样式”对话框

单击【新建】按钮，打开“创建新标注样式”对话框，输入“常用尺寸标注”，如图 4-4 所示。

（3）打开“新建标注样式：常用尺寸标注”对话框

单击【继续】按钮，打开“新建标注样式：常用尺寸标注”对话框，设置标注样式，如图 4-5 所示。

① 设置“线” 单击“线” 选项卡，在“尺寸线”选项组的“基线间距”文本框中输入 7；在“尺寸界线”选项组的“超出尺寸线”文本框中输入 2，“起点偏移量”文本框中输入 0，如图 4-5 所示。

② 设置“符号和箭头” 单击“符号和箭头”选项卡，在“箭头”选项组的“箭头大小”文本框中输入“4”；选择“圆心标记”选项组的“直线”选项，在其右侧的框中输入“5”，如图 4-6 所示。

③ 设置“文字” 单击“文字”选项卡，在“文字外观”选项组的“文字样式”下拉框中选择“工程字”，“文字高度”文本框输入“5”，如图 4-7 所示。

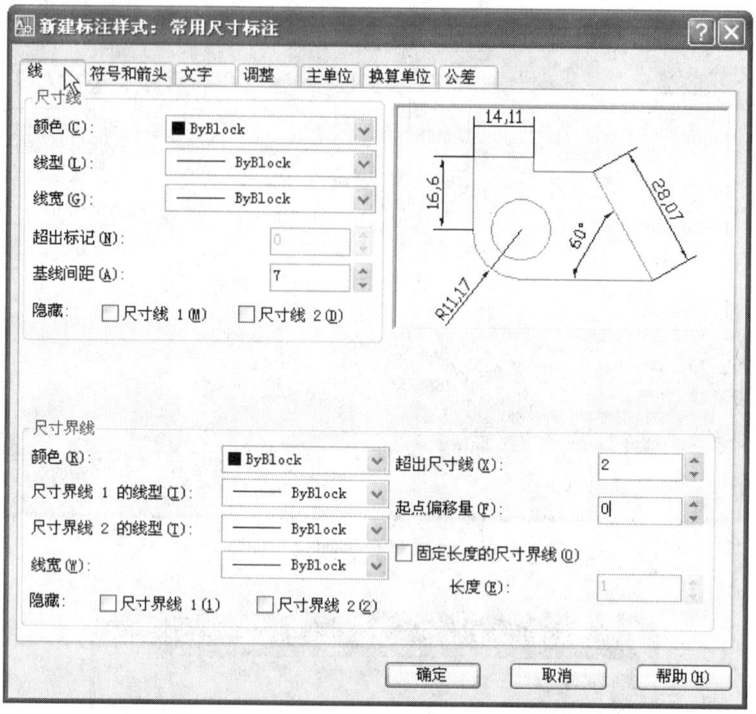

新建标注样式：常用尺寸标注
线
符号和箭头
文字
调整
主单位
换算单位
公差
尺寸线
颜色(C):
ByBlock
线型(L):
ByBlock
线宽(G):
ByBlock
超出标记(N):
0
基线间距(A):
7
隐藏:
尺寸线 1(M)
尺寸线 2(D)
14,11
16,6
28,07
60°
R11,17
尺寸界线
颜色(R):
ByBlock
尺寸界线 1 的线型(I):
ByBlock
尺寸界线 2 的线型(T):
ByBlock
线宽(W):
ByBlock
隐藏:
尺寸界线 1(1)
尺寸界线 2(2)
超出尺寸线(X):
2
起点偏移量(F):
0
固定长度的尺寸界线(O)
长度(E):
1
确定
取消
帮助(H)

图 4-5 设置“线”

新建标注样式：常用尺寸标注
线
符号和箭头
文字
调整
主单位
换算单位
公差
箭头
第一个(T):
实心闭合
第二个(D):
实心闭合
引线(L):
实心闭合
箭头大小(I):
4
14,11
16,6
28,07
60°
R11,17
圆心标记
无(N)
标记(M)
直线(E)
5
弧长符号
标注文字的前缀(P)
标注文字的上方(A)
无(O)
折断标注
折断大小(B):
3.75
半径折弯标注
折弯角度(J):
45
线性折弯标注
折弯高度因子(F):
1.5
* 文字高度
确定
取消
帮助(H)

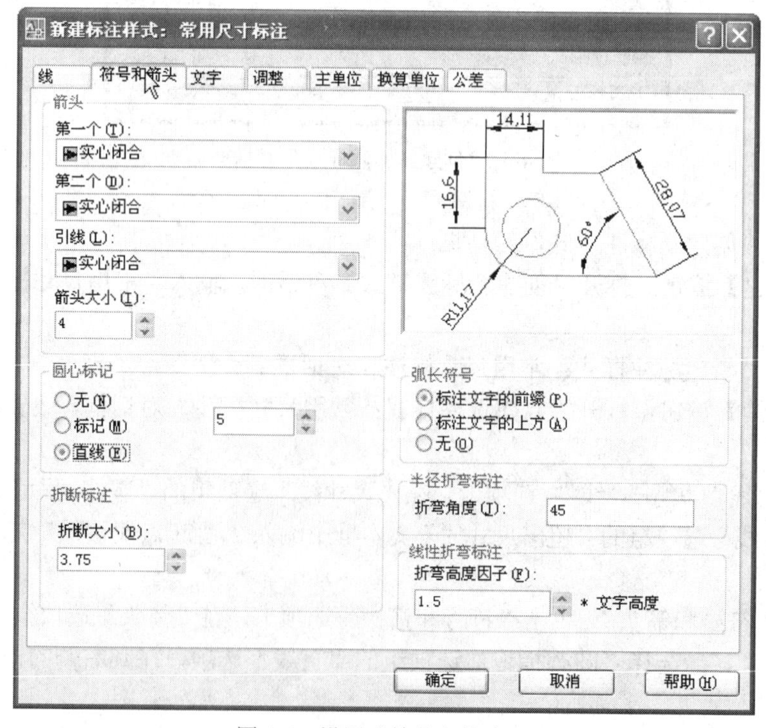

图 4-6 设置“符号和箭头”

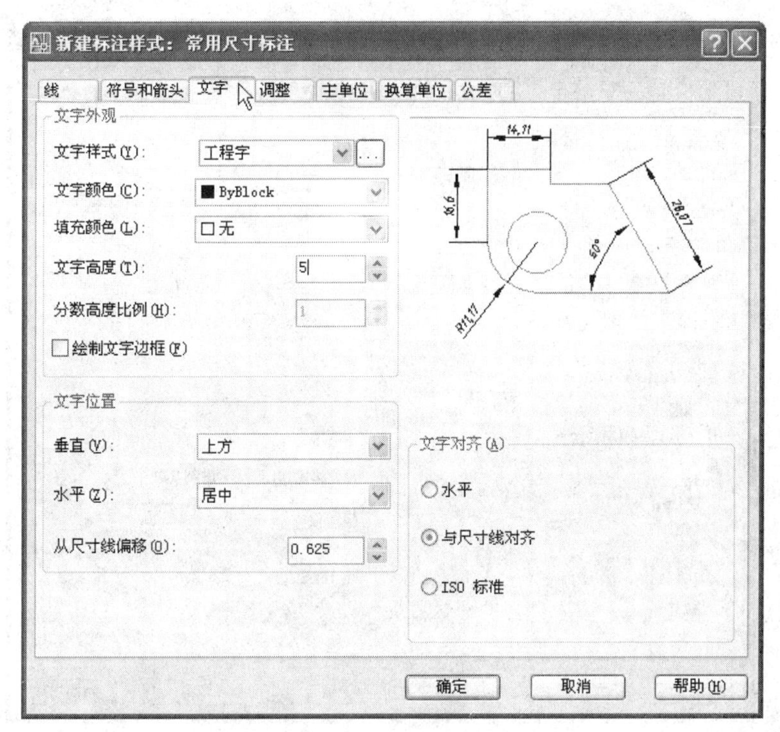

图 4-7　设置“文字”

④ 设置“调整”　单击“调整”选项卡，选择“调整选项”选项组的“文字或箭头”选项；选择“文字位置”选项组的“尺寸线旁边”选项；在“标注特征比例”选项组的“使用全局比例”文本框中输入“1”；选择“优化”选项组的“在尺寸界线之间绘制尺寸线”选项，如图 4-8 所示。

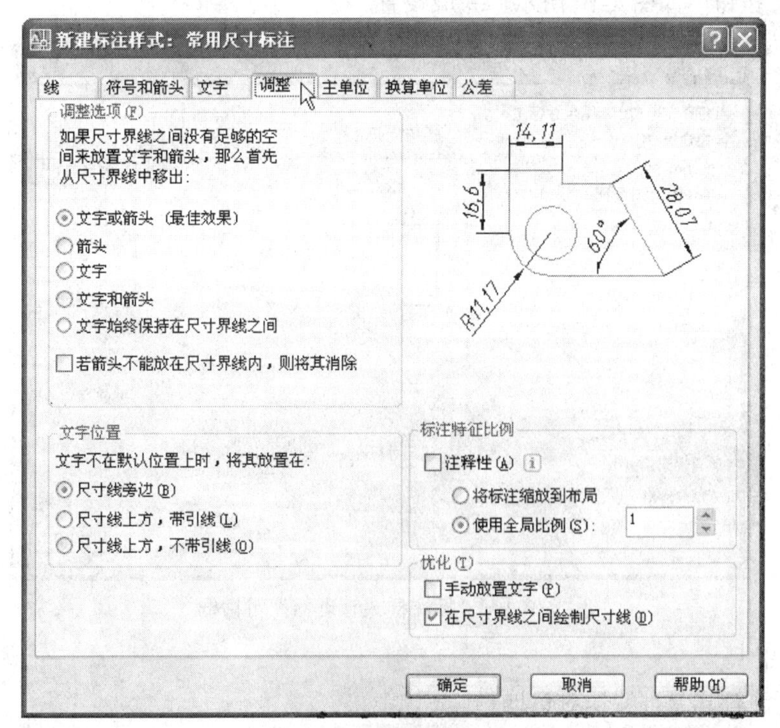

图 4-8　设置“调整”

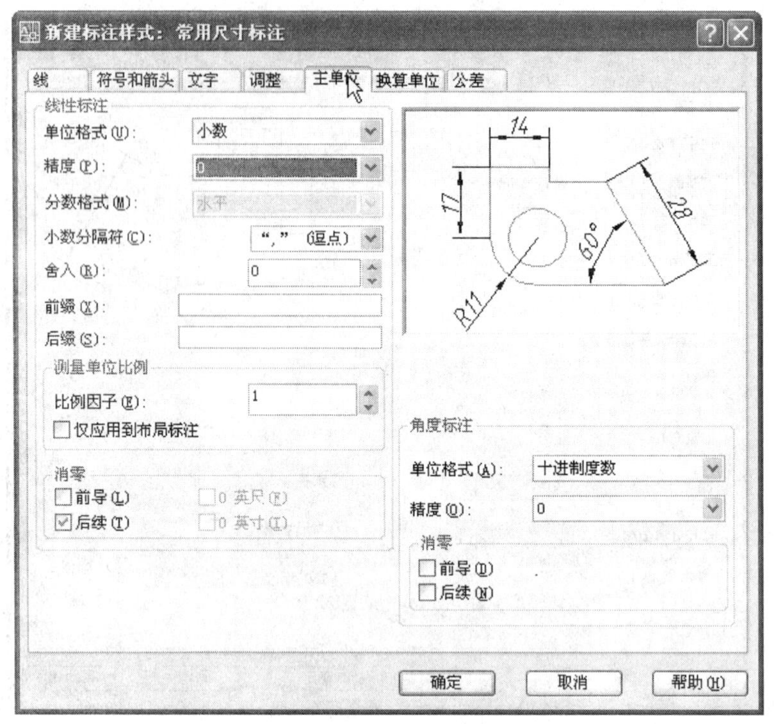

图 4-9 设置“主单位”

⑤ 设置“主单位” 单击“主单位”选项卡，在“线性标注”选项组的“精度”下拉列表框中选择“0”，如图 4-9 所示。

⑥ 返回“标注样式管理器”对话框 单击【确定】，返回“标注样式管理器”对话框。单击【关闭】按钮，如图 4-10 所示，完成设置。

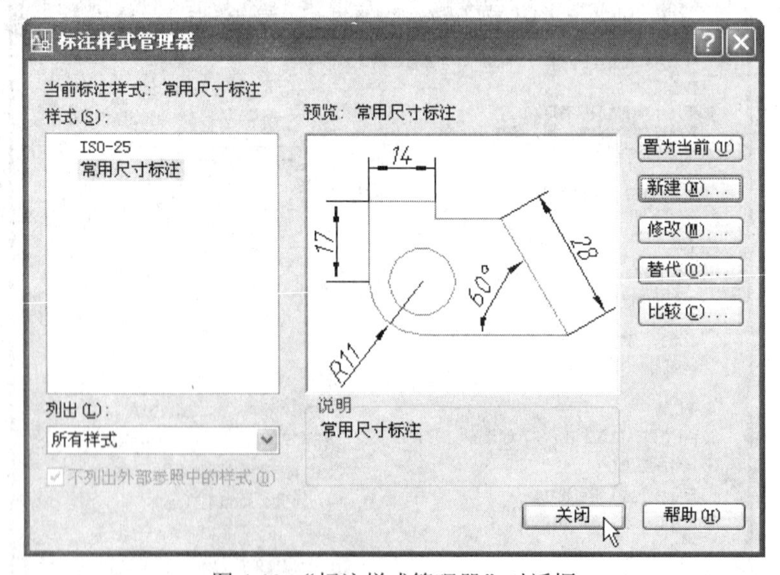

图 4-10 “标注样式管理器”对话框

4.2.4 扩展知识

（1）“标注样式管理器”对话框

采用前述方法调用命令，打开“标注样式管理器”对话框，如图 4-3 所示，各选项功能如下。

"当前标注样式"：显示当前的标注样式。

"样式"：显示当前图形文件中的所有尺寸标注样式。

"预览"：显示当前尺寸标注样式的效果图。

"列出"：用于设置所有的尺寸标注样式是否在当前图形文件中全部显示。

【置为当前】：用于将"样式"列表框中选中的标注样式设置为当前标注样式。标注尺寸时只有当前标注样式有效。

【新建】：用于创建新的标注样式。

【修改】：用于修改"样式"列表框中选中的标注样式。

【替代】：用于创建临时的标注样式。

【比较】：用列表的形式显示出"样式"列表中选择的样式与当前标注样式不同的尺寸变量。

（2）"创建新标注样式"对话框

单击【新建】按钮，打开"创建新标注样式"对话框，如图 4-4 所示。各选项功能如下。

"新样式名"：输入新建样式的名称。

"基础样式"：选择一种样式，新建样式将在此样式基础上修改。

"用于"：设置新建样式的使用范围。

（3）"新建标注样式"对话框

单击【继续】按钮，打开"新建标注样式"对话框，在 7 个选项卡中设置标注样式。

①"线"选项卡　用于设置尺寸线、尺寸界线，如图 4-5 所示，各选项功能如下。

a."尺寸线"

"颜色"：设置尺寸线的颜色。默认颜色随块。

"线型"：设置尺寸线的线型。默认线型随块。

"线宽"：设置尺寸线的宽度。默认线宽随块。

"超出标记"：当箭头使用倾斜、建筑标记、积分和无标记时，可以设置尺寸线超过尺寸界线的距离，如图 4-11 所示。

"基线间距"：设置基线尺寸标注时平行尺寸线间的距离，如图 4-12 所示。

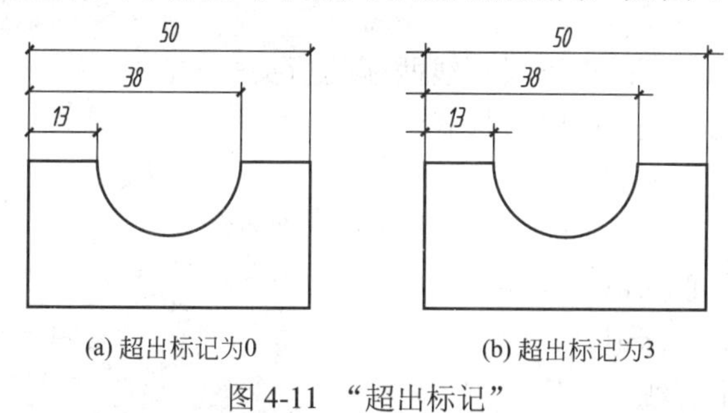

(a) 超出标记为0　　(b) 超出标记为3

图 4-11　"超出标记"

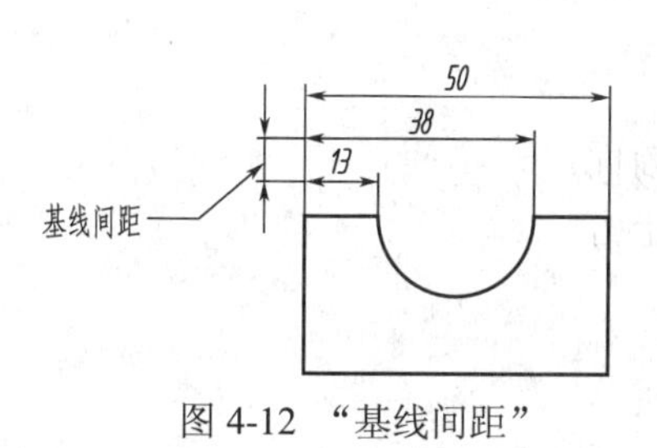

图 4-12　"基线间距"

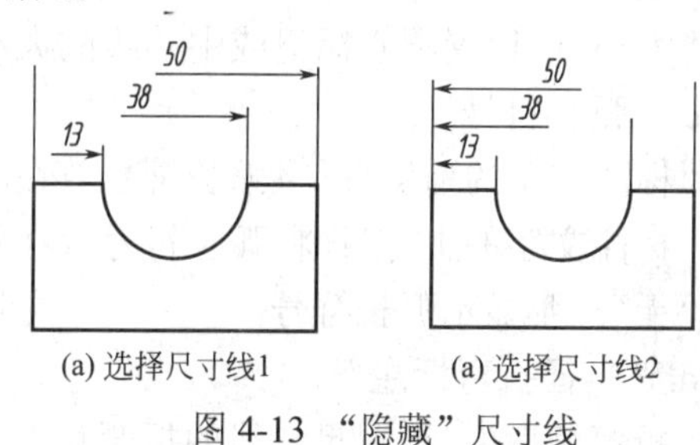

(a) 选择尺寸线1　　(a) 选择尺寸线2

图 4-13　"隐藏"尺寸线

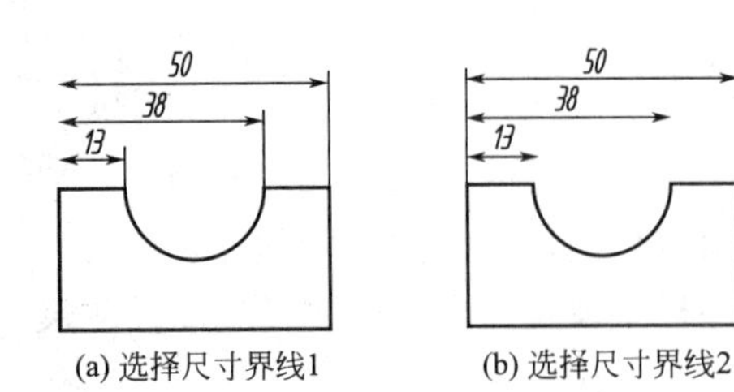

图 4-14 “隐藏”尺寸界线

“隐藏”：通过“尺寸线 1”和“尺寸线 2”两个复选框，控制尺寸线两端的可见性，如图 4-13 所示。

b.“尺寸界线”

“颜色”：设置尺寸界线的颜色。默认颜色随块。

“尺寸界线 1 的线型”：设置第一条尺寸界线的线型。默认线型随块。

“尺寸界线 2 的线型”：设置第二条尺寸界线的线型。默认线型随块。

“线宽”：设置尺寸界线的宽度。默认线宽随块。

“隐藏”：通过“尺寸界线 1”和“尺寸界线 2”两个复选框，用于控制两条尺寸界线的可见性，如图 4-14 所示。

“超出尺寸线”：设置尺寸界线超出尺寸线的距离，如图 4-15 所示，常设为“2”。

“起点偏移量”：设置标注点到尺寸界线起点的距离，如图 4-15 所示。

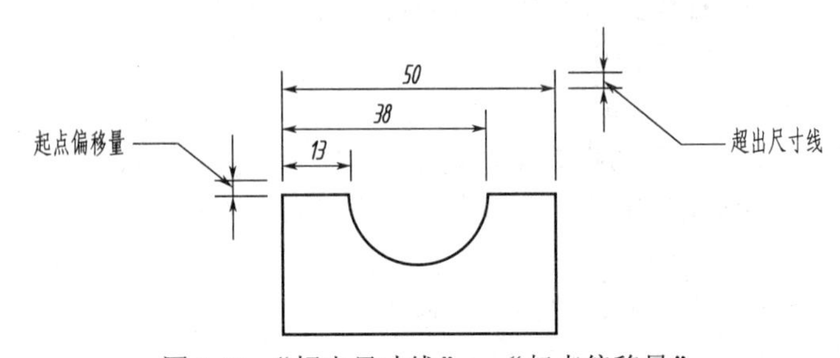

图 4-15 “超出尺寸线”、“起点偏移量”

“固定长度的尺寸界线”：设置尺寸界线起点到尺寸线的长度。

②“符号和箭头”选项卡　设置箭头、圆心标记、弧长符号和折弯半径标注的格式和位置，如图 4-6 所示。各选项功能如下。

a.“箭头”

“第一个”和“第二个”：设置尺寸线两端的箭头样式。

“引线”：设置引线标注时的箭头样式。

“箭头大小”：设置箭头的大小。

b.“圆心标记”

“无”：设置不做圆心标记。

“标记”：设置做圆心标记。

“直线”：设置画中心线。

“大小”：设置圆心标记或中心线的大小。

c.“弧长符号”

“标注文字的前缀”：将弧长符号放在标注文字的前面。

“标注文字的上方”：将弧长符号放在标注文字的上方。

“无”：不显示弧长符号。

d.“半径折弯标注”

“折弯角度”：设置尺寸线的折弯角度。

e.“折断标注”

“折断大小”：设置用于折断标注的间距大小。

f.“线性折弯标注”

“折弯高度因子”：设置折弯高度。

③“文字”选项卡　设置标注文字的格式、位置及对齐方式等特性，如图 4-7 所示。各选项功能如下。

a.“文字外观”

“文字样式”：选择标注文字的文字样式。或单击右侧的按钮…，在弹出的“文字样式”对话框中创建新文字样式。

“文字颜色”：设置标注文字的颜色。

“填充颜色”：设置标注文字的背景颜色。

“文字高度”：设置标注文字的高度。只有当前文字样式中文字高度设为“0”时，此项设置的高度有效。

“分数高度比例”：设置分数与其他文字之间的比例。

“绘制文字边框”：设置是否为标注文字添加矩形边框。

b.“文字位置”

“垂直”：设置标注文字相对尺寸线的“居中”、“上方”、“外部”和“JIS”4 种垂直位置。选择“居中”将标注文字放在尺寸线的两部分中间；选择“上方”将标注文字放在尺寸线上方；选择“外部”将标注文字放在尺寸线上离标注对象较远的一边；选择“JIS”按照日本工业标准“JIS”放置标注文字，如图 4-16 所示。

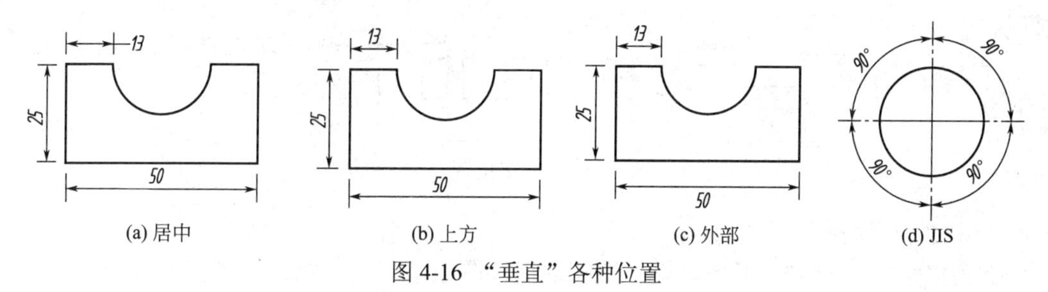

(a) 居中　(b) 上方　(c) 外部　(d) JIS

图 4-16 “垂直”各种位置

“水平”：设置标注文字相对于尺寸线和尺寸界线的水平位置。选择“居中”把标注文字沿尺寸线放在两条尺寸界线的中间。选择“第一条尺寸界线”沿尺寸线与第一条尺寸界线左对正。选择“第二条尺寸界线”沿尺寸线与第二条尺寸界线右对正。选择“第一条尺寸界线上方”沿着第一条尺寸界线放置标注文字或把标注文字放在第一条尺寸界线之上。选择“第二条尺寸界线上方”：沿着第二条尺寸界线放置标注文字或把标注文字放在第二条尺寸界线之上，如图 4-17 所示。

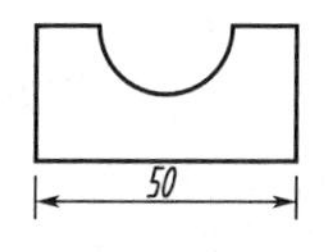

(a) 居中

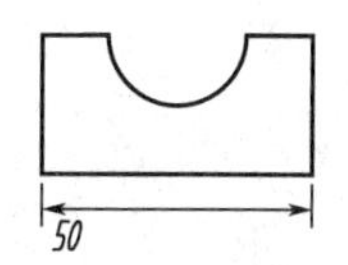

(b) 第一条尺寸界线

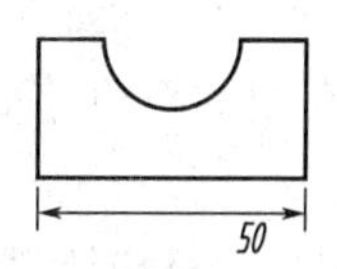

(c) 第二条尺寸界线

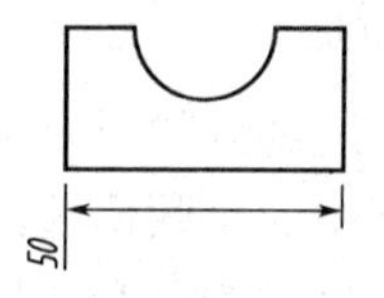

(d) 第一条尺寸界线上方

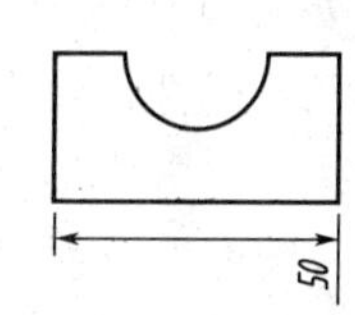

(e) 第二条尺寸界线上方

图 4-17 “水平”各种位置

"从尺寸线偏移"：设置文字与尺寸线之间的间距。

c."文字对齐" 设置标注文字方向是保持水平还是与尺寸线平行。

"水平"：将水平放置标注文字。

"与尺寸线对齐"：标注文字与尺寸线平行。

"ISO 标准"：文字在尺寸界线内，则文字与尺寸线平行；文字在尺寸界线外，则文字水平放置。

④"调整" 选项卡 进一步控制标注文字、箭头、引线以及尺寸线的放置，如图 4-8 所示。各选项功能如下。

a."调整选项"：设置尺寸界线之间不能同时容纳文字和箭头时标注文字和箭头的位置。

"文字或箭头（最佳效果）"：系统按最佳效果将文字或箭头自动移到尺寸界线外。

"箭头"：先将箭头移动到尺寸界线外。

"文字"：先将文字移动到尺寸界线外。

"文字和箭头"：将文字和箭头都移到尺寸界线外。

"文字始终保持在尺寸界线之间"：将文字始终放在尺寸界线之间。

"若不能放在尺寸界线内，则将其消除"：隐藏箭头。

b."文字位置"：设置从默认位置移动标注文字时，放置标注文字的位置，如图 4-18 所示。

"尺寸线旁边"：放置标注文字、尺寸线至光标所在位置。

"尺寸线上方，带引线"： 放置标注文字至光标所在位置，并加引线；尺寸线位置不变。

"尺寸线上方，不带引线"： 放置标注文字至光标所在位置，不加引线；尺寸线位置不变。

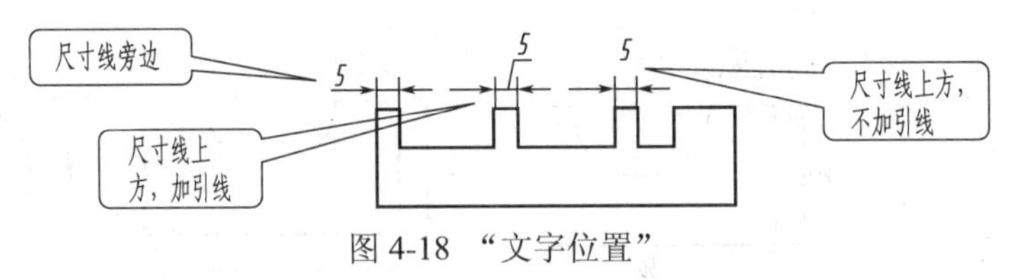

图 4-18 "文字位置"

c."标注特征比例"

"将标注缩放到布局"：由当前模型空间视口和图纸空间之间的比例设置比例因子。

"使用全局比例"：设置全部标注样式的显示比例。该缩放比例并不更改标注的测量值。

d."优化"

"手动放置文字"：忽略水平对正设置并把文字放在"尺寸线位置"提示下指定的位置。

"在尺寸界线之间绘制尺寸线"：无论箭头放在尺寸界线内外，始终在尺寸界线之间绘制尺寸线。

⑤"主单位"选项卡 设置公称尺寸的格式及精度，同时还可设置标注文字的前缀和后缀，如图 4-9 所示，各选项功能如下。

a."线性标注"

"单位格式"：设置除角度之外的所有标注类型的单位格式。

"精度"：设置标注文字中的小数位数。

"分数格式"：设置分数格式。只有单位格式是分数时可用。

"小数分隔符"：设置小数的分隔符。

"舍入"：设置标注测量值的舍入规则。

“前缀”：在文本框中输入前缀则在标注文字中包含前缀。如，在文本框中输入“%%c”，则标注尺寸时直接显示“直径符号+测量值”。

“后缀”：在文本框中输入后缀则在标注文字中包含后缀。如，在文本框中输入“mm”，则标注尺寸时直接显示“测量值+mm”。

“测量单位比例”：选择“比例因子”设置线性标注测量值的缩放比例；一般使用默认值1.00，此时绘制圆直径输入10，则尺寸标注为φ10；比例因子设置为2，绘制圆直径输入10，则尺寸标注为φ20。选择“仅应用到布局标注” 仅将测量单位比例因子应用于布局视口中创建的标注。

“消零”：设置是否显示所有十进制标注中的前导零和后续零以及英尺-英寸型标注中零英尺和零英寸部分。

b.“角度标注”

“单位格式”：设置角度单位格式。

“精度”：设置角度标注的小数位数。

“消零”：设置是否显示角度十进制标注中的前导零和后续零。

⑥“换算单位”选项卡　设置换算单位的格式和精度，在尺寸标注中换算标注单位显示在主单位后或下方的方括号中，如图4-19所示。选择“显示换算单位”复选框，当前对话框其他选项变为可设置状态。设置方法与“主单位”选项卡相同。

⑦“公差”选项卡　设置公差的显示及格式，如图4-20所示。各选项功能如下。

a.“公差格式”

“方式”：设置标注公差的方式，如图4-21所示。选择除“无”外的其他方式，此选项卡为可设置状态。

“精度”：设置公差的小数位数。

“上偏差”：设置公差的上偏差。如果在“方式”中选择“对称”，则设置公差。

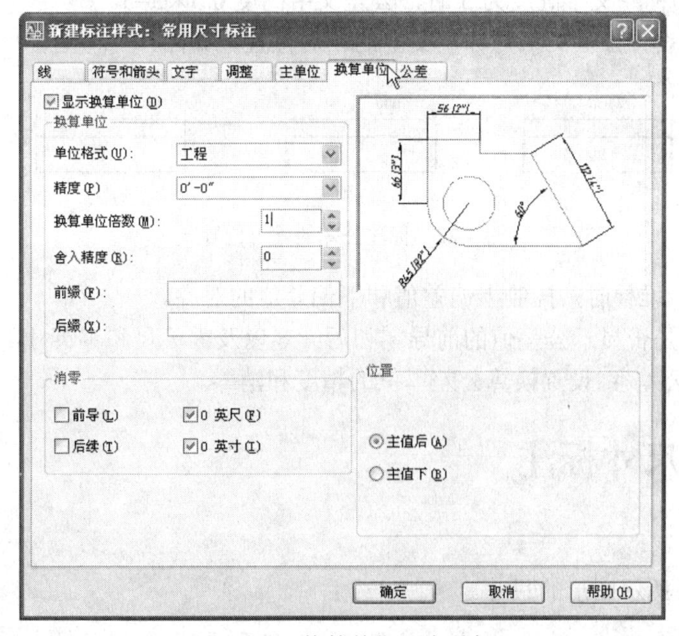

图4-19 “换算单位”选项卡

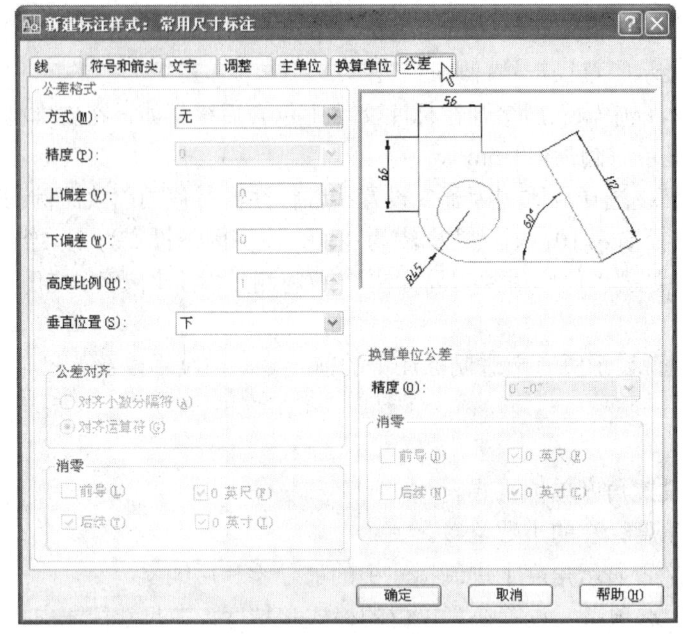

图 4-20 “公差”选项卡

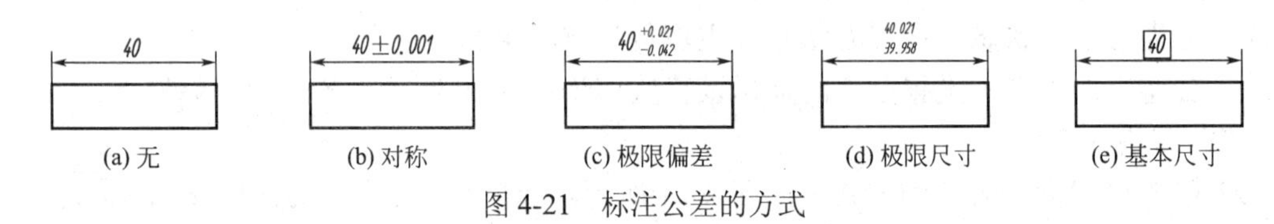

(a) 无　(b) 对称　(c) 极限偏差　(d) 极限尺寸　(e) 基本尺寸

图 4-21　标注公差的方式

“下偏差”：设置公差的下偏差。

“高度比例”：设置公差文字的高度比例。既公差文字高度与标注文字高度的比值。如：高度比例设为 0.6，标注文字高度为 5 时，公差文字高度 0.6×5=3。

“垂直位置”：设置公差文字与标注文字的相对位置，如图 4-22 所示。

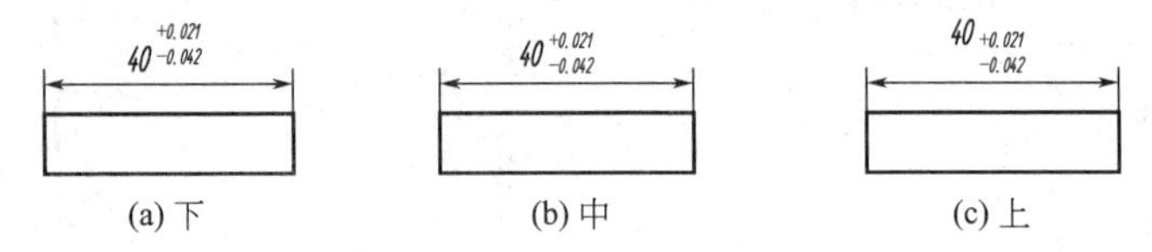

(a) 下　(b) 中　(c) 上

图 4-22　标注公差的垂直位置

“公差对齐”：堆叠时，控制上偏差值和下偏差值的对齐。

“消零”：设置是否显示公差值的前导零和后续零以及零英尺和零英寸部分。

b.“换算单位公差”：设置换算公差单位的精度和消零。

4.3　长度型尺寸标注

4.3.1　任务

标注如图 4-23 所示图形的尺寸。

4.3.2　知识点

掌握线性标注、对齐标注、基线标注、连续标注的方法。

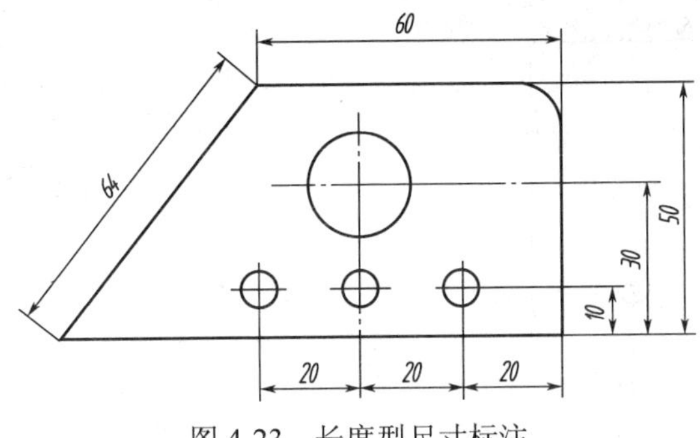

图 4-23　长度型尺寸标注

4.3.3　尺寸标注过程

（1）将尺寸标注层置为当前层

打开“图层特性管理器”对话框，创建尺寸标注层（线型 Continuous，线宽 0.09）。并将其置为当前层。

（2）将所需尺寸标注样式置为当前

采用前述方法设置尺寸标注样式，并置为当前。

（3）标注线性尺寸

调用“线性”命令。

◆ 下拉菜单：【标注】/【线性】

◆ 标注工具栏按钮：

◆ 命令：Dimlinear

命令: _dimlinear

指定第一条尺寸界线原点或 <选择对象>:　　　　//捕捉 A 点指定第一条尺寸界线原点

指定第二条尺寸界线原点:　　　　//捕捉 C 点指定第二条尺寸界线原点

指定尺寸线位置或

[多行文字(M)/文字(T)/角度(A)/水平(H)/垂直(V)/旋转(R)]:

　　　　//移动鼠标至合适位置单击

标注出水平方向尺寸 60，采用同样方法捕捉 D 点、E 点标注水平方向尺寸 20，捕捉 D 点、E 点标注竖直方向尺寸 10，如图 4-24 所示。

（4）标注对齐尺寸

调用“对齐”命令。

◆ 下拉菜单：【标注】/【对齐】

◆ 标注工具栏按钮：

◆ 命令：Dimaligned

命令: _dimaligned

指定第一条尺寸界线原点或 <选择对象>:　　　　//捕捉 A 点指定第一条尺寸界线原点

指定第二条尺寸界线原点:　　　　//捕捉 H 点指定第二条尺寸界线原点

指定尺寸线位置或

[多行文字(M)/文字(T)/角度(A)]:　　　　//移动鼠标至合适位置单击

标注出对齐尺寸 64，如图 4-25 所示。

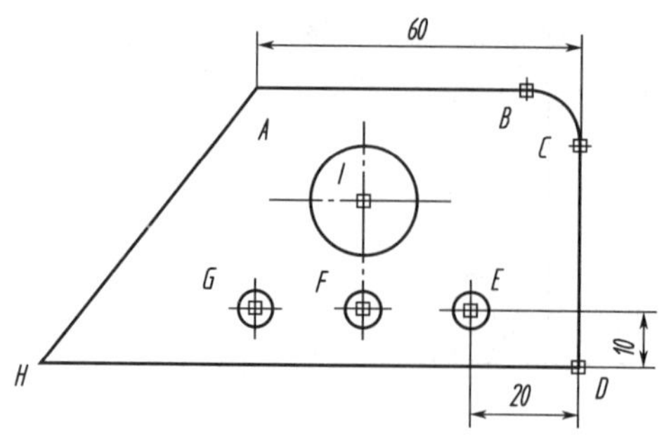

图 4-24 标注线性尺寸

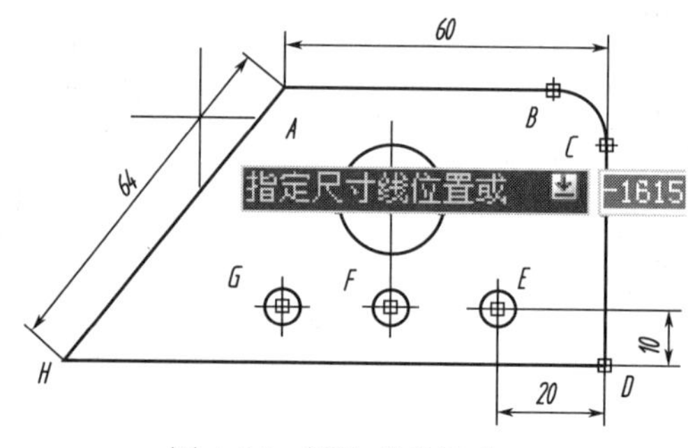

图 4-25 标注对齐尺寸

（5）标注基线尺寸

调用“基线”命令。

◆ 下拉菜单：【标注】/【基线】

◆ 标注工具栏按钮：

◆ 命令：Dimbaseline

命令: _dimbaseline

指定第二条尺寸界线原点或 [放弃(U)/选择(S)] <选择>:

//回车重新选择标注基准

选择基准标注: //选择尺寸 10 的起点界线为基准

指定第二条尺寸界线原点或 [放弃(U)/选择(S)] <选择>:

//捕捉 I 点指定第二条尺寸界线原点

标注文字 ＝30

指定第二条尺寸界线原点或 [放弃(U)/选择(S)] <选择>:

//捕捉 B 点指定第二条尺寸界线原点

标注文字 ＝50

指定第二条尺寸界线原点或 [放弃(U)/选择(S)] <选择>:

//回车结束第一组基线标注

选择基准标注: //回车结束基线标注

标注出基线尺寸，如图 4-26 所示。

（6）标注连续尺寸

调用“连续”命令。

◆ 下拉菜单：【标注】/【连续】

◆ 标注工具栏按钮：

◆ 命令：Dimcontinue

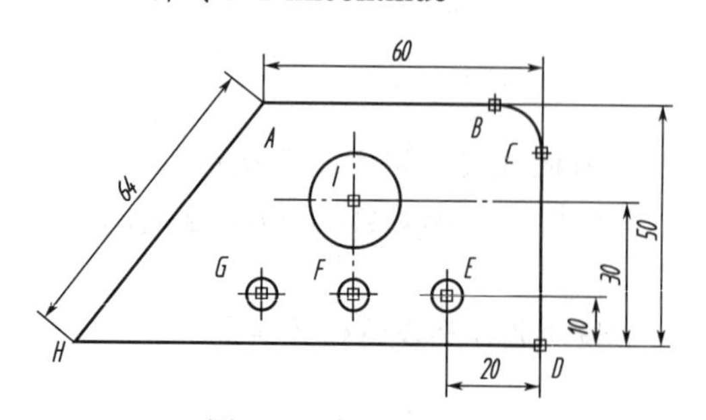

图 4-26 标注基线尺寸

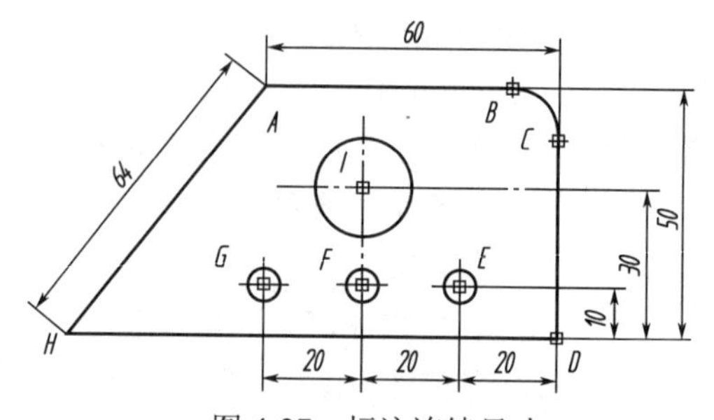

图 4-27 标注连续尺寸

命令: _dimcontinue
指定第二条尺寸界线原点或 [放弃(U)/选择(S)] <选择>:
//回车重新选择标注起点
选择连续标注:　//选择尺寸 20 的终点界线为连续标注起点
指定第二条尺寸界线原点或 [放弃(U)/选择(S)] <选择>:
//捕捉 F 点指定第二条尺寸界线原点
标注文字 =20
指定第二条尺寸界线原点或 [放弃(U)/选择(S)] <选择>:
//捕捉 G 点指定第二条尺寸界线原点
标注文字 =20
指定第二条尺寸界线原点或 [放弃(U)/选择(S)] <选择>:
//回车结束第一组连续标注
选择连续标注:　//回车结束连续标注

标注出连续尺寸，如图 4-27 所示。

4.3.4　扩展知识

（1）线性标注

用于标出指定两点之间的水平、垂直、旋转方向的距离尺寸。通过指定两点（第一条尺寸界线原点和第二条尺寸界线原点）或选择对象来确定标注距离，单击指定尺寸线位置标出尺寸。

命令行提示“指定尺寸线位置或［多行文字（M）/文字（T）/角度（A）/水平（H）/垂直（V）/旋转（R）]”，根据图形给出的实际条件，选择相应的选项来进行标注。各选项含义如下。

① 多行文字：可打开“在位文字编辑器”，如图 4-28 所示。可在自动测量的数据值前后输入前缀或后缀；或删除文字，输入新文字，编辑文字，然后单击【确定】。

图 4-28 “在位文字编辑器”对话框

② 文字：可使用户在命令行输入尺寸标注的内容。

③ 角度：可设置文字的放置角度，如图 4-29 所示。

④ 水平：可绘制水平方向的尺寸标注。

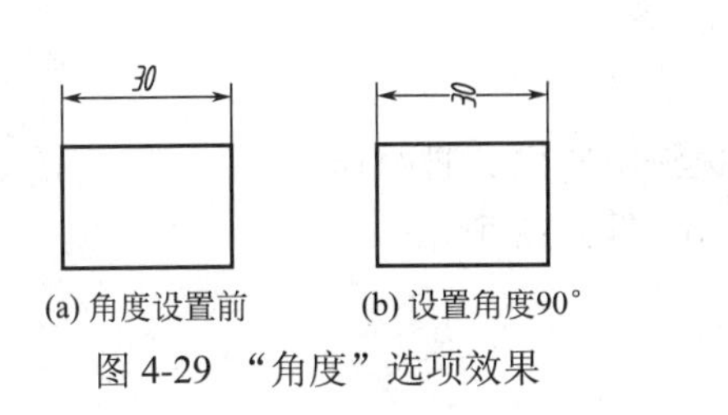

(a) 角度设置前　(b) 设置角度90°

图 4-29 “角度”选项效果

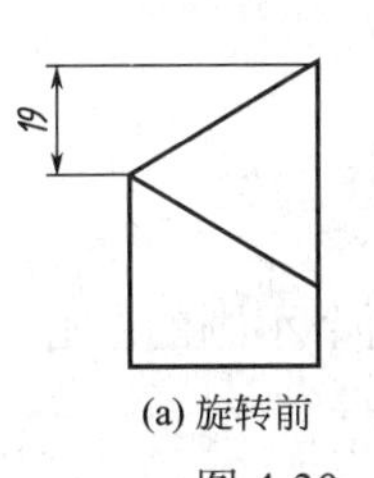

(a) 旋转前

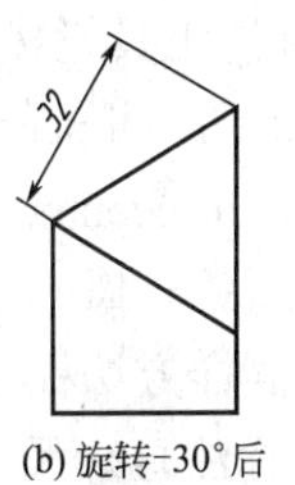

(b) 旋转-30°后

图 4-30 “旋转”选项效果

⑤ 垂直：可绘制垂直方向的尺寸标注。

⑥ 旋转：可绘制倾斜的尺寸标注，如图 4-30 所示。

（2）对齐标注

用于创建与指定位置或图形对象平行的尺寸标注。各选项含义与线性标注相同，创建方法与线性标注相同。

（3）基线标注

用来标注多个使用同一尺寸界限作为标注尺寸起点的系列尺寸。在创建基线标注前，应先标注一个尺寸，执行基线标注命令时，系统自动选择最后创建的尺寸起点作为基准线建立基线标注。

命令行提示“指定第二条尺寸界线原点或 [放弃(U)/选择(S)] <选择>”，各选项含义如下。

① 放弃：取消本组基线标注中最后标注的尺寸。

② 选择（S）或回车：重新选择其他尺寸界线作为新建基线尺寸的基准线。

（4）连续标注

用来标注一系列首尾连接不断的尺寸，每一个尺寸的后一个尺寸界线都是下一个尺寸的前一个尺寸界线。在创建连续标注前，同样先标注一个尺寸，执行连续标注命令时，系统自动选择最后创建的尺寸终点作为下一尺寸的起点建立连续标注。在指定第二条尺寸界线原点前，可利用选项进行设置。其选项含义同基线标注。

4.4 直径、半径、角度与圆心标记标注

4.4.1 任务

标注如图 4-31 所示图形的尺寸。

4.4.2 知识点

掌握标注直径、半径、角度、圆心标记的方法。

4.4.3 尺寸标注过程

（1）将尺寸标注层置为当前层

打开“图层特性管理器”对话框，创建尺寸标注层（线型 Continuous，线宽 0.09），并将其置为当前层。

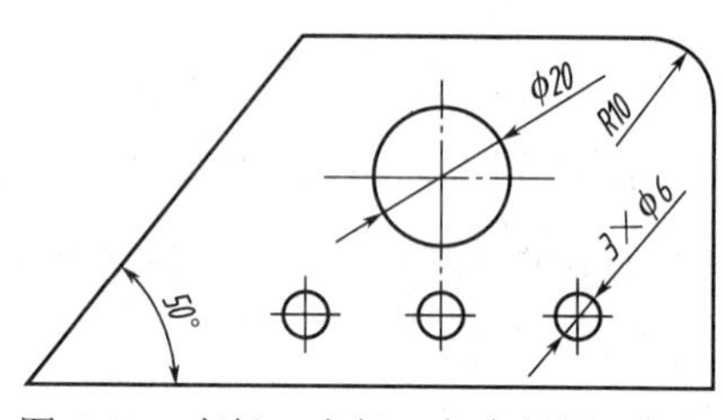

图 4-31 直径、半径、角度与圆心标记

（2）将所需尺寸标注样式置为当前

采用前述方法设置尺寸标注样式，并置为当前。

（3）标注圆心标记

调用“圆心标记”命令。

◆ 下拉菜单：【标注】/【圆心标记】

◆ 标注工具栏按钮：

◆ 命令：Dimcenter

```
命令: _dimcenter
选择圆弧或圆:                    //选择小圆完成圆心标记
```

采用同样方法标注其余两个小圆的圆心标记，如图 4-32 所示。

（4）标注直径尺寸

调用“直径”命令。

◆ 下拉菜单：【标注】/【直径】
◆ 标注工具栏按钮：
◆ 命令：Dimdiameter

命令: _dimdiameter
选择圆弧或圆:　　　　　　　　　　　　//选择大圆圆周
标注文字 =20
指定尺寸线位置或 [多行文字(M)/文字(T)/角度(A)]:
　　　　　　　　　　　　　　　　　　//移动鼠标至合适位置单击完成 ϕ20 标注
命令:　　　　　　　　　　　　　　　　//回车，重复直径标注命令
DIMDIAMETER
选择圆弧或圆:　　　　　　　　　　　　//选择小圆圆周
标注文字 =6
指定尺寸线位置或 [多行文字(M)/文字(T)/角度(A)]: m
　　　　　　　　　　　　　　　　　　//输入 m,弹出“在位文字编辑器”，在默认值前输入“3x”,单击【确定】
指定尺寸线位置或 [多行文字(M)/文字(T)/角度(A)]:
　　　　　　　　　　　　　　　　　　//指定尺寸线位置,完成 3×ϕ6 标注

标注直径尺寸 ϕ20、3×ϕ6，如图 4-32 所示。

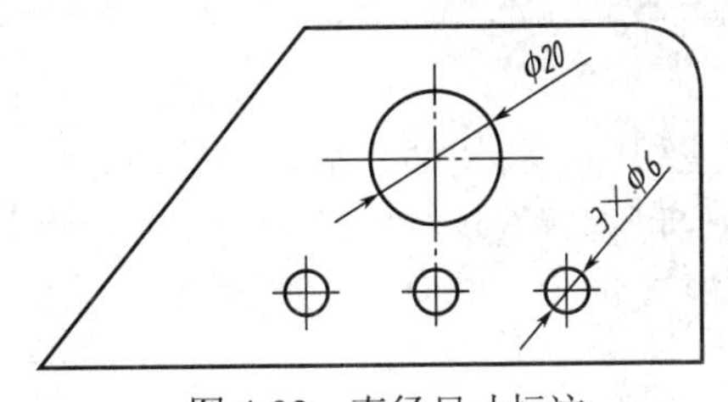

图 4-32　直径尺寸标注

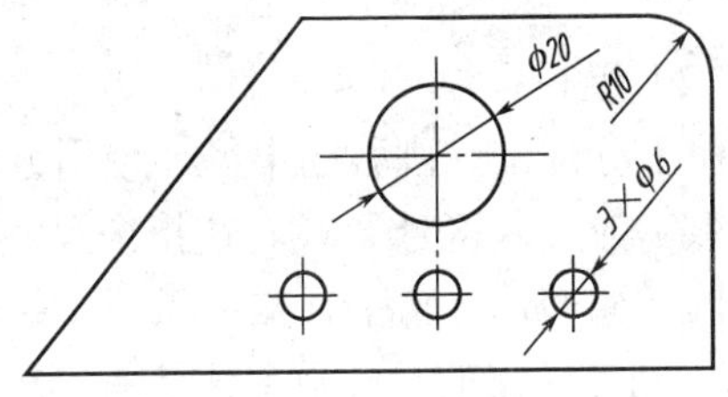

图 4-33　半径尺寸标注

（5）标注半径尺寸

调用“半径”命令。

◆ 下拉菜单：【标注】/【半径】
◆ 标注工具栏按钮：
◆ 命令：Dimradius

命令: _dimradius
选择圆弧或圆:　　　　　　　　　　　　//选择圆弧
标注文字 =10
指定尺寸线位置或 [多行文字(M)/文字(T)/角度(A)]:
　　　　　　　　　　　　　　　　　　//指定尺寸线位置,完成 R10 标注

标注半径尺寸 R10，如图 4-33 所示。

（6）标注角度尺寸

调用“角度”命令。

◆ 下拉菜单：【标注】/【角度】
◆ 标注工具栏按钮：

◆ 命令：Dimangular

命令: _dimangular

选择圆弧、圆、直线或 <指定顶点>: //选择斜线

选择第二条直线: //选择大水平线

指定标注弧线位置或 [多行文字(M)/文字(T)/角度(A)/象限点(Q)]:

//指定标注角度位置完成角度标注

标注文字 =50

标注角度尺寸 50°，如图 4-31 所示。

4.4.4 扩展知识

（1）直径标注

用于标注圆、圆弧的直径。通过选择需要标注直径的圆或圆弧对象来确定测量对象，单击指定尺寸线位置后，系统将按实际测量值标出直径尺寸。标注时系统自动在尺寸数字前加入符号“φ”。

命令行提示“指定尺寸线位置或 [多行文字(M)/文字(T)/角度(A)]”，在指定尺寸线位置前，也可根据需要选择选项；其选项含义与线性标注相同。

小提示：

如需选择“多行文字”、“文字”选项重新输入尺寸文字时，必须在尺寸数字前输入“%%c”，则标注出的尺寸数字前才有直径符号“φ”。如：输入“%%c10”标出尺寸“φ10”。

（2）半径标注

用于标注圆、圆弧的半径。使用方法与直径标注相同。调用命令后，标注时系统自动在尺寸数字前加入符号“R”。在指定尺寸线位置前，也可设置选项；其选项含义与线性标注相同。同样如需选择“多行文字”、“文字”选项重新输入尺寸文字时，必须在尺寸数字前输入“R”，则标注出的尺寸数字前才有半径符号“R”。

（3）圆心标记

用于标注、绘制圆、圆弧的圆心标记、中心线。圆心标记、中心线的选择可由“修改标注样式”对话框中的“符号和箭头”选项卡中的“圆心标记”选项组的选项（标记、直线） 确定，效果如图 4-34 所示。

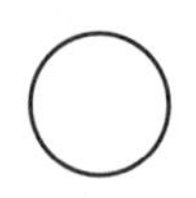

(a) 无 (b) 圆心标记 (c) 中心线

图 4-34 圆心标记

（4）角度标注

用于标注圆或圆弧的角度、两条非平行直线间的角度、3 点之间的角。调用命令后，命令行提示“选择圆弧、圆、直线或 <指定顶点>”，根据选择对象不同，标注方法也不同，具体介绍如下。

① 选择圆弧：通过选择圆弧，指定标注圆弧位置，标注圆弧角度，如图 4-35（a）所示。

② 选择直线：通过选择两条直线，指定标注圆弧位置，标注直线间夹角，如图 4-35（b）所示。

③ 选择圆：通过选择圆，将选择点作为第一条尺寸界线的原点，单击指定角的第二个端点作为第二条尺寸界线的原点，圆的圆心是角度的顶点，指定标注圆弧位置，标注角度，如图 4-35（c）所示。

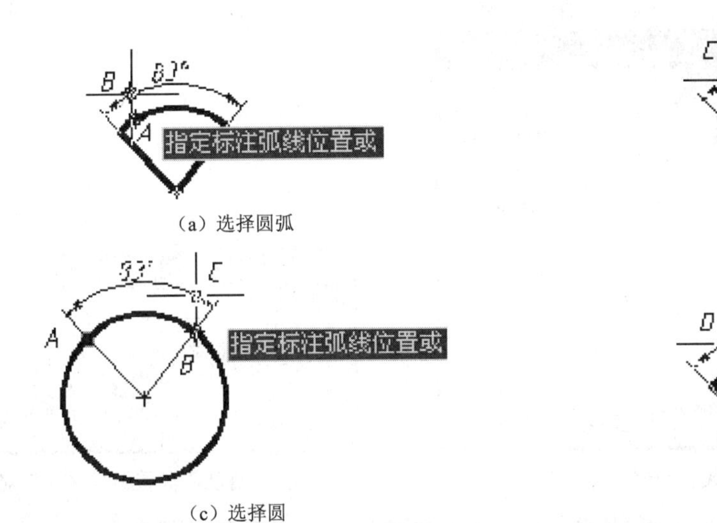

（a）选择圆弧 （b）选择直线

（c）选择圆 （d）选择顶点

图 4-35 角度标注

④ 选择顶点：首先回车指定选择顶点方式，通过单击指定顶点、角的两端点，指定标注圆弧位置，标注夹角，如图 4-35（d）所示。

角度标注在指定标注圆弧位置前，也可通过“多行文字”、“文字”、“角度”选项重新设置文字内容和文字放置角度。其中通过“多行文字”、“文字”重新输入文字时，要在文字后加“%%d”。如输入“83%%d”，则标注显示“83° ”。

4.5 多重引线、引线标注

在 AutoCAD 中，常使用多重引线标注命令为图形标注倒角、零件编号等。引线命令用于标注形位公差。

4.5.1 任务

标注如图 4-36 所示图形的尺寸。

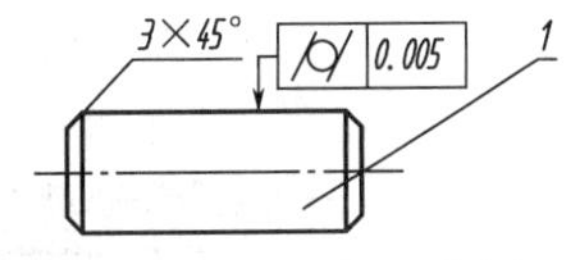

图 4-36 多重引线、引线标注

4.5.2 知识点

掌握多重引线、引线标注形位公差的方法。

4.5.3 尺寸标注过程

（1）将尺寸标注层置为当前层

打开“图层特性管理器”对话框，创建尺寸标注层（线型 Continuous，线宽 0.09）。并将其置为当前层。

（2）标注倒角

① 设置多重引线样式 调用“多重引线样式”命令。

◆ 下拉菜单：【格式】/【多重引线样式】

◆ 多重引线工具栏按钮：

◆ 命令：Mleaderstyle

a. 打开“多重引线样式”对话框，如图 4-37 所示。单击【新建】按钮。

b. 打开“创建新多重引线样式”对话框，在“新样式名”文本框中输入“倒角标注”，单击【继续】按钮，如图 4-38 所示。

c. 打开“修改多重引线样式：倒角标注”对话框，单击打开“引线格式”选项卡，在“箭头”选项组中“符号”下拉列表框中选择“无”，如图 4-39 所示。

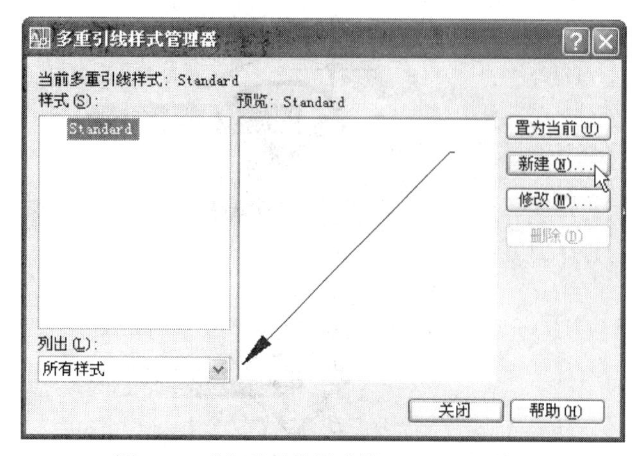

图 4-37 “多重引线样式管理器”对话框

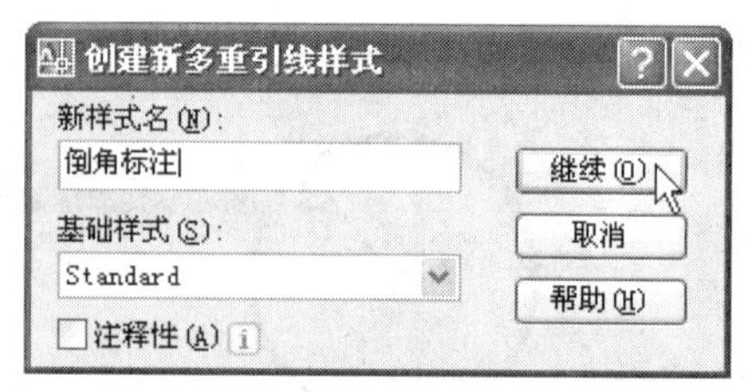

图 4-38 “创建新多重引线样式”对话框

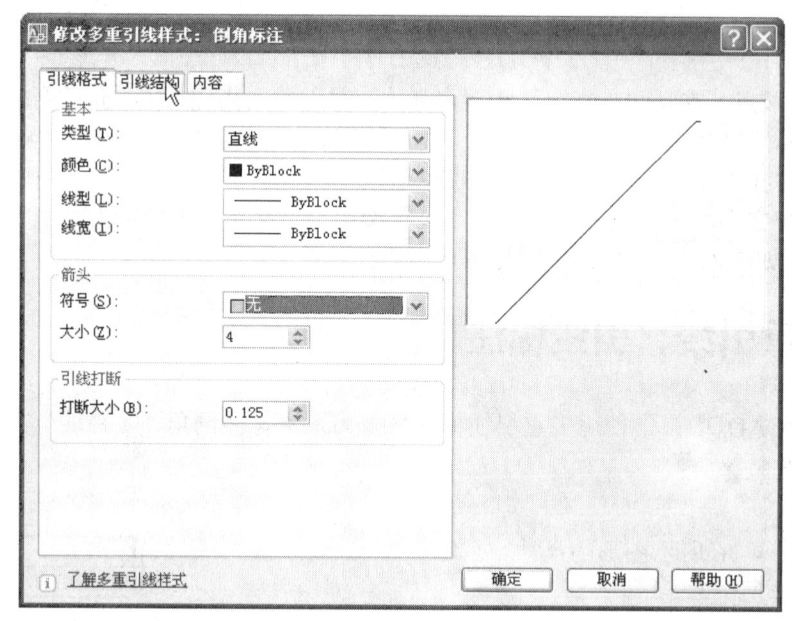

图 4-39 设置“引线格式”选项卡

d. 单击打开“引线结构”选项卡，在“约束”选项组中，勾选“第一段角度”并在其右侧的下拉列表框中选择“45”，勾选“第二段角度”并在其右侧的下拉列表框中选择“0”，如图 4-40 所示。

e. 单击打开“内容”选项卡，在“文字选项”选项组中“文字样式”下拉列表框中选择“工程字”，“文字高度”设置“5”；在“引线连接”选项组中“连接位置-左”下拉列表框中选择“第一行加下划线”，同样在“连接位置-右”下拉列表框中选择“第一行加下划线”，如图 4-41 所示。

f. 单击【确定】按钮，返回“多重引线管理器”对话框。单击【关闭】按钮，关闭“多重引线样式管理器”对话框。

② 标注倒角

调用“多重引线”命令。

◆ 下拉菜单：【标注】/【多重引线】

◆ 多重引线工具栏按钮：

◆ 命令：Mleader

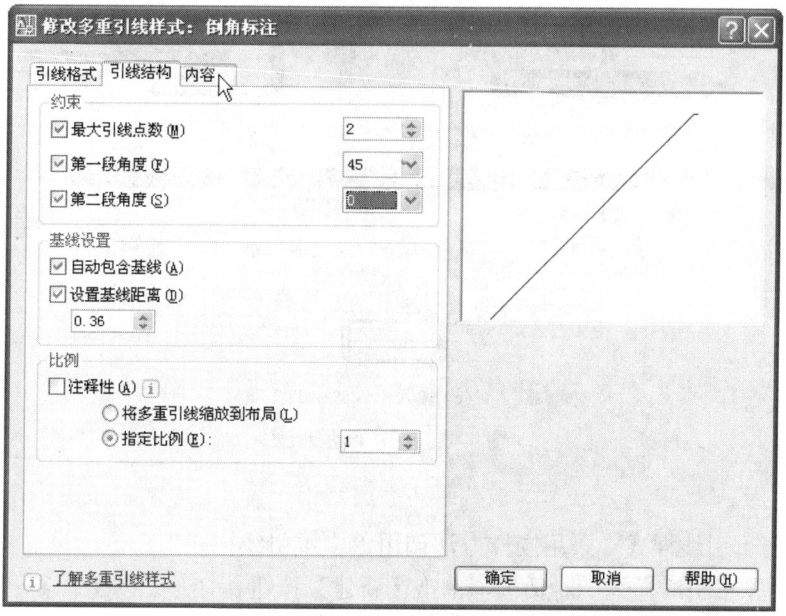

修改多重引线样式：倒角标注

引线格式　引线结构　内容

约束

☑ 最大引线点数(M)　2

☑ 第一段角度(F)　45

☑ 第二段角度(S)　0

基线设置

☑ 自动包含基线(A)

☑ 设置基线距离(D)

0.36

比例

☐ 注释性(A)

○ 将多重引线缩放到布局(L)

⊙ 指定比例(E):　1

了解多重引线样式　确定　取消　帮助(H)

图 4-40　设置“引线结构”选项卡

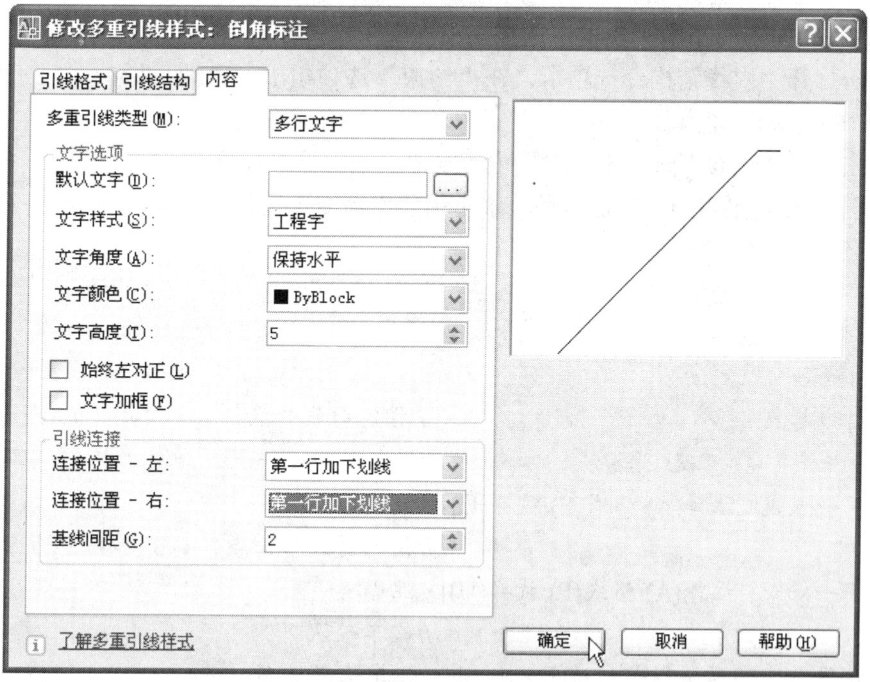

修改多重引线样式：倒角标注

引线格式　引线结构　内容

多重引线类型(M):　多行文字

文字选项

默认文字(D):

文字样式(S):　工程字

文字角度(A):　保持水平

文字颜色(C):　ByBlock

文字高度(T):　5

☐ 始终左对正(L)

☐ 文字加框(F)

引线连接

连接位置 - 左:　第一行加下划线

连接位置 - 右:　第一行加下划线

基线间距(G):　2

了解多重引线样式　确定　取消　帮助(H)

图 4-41　设置“内容”选项卡

命令: _mleader

指定引线箭头的位置或 [引线基线优先(L)/内容优先(C)/选项(O)] <选项>:

//指定引线箭头的位置，如图 4-42（a）所示

指定引线基线的位置:　　//指定引线基线的位置，如图 4-42（b）所示

弹出“在位文字编辑器”，输入 3×45%%d。单击【确定】，完成标注，如图 4-42（c）所示

（a）指定引线箭头的位置

（b）指定引线基线的位置

（c）输入 3×45%%d

图 4-42　标注倒角步骤

（3）标注序号

① 设置多重引线样式　采用同样方法调用“多重引线样式”命令，设置步骤如下。

a. 打开“多重引线样式”对话框，单击【新建】按钮。打开“创建新多重引线样式”对话框，在“新样式名”文本框中输入“序号标注”，单击【继续】按钮。

b. 打开“修改多重引线样式：序号标注”对话框，单击打开“引线格式”选项卡，在“箭头”选项组中“符号”下拉列表框中选择“小点”。

c. 单击打开“引线结构”选项卡，在“约束”选项组中，取消 “第一段角度”、 “第二段角度”的勾选。

d. 单击打开“内容”选项卡，设置内容与“倒角标注”相同。

② 标注序号　采用同样方法调用“多重引线”命令，同样方法标注序号。

（4）标注形位公差

调用“引线”命令。

◆ 命令行：Leader

命令: leader

指定引线起点:　　　　　　　　//指定引线起点，如图 4-43（a）所示

指定下一点:　<正交 开>　　　　//指定引线下一点，如图 4-43（b）所示

指定下一点或 [注释(A)/格式(F)/放弃(U)] <注释>:

　　　　//指定引线第三点，如图 4-43（c）所示

指定下一点或 [注释(A)/格式(F)/放弃(U)] <注释>:

　　　　//回车确认

输入注释文字的第一行或 <选项>:　　　　//回车选择选项

输入注释选项 [公差(T)/副本(C)/块(B)/无(N)/多行文字(M)] <多行文字>: T

　　　　//输入“T”，选择公差选项，弹出“形位公差”对话框，单击“符号”下的第一个方框，弹出“特殊符号”对话框，单击选择“⌭”，将插入圆柱度符号，如图 4-43（d）所示；在其后文本框中输入公差值 0.005，单击【确定】，如图 4-43（e）所示，完成标注

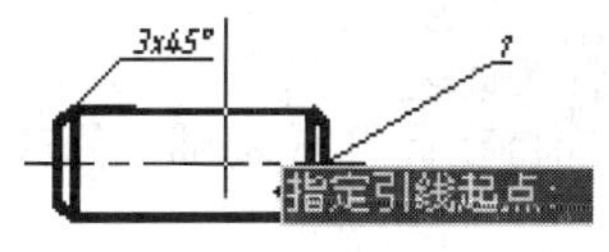

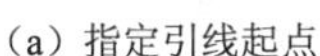
(a) 指定引线起点

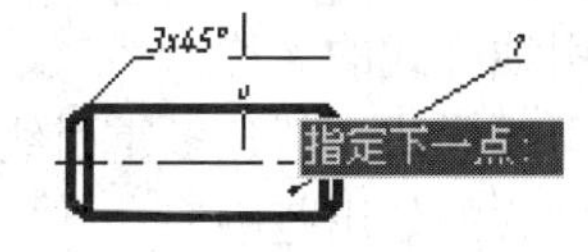

(b) 指定引线下一点

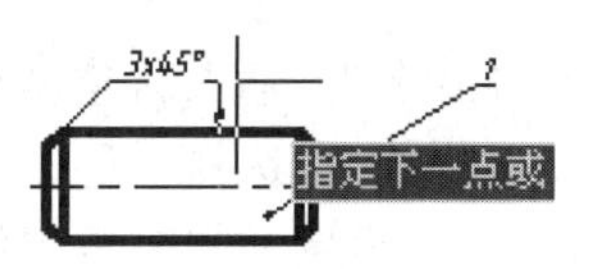

(c) 指定引线第三点

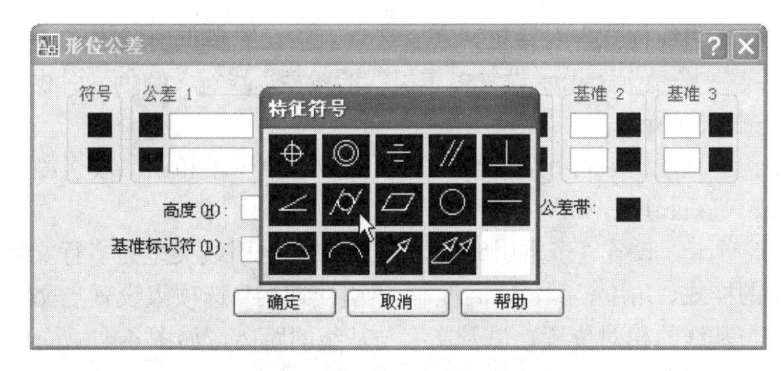

(d) 在“形位公差”对话框中插入符号

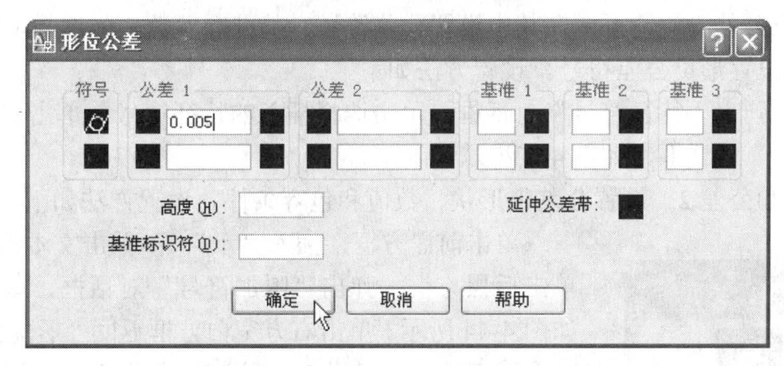

(e) 在“形位公差”对话框中插入公差

图 4-43　标注形位公差步骤

4.5.4　扩展知识

(1)“多重引线样式管理器”对话框

采用前述方法调用命令，打开“多重引线样式管理器”对话框，如图 4-37 所示。各选项功能如下。

“当前多重引线样式”：显示当前的多重引线样式。

“样式”：显示当前图形文件中的所有多重引线样式。

“预览”：显示当前的多重引线样式的效果图。

“列出”：用于设置所有多重引线样式是否在当前图形文件中全部显示。

【置为当前】：用于将“样式”列表框中选中的多重引线样式设置为当前多重引线样式。标注多重引线样式时只有当前多重引线样式有效。

【新建】：用于创建新的多重引线样式。

【修改】：用于修改“样式”列表框中选中的多重引线样式。

【删除】：用于删除“样式”列表框中选中的多重引线样式。

(2)“创建新多重引线样式”对话框

单击【新建】按钮，打开“创建新多重引线样式”对话框，如图 4-38 所示。各选项功能如下。

“新样式名”：输入新建多重引线样式的名称。

“基础样式”：选择一种多重引线样式，新建多重引线样式将在此样式基础上修改。

“用于”：设置新建多重引线样式的使用范围。

（3）“修改多重引线样式”对话框

打开“修改多重引线样式”对话框，在3选项卡中设置多重引线样式。

①“引线格式” 选项卡　用于设置多重引线的线型、线宽、颜色、引线前端箭头符号和箭头大小等。如图4-39所示。

②“引线结构”选项卡　可设置引线的转折点数、第一段和第二段引线的倾斜角度，以及是否包含基线、基线长度。如图4-40所示。

③“内容”选项卡　设置“多重引线类型”。如果多重引线类型为多行文字，“文字选项”选项组设置文字的样式、角度、颜色、高度等。“引线连接”选项组设置当文字位于引线左侧或右侧时，文字与基线的相对位置，以及文字与基线的距离，如图4-41所示。

（4）“形位公差”对话框

打开“形位公差”对话框，在其中设置公差符号、基准等参数，如图4-43（e）所示。

① 符号　设置形位公差符号。设置方法如下。

单击方框，弹出“特征符号”对话框，单击选择插入的特征符号；单击右下角空白方框返回“形位公差”对话框，如图4-43（d）所示。

② 公差1和公差2　设置公差带形状、数值和包容条件。设置方法如下。

图4-44 “附加符号”对话框

单击前黑方框，插入“φ” ；单击文本框输入公差值；单击后黑方框，弹出“附加符号”对话框，单击插入所选，如图4-44所示。单击右方空白方框返回“形位公差”对话框。

③ 基准1、基准2、基准3　设置公差基准和相应包容条件。设置方法如下。

单击文本框中输入公差基准，单击后黑方框，弹出“附加符号”对话框，单击插入所选，单击右方空白方框返回“形位公差”对话框。

④ 高度　设置延伸公差带的值。

⑤ 延伸公差带　设置是否插入延伸公差带符号。单击黑方框，可在延伸公差带值的后面插入延伸公差带符号。

⑥ 基准标识符号　设置由参照字母组成的基准标识符号。

4.6 尺寸公差标注

4.6.1 任务

标注如图4-45所示图形的尺寸。

4.6.2 知识点

掌握尺寸公差标注的方法。

4.6.3 尺寸标注过程

（1）将尺寸标注层置为当前层

打开“图层特性管理器”对话框，创建尺寸标注层（线型Continuous，线宽0.09）。并将其置为当前层。

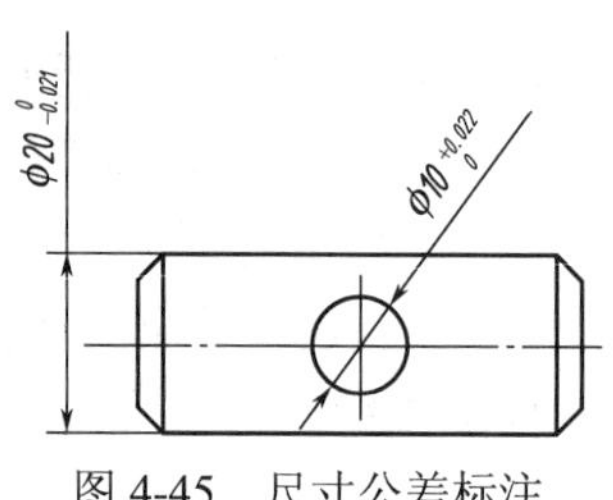

图4-45 尺寸公差标注

（2）将“常用尺寸标注样式”　置为当前标注样式

（3）标注小轴直径尺寸

采用前述方法调用“线性”命令。

命令: _dimlinear

指定第一条尺寸界线原点或〈选择对象〉:　//捕捉矩形左下角点指定第一条尺寸界线原点

指定第二条尺寸界线原点:　//捕捉矩形左上角点指定第二条尺寸界线原点

指定尺寸线位置或

[多行文字(M)/文字(T)/角度(A)/水平(H)/垂直(V)/旋转(R)]: m

//输入 M，弹出“多行文字编辑器”，输入前缀“%%C”、后缀“0^-0.021”，选中后缀“0^-0.021”，单击堆叠按钮，如图 4-46 所示；效果如图 4-47 所示；单击【确定】

指定尺寸线位置或

[多行文字(M)/文字(T)/角度(A)/水平(H)/垂直(V)/旋转(R)]:

//移动鼠标至合适位置单击，完成小轴直径尺寸公差标注，如图 4-45 所示

标注文字 ＝20

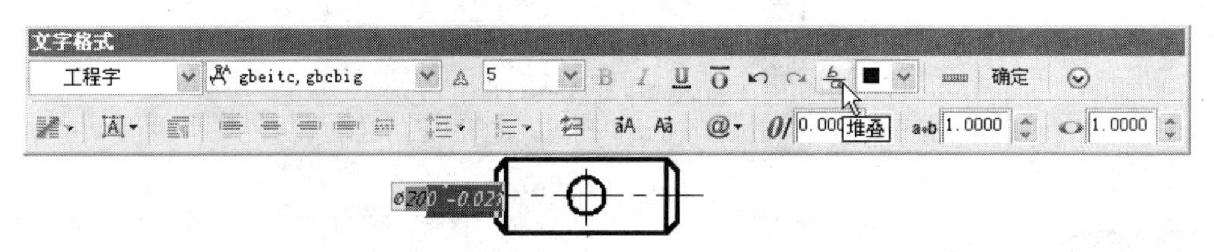

图 4-46　在“多行文字编辑器”中设置公差

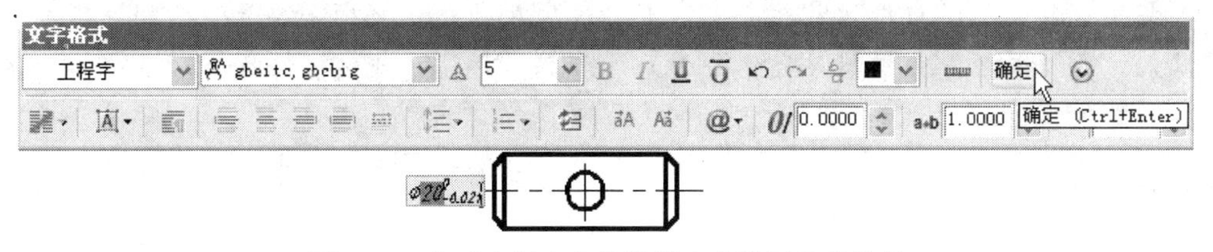

图 4-47　在“多行文字编辑器”中设置公差效果

（4）标注孔直径尺寸

① 标注 φ10　采用前述方法调用“直径”命令。

命令: _dimdiameter

选择圆弧或圆:　//选择圆

标注文字 ＝10

指定尺寸线位置或 [多行文字(M)/文字(T)/角度(A)]:　//指定尺寸线位置，完成 φ10 标注

② 标注公差　调用“特性”命令。

◆ 下拉菜单:【修改】/【特性】

◆ 标准注释工具栏:

◆ 命令：Properties

◆ 双击要编辑的尺寸

弹出“特性”窗口，选择尺寸“φ10”；向下拖动滚动条以显示“公差”选项，在“显示公差”框中双击，选择“极限偏差”，在“公差下偏差”框中输入“0”，在“公差上偏差”框中输入“0.022”，在“水平放置公差”框中双击，选择“中”，在“公差精度”框中双击，选择“0.000”，在“公差文字高度”框中输入“0.6”，如图 4-48 所示。关闭“特性”窗口，按【Esc】键取消选择，完成公差标注，如图 4-45 所示。

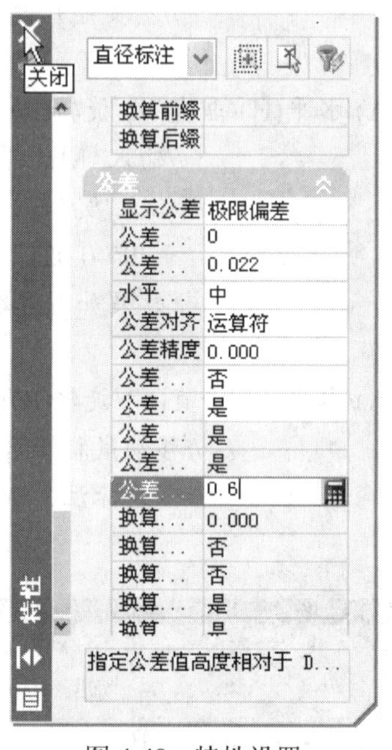

图 4-48 特性设置

小提示：

要使用“特性”窗口标注尺寸公差，则标注的基本尺寸必须是测量值；如果基本尺寸重新输入，则“特性”窗口标注尺寸公差无效。如“φ10”测量值修改为“φ15”，使用“特性”窗口标注尺寸公差时无效。

4.6.4 扩展知识

在零件图中标注尺寸公差有三种方法。

（1）使用“多行文字编辑器”对话框

在多行文字编辑器对话框中使用文字堆叠编辑文本，方法如前所述。

（2）使用“特性”窗口

利用对象特性对话框编辑尺寸标注的“公差”属性实现，方法如前所述。

（3）使用标注样式设置尺寸公差专用的样式

例如标注如图 4-45 所示中φ10 的尺寸公差。

① 打开“标注样式管理器”对话框，单击“替代”，打开“替代当前样式”对话框中的“公差”选项卡。

② 在“方式”下拉框中选择“极限偏差”，在“精度”下拉框中选择“0.000”，在“上偏差”框中输入“0.022”，在“下偏差”框中输入“0”，在“高度比例”框中输入“0.6”，在“垂直位置”下拉框中选择“中”，如图 4-49 所示。单击【确定】，完成标注样式设置。

③ 调用“直径”命令，标注φ10 尺寸。

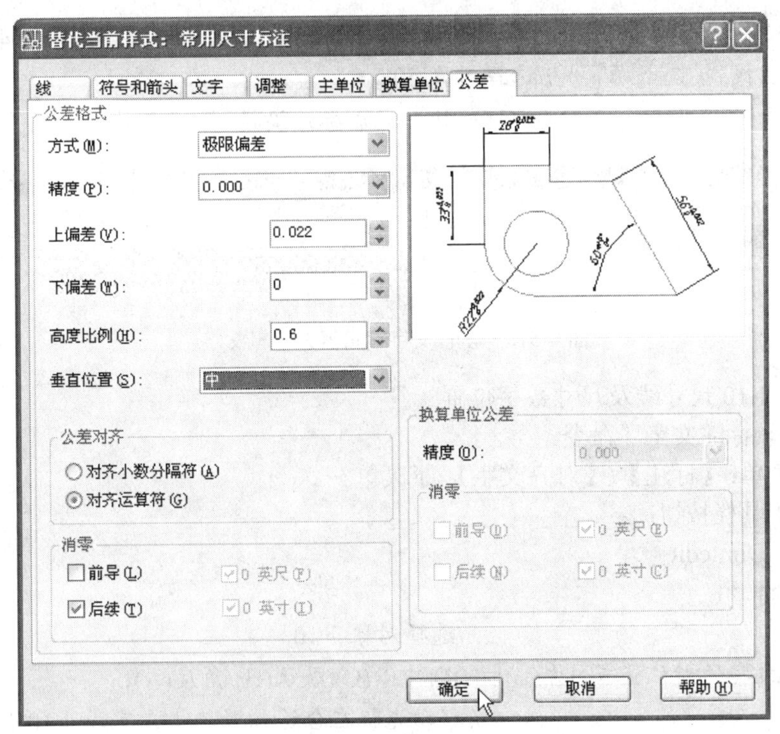

图 4-49　公差设置

4.7　编辑标注、编辑标注文字与标注更新

4.7.1　任务

修改如图 4-50（a）所示图形的标注样式为如图 4-50（b）所示图形的标注样式。

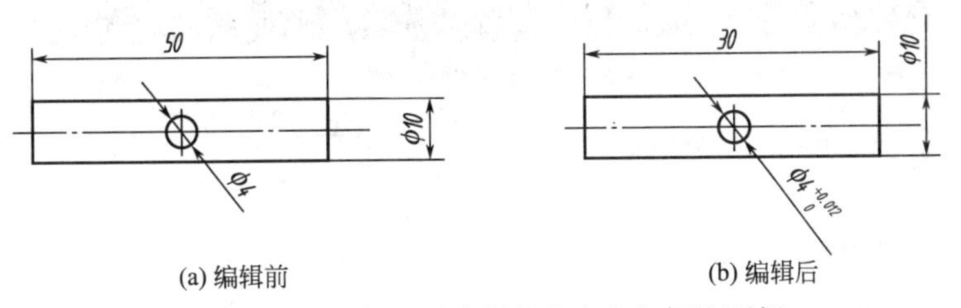

(a) 编辑前　　(b) 编辑后

图 4-50　编辑标注、编辑标注文字与标注更新

4.7.2　知识点

掌握编辑标注、编辑标注文字、标注更新的方法。

4.7.3　尺寸编辑过程

（1）修改标注文字 50 为 30

调用“编辑标注”命令。

◆ 标注工具栏按钮：

◆ 命令：Dimedit

命令: _dimedit

输入标注编辑类型 [默认(H)/新建(N)/旋转(R)/倾斜(O)] <默认>: N

//输入 N,选择“新建”选项，弹出“多行文字编辑器”，选

中“测量值”输入 30，单击【确定】，如图 4-51 所示

选择对象：找到 1 个　　//选择对象 50

选择对象：　　//右键确认，完成标注编辑

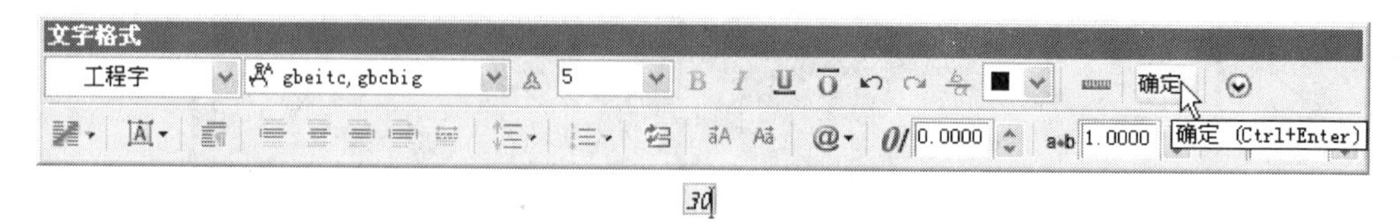

图 4-51 “多行文字编辑器”编辑文字

（2）修改 ф10 尺寸线及尺寸数字位置

调用“编辑标注文字”命令。

◆ 下拉菜单：【标注】/【对齐文字】/子菜单

◆ 标注工具栏按钮：

◆ 命令：Dimtedit

命令: _dimtedit

选择标注：　　//选择对象 ф10

指定标注文字的新位置或 [左(L)/右(R)/中心(C)/默认(H)/角度(A)]:

//移动光标在合适位置单击，完成 ф10 位置修改

（3）更新 ф4 标注样式

① 设置需要更改的标注样式　打开“标注样式管理器”对话框，新建“ф4 公差标注”，在“公差”选项卡中设置，如图 4-52 所示。

② 将需要更改的标注样式置为当前　在标注工具栏上的“标注样式控制器”中选择标注样式“ф4 公差标注”。

③ 更新 ф4 标注样式　调用“标注更新”命令。

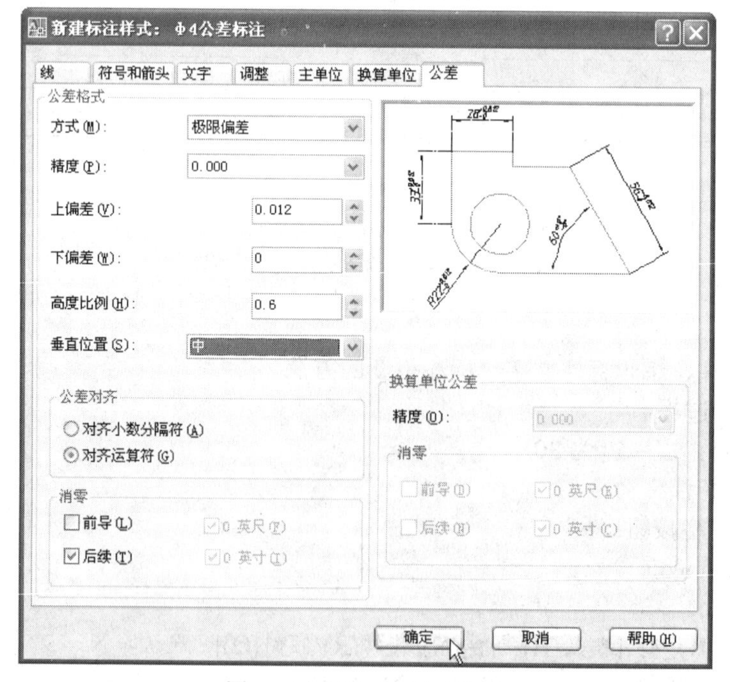

图 4-52 设置 ф4 标注样式

◆ 下拉菜单：【标注】/【更新】
◆ 标注工具栏按钮：
◆ 命令：Dimstyle

命令: _-dimstyle
当前标注样式: ф4 公差标注　　注释性: 否
输入标注样式选项
[注释性(AN)/保存(S)/恢复(R)/状态(ST)/变量(V)/应用(A)/?] <恢复>: _apply
选择对象: 找到 1 个　　　　　　　　//选择对象 ф4
选择对象:　　　　　　　　　　　　　//回车确认，完成更新

4.7.4 扩展知识

（1）编辑标注

可编辑已标注对象上的标注文字内容、放置角度和尺寸界线倾斜角度。调用命令后，命令行提示“输入标注编辑类型 [默认(H)/新建(N)/旋转(R)/倾斜(O)] <默认>”，各选项含义如下：

① 默认：可将旋转一定角度放置的标注文字移回默认位置（水平）。方法为选择要修改的文字对象，右键确认。

② 新建：可使用“在位文字编辑器”编辑文字内容、字体、大小等。方法如前所述。

③ 旋转：可将标注文字旋转一定角度。方法为输入需要旋转的角度，选择需要旋转的文字对象，右键确认。

④ 倾斜：可倾斜线性标注尺寸界线。方法为选择需要倾斜的尺寸界线，输入倾斜的角度，即可。

（2）编辑标注文字

可移动和旋转标注文字的位置。调用命令后，命令行提示“指定标注文字的新位置或 [左(L)/右(R)/中心(C)/默认(H)/角度(A)]”，各选项含义如下。

① 左：可沿尺寸线左对齐标注文字。

② 右：可沿尺寸线右对齐标注文字。

③ 中心：可将标注文字放在尺寸线的中间。

④ 默认：可将标注文字移回默认位置。

⑤ 角度：可修改标注文字的放置角度。输入需要的放置角度即可。

（3）标注更新

可以将已标注的尺寸对象标注样式更改为选择的尺寸标注样式。

小　　结

本章介绍了尺寸标注样式的设置及尺寸标注、尺寸编辑的基本方法。

尺寸标注主要介绍了长度型尺寸标注、角度标注、直径标注、半径标注、圆心标注、多重引线标注、尺寸公差标注等内容，用户应重点掌握线性尺寸标注、尺寸公差、倒角、形位公差的标注。线性尺寸标注注意利用多行文字编辑器添加“%%c”标注直径尺寸。尺寸公差标注有多种方法，其一利用多行文字编辑器中的堆叠按钮标注公差，其二利用“特性”窗口标注公差，其三利用“替代当前样式”对话框中的“公差”选项卡标注公差。使用特性窗口标注公差更加方便快捷。

编辑标注与标注更新，标注编辑用于修改标注文字、旋转标注文字、移动标注文字、倾斜尺寸界线，标注更新用于统一修改某一类型的尺寸样式。

习　　题

一、选择题

1. 设置尺寸标注样式需调用________命令。

A. dimstyle　　B. style　　C. tablestyle　　D. mleaderstyle

2. 设置尺寸标注中尺寸数字的字体和大小，应在“新建标注样式”对话框的________选项卡上设置。

A. 线　　B. 文字　　C. 调整　　D. 公差

3. 设置尺寸标注中尺寸数字小数的保留位数，应在“新建标注样式”对话框的________选项卡上设置。

A. 文字　　B. 调整　　C. 主单位　　D. 换算单位

4. 标注基线标注，调用________命令。

A. dimlinear　　B. dimaligned　　C. dimbaseline　　D. dimcontinue

二、实训题

1. 绘制如图 4-53 所示图形，并标注尺寸。

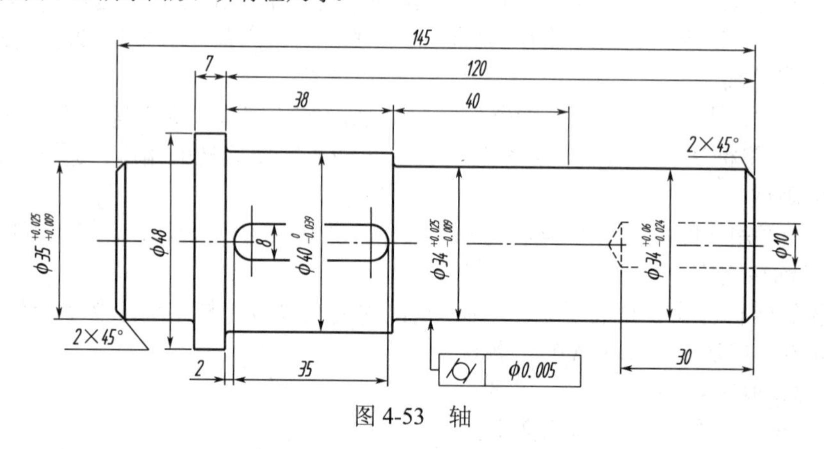

图 4-53　轴

2. 绘制如图 4-54 所示图形，并标注尺寸。

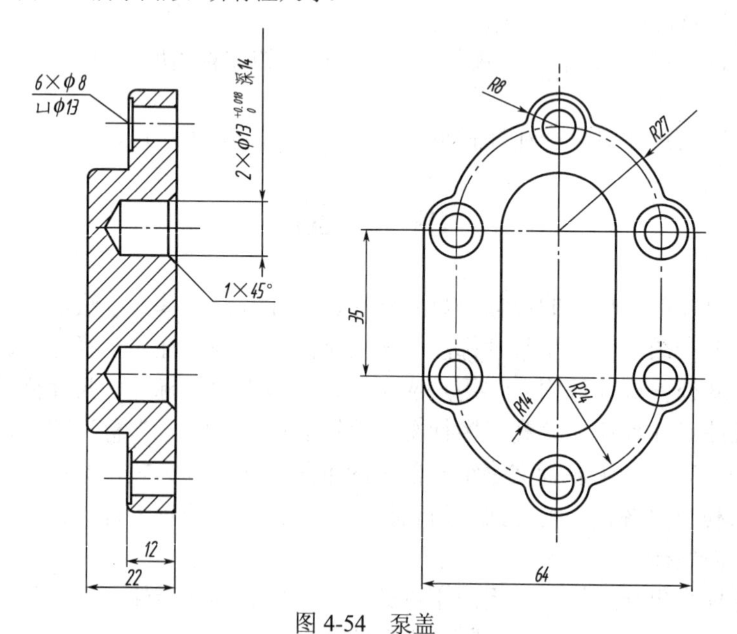

图 4-54　泵盖

第 5 章　图块、设计中心、查询、工具选项板

教学目标： 通过本章的学习，使用户掌握创建图块、建立图块属性、编辑图块及属性、插入图块等方法与技巧。掌握利用 AutoCAD 设计中心管理图形文件及进行图形操作；掌握常用的查询命令，查询对象的坐标、距离、面积、质量特性等信息。掌握工具选项板的操作。

本章主要介绍了图块、设计中心、查询及工具选项板四个方面的内容。在图块中，主要介绍了建立图块、图块属性、编辑图块属性、插入图块及插入图块后如何进行编辑的方法。在设计中心中主要介绍了设计中心的窗口、如何查看对象、如何使用设计中心来打开图形文件或向图形文件添加各种内容的方法。在查询方面，主要介绍了各种查询命令的使用。在工具选项板中，介绍了如何建立新的工具选项板及如何管理工具选项板等知识。

5.1　图块及属性

块也称为图块，是 AutoCAD 图形设计中的一个重要概念。在绘制图形时，如果图形中有大量相同或相似的内容，或者所绘制的图形与已有的图形文件相同，则可以把要重复绘制的图形创建成块，在需要时直接插入它们；也可以将已有的图形文件直接插入到当前图形中，从而提高绘图效率。此外，用户还可以根据需要为块创建属性。

在 AutoCAD 中使用图块具有以下特点：提高绘图速度、节省存储空间、便于修改图形、可以添加属性。

5.1.1　块创建及应用

（1）任务

标注尺寸基准符号，如图 5-1 所示。

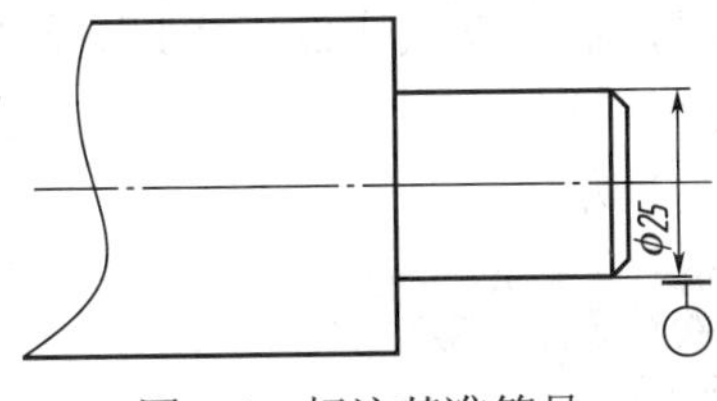

图 5-1　标注基准符号

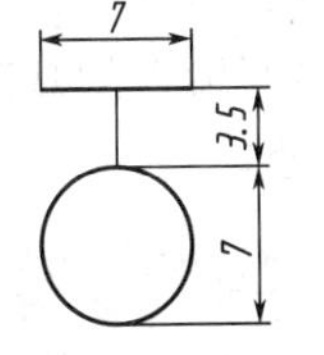

图 5-2　基准符号

（2）知识点

通过创建标注基准符号图块，学习创建、插入图块的方法。

（3）图形绘制

① 按图 5-2 所示尺寸绘制基准符号。

② 创建内部块　内部块是只能被当前图形所使用的块，不可以用于其他的图形文件中。调用块创建命令。

◆ 选择下拉菜单：【绘图】/【块】/【创建】

◆ 单击绘图工具栏按钮：

◆ 在命令行中输入命令：Block

弹出图 5-3 所示的“块定义”的窗口。在“名称”下拉列表中输入块名“基准符号”，利于识别和调用。选择勾选“保留”，单击【选择对象】按钮，选择整个绘制的图形，右键确认。单击【拾取点】按钮，用拾取框选择基准符号上方一点为插入图块的定位点，如图 5-4 所示。在说明框中输入“基准符号在下的标注”，其他按默认设置，单击【确定】，完成块的定义。

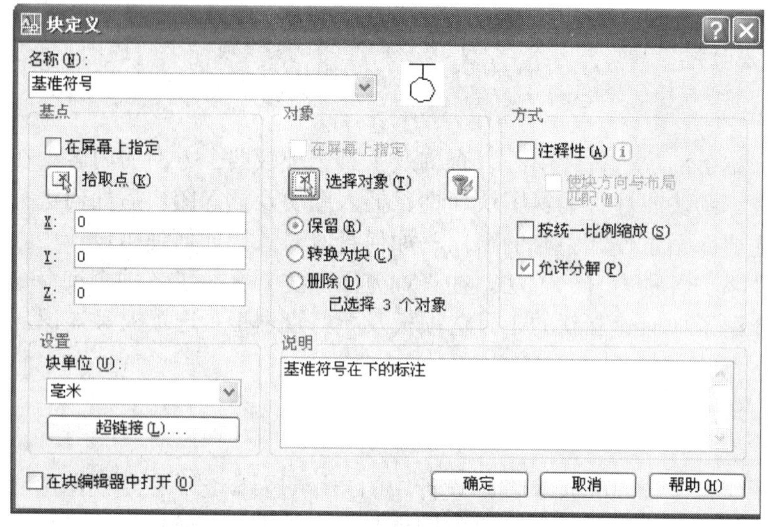

图 5-3 “块定义”对话框

③ 插入块　将已定义好的块插入到当前图形中。

调用插入块的命令。

◆ 选择下拉菜单：【插入】/【块】

◆ 单击绘图工具栏按钮：

◆ 在命令行中输入命令：Insert

图 5-4　块的定位点

弹出插入块对话框如图 5-5 所示。在“名称”下拉列表中直接要输入的块名“基准符号”，在屏幕上指定“插入点”。在比例中勾选“统一比例”，输入缩放比例为“1”。旋转角度中输入“0”度，如果要输入的基准符号在尺寸界线上方可以在此输入“180”。单击【确定】，在绘图窗口中合适处单击，插入基准符号。效果如图 5-1 所示。

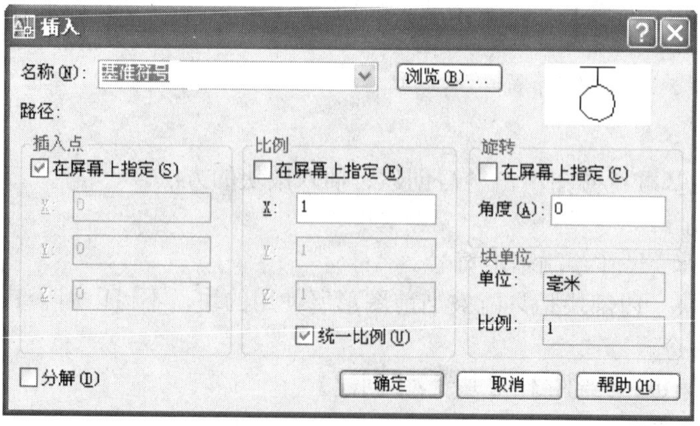

图 5-5 “插入”块对话框

（4）扩展知识

① 创建外部块　可以被所有图形文件使用的块，它是以独立的图形文件被保存在磁盘中的。

a. 输入命令：Wblock 回车，弹出写块对话框，如图 5-6 所示。

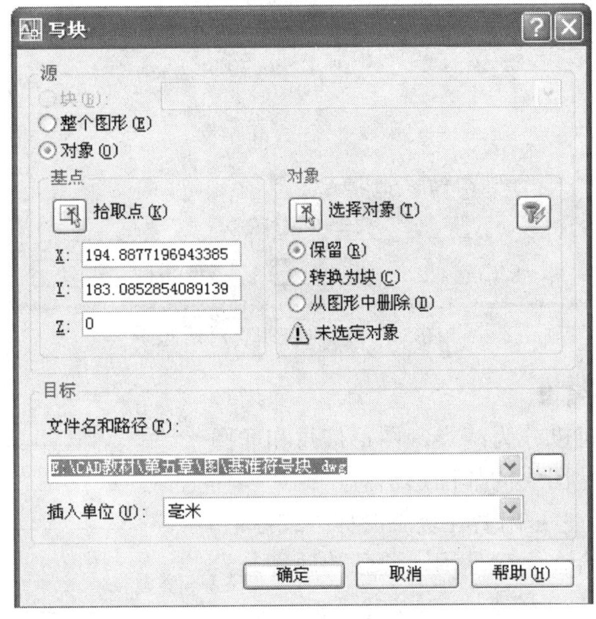

图 5-6 “写块”对话框

b. 在对话框中，定义外部块。

◆ 确定块的来源：在对话框的“源”区域有三个选项，含义如下。

块（B）：图形来源为已经定义好的内部块，可在右边下拉列表中选取。

整个图形（E）：选择当前窗口中的整个图形创建为外部块

对象（O）：在窗口中选择一个图形对象，创建外部块。

◆ 基点和对象的操作与内部块的创建相同。

◆ 目标中文件名和路径：选择块文件存盘的路径和块名。

◆ 单击【确定】，完成外部块的创建。

② 块的修改与编辑　块作为一个整体可以复制、删除等操作，但不能直接对它其中的部分内容进行编辑。可采用两种方法编辑修改块，一种方法是先将块分解，然后才能进行修改，只是这时图块所具有的特点就没有了，成为了普通对象。另一种编辑方法是“在位编辑块”，例如图 5-1 所示的图形中，基准符号中没有字母，现将字母 A 插入到图形中。选择基准符号后单击鼠标右键，选择“在位编辑块”，弹出如图 5-7 所示“参照编辑”对话框，选择“基准符号”图块，单击【确定】按钮。

此时基准符号为深色，其他图线变为暗色，然后调用“文字”命令将字母 A 输入到基准符号中，然后单击“参照编辑”工具栏上的【将修改保存到参照】按钮，保存参照编辑。如果想放弃这次编辑，可单击【放弃对参照的修改】按钮，放弃对图块的编辑，完成结果如图 5-8 所示。

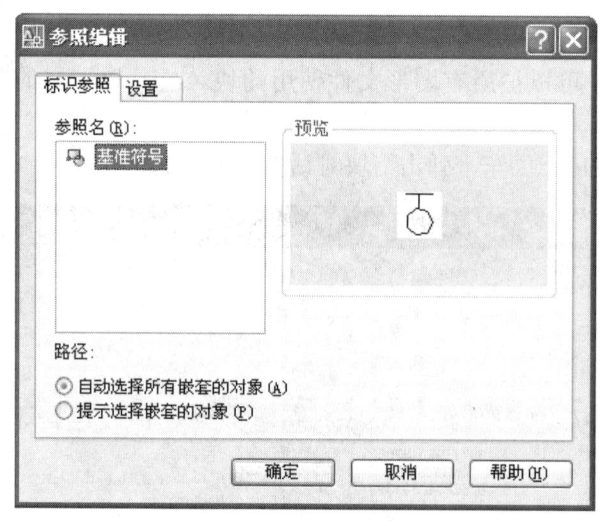

图 5-7 “参照编辑”对话框

5.1.2 块属性定义与编辑

图块包含的信息可以分为两类：图形信息和非图形信息。块属性指的是图块的非图形信息，比如零件编号、价格、注释等，它是附着在块上的标签或标记。块属性必须和图块结合在一起使用，单独的属性是没有意义的。

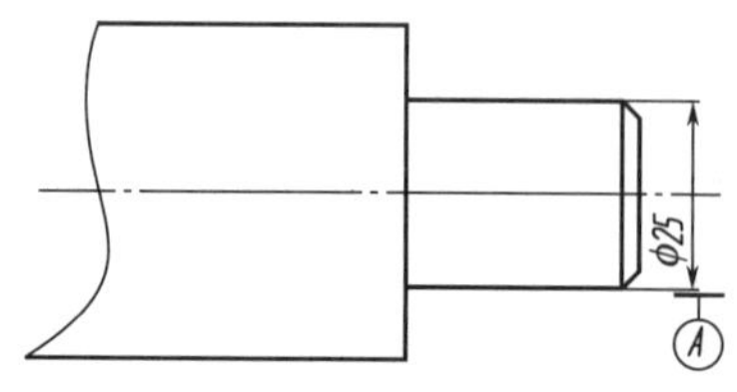

图 5-8 编辑“基准符号”后的图形

（1）任务

制作具有属性的标题栏图块文件，如图 5-9 所示。其中，图样名称、图号、单位名称及“比例、数量、材料”、姓名与日期等项的值设置为属性。

<table>
<tr><td colspan="3" rowspan="2">(图名)</td><td>比例</td><td>材料</td><td>图号</td></tr>
<tr><td>(比例)</td><td>(材料)</td><td>(图号)</td></tr>
<tr><td>制图</td><td>(姓名)</td><td>(日期)</td><td colspan="3" rowspan="3">(单位名称)</td></tr>
<tr><td>设计</td><td>(姓名)</td><td>(日期)</td></tr>
<tr><td>审核</td><td>(姓名)</td><td>(日期)</td></tr>
</table>

图 5-9 具有属性的标题栏

（2）知识点

通过创建标题栏属性块文件，学习定义和编辑属性块的方法。

（3）图形分析

在绘图练习时，标题栏中“制图、校核、比例、数量、材料”等文字是不变的，所以直接采用文字的形式填写，而图样名称、图号、单位名称、及“比例、数量、材料”、制图者姓名及日期等的值是变化的，因此采用属性的形式填写。

（4）制作过程

① 按图 5-10 所示尺寸绘制标题栏，不必标注尺寸。

② 建立“图名”属性 选择下拉菜单：【绘图】/【块】/【定义属性】，弹出“属性定义”对话框，如图 5-11 所示。

在属性标记中输入“(图名)”。在提示栏中输入“请输入图形名称”。在值中输入“轴”。在文字选项中，文字对齐方式选择“中间”，文字样式选择“仿宋体”，字高为 10。其他为默

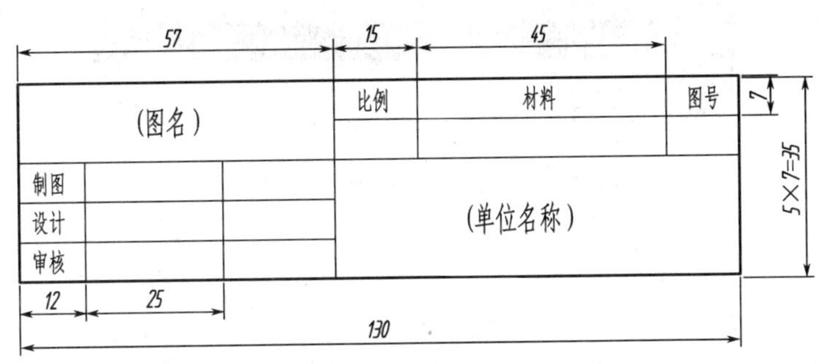

图 5-10 标题栏尺寸

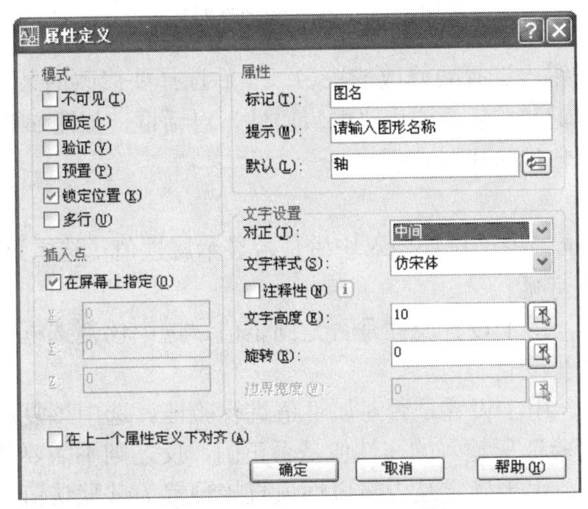

图 5-11 “属性定义”对话框

认值，单击“确定”按钮，对话框消失。系统提示：指定起点，在表格第一行第一列单元格正中央单击鼠标，完成了图名的属性设置。

③ 重复以上步骤，逐个地将制图者姓名、制图日期、比例、材料、图号、单位名称等定义为属性。

④ 建立图块 在命令行中输入 Wblock，调用写块命令。弹出“写块对话框”如图 5-6 所示，在“源”中选择“对象”，基点选择标题栏的右下角点，对象选择整个标题栏。并指定块文件存盘的路径和块名。单击【确定】按钮，完成具有属性图块的建立。

（5）扩展知识

① 块属性修改 选择下拉菜单：【修改】/【对象】/【属性】/【块属性管理器】，打开“块属性管理器”对话框，如图 5-12 所示。

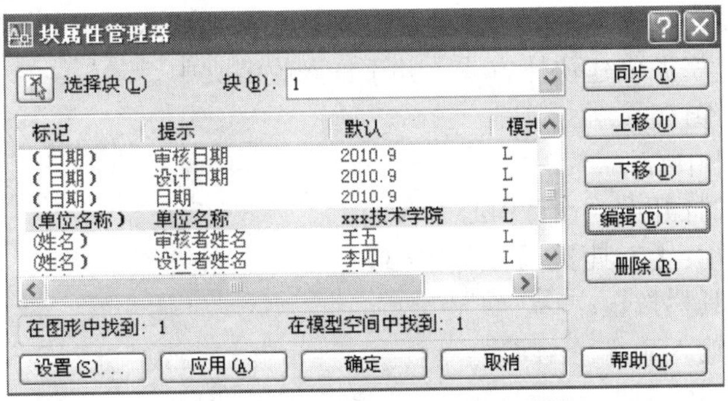

图 5-12 “块属性管理器”对话框

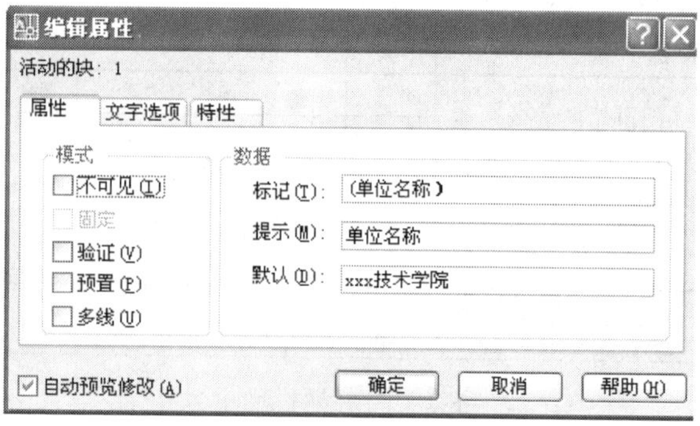

图 5-13 “编辑属性”对话框

单击【选择块】按钮，选择要修改的块名；然后选择要修改的某项；如将光标置于单位名称这一行，单击【编辑】按钮，弹出“编辑属性”对话框，如图 5-13 所示。可对属性的模式、数据、文字选项、特性等进行编辑。

② 属性定义模式

a.“不可见”复选框，用于设置插入块后是否显示属性值。选中该复选框，属性不可见，反之则在插入块时属性可见。

b.“固定”复选框，用于设置属性是否是固定值。选中该复选框，属性为固定值，插入块时，此属性值不再发生变化。

c.“验证”复选框，用于设置是否对属性值进行验证。选中该复选框，在插入块时，系统将给出提示，让用户验证所输入的属性值是否正确，反之则不需要验证。

d.“预置”复选框，用于确定是否将属性值直接预置为其默认值。选中该复选框，在插入块时，系统将把“属性定义”对话框的值文本框中输入默认值自动设置属性值，而不再要求用户输入新值。反之则要求用户输入新值。

5.2 AutoCAD 设计中心

AutoCAD 设计中心是 AutoCAD 一个非常有用的工具，它的作用就像 Windows 操作系统中的资源管理器，用于管理众多的图形资源。这些图形资源包括 DWG 文档等。这些资源可以是本地计算机的，也可以是网络上的。通过设计中心，可以将任何资源复制粘贴到其他文件中，也可以拖入到工具选项板上，从而实现了对图形资源的共享和重复利用，简化了绘图过程。

利用 AutoCAD 设计中心可以实现的管理功能有：浏览、查找和打开指定的图形资源，能够将图形文件、图层、命名样式、图块、外部参照快速插入到当前文件中。为经常访问的本机或网络上的设计资源创建快捷方式，并添加到收藏夹中。

5.2.1 “设计中心”窗口

（1）打开“设计中心”

可以用以下方式打开设“设计中心”窗口。

- 选择下拉菜单：【工具】/【设计中心】
- 单击绘图工具栏按钮：
- 在命令行中输入命令：ADC
- 使用快捷键：Ctrl+2

（2）“设计中心”窗口

“设计中心”的外观与 Windows 资源管理器相似，如图 5-14 所示。双击蓝色的标题栏，可以将窗口固定放置在工作区一侧，或者浮动地放置在工作区上。在窗口中，包含一组工具按钮和选项卡，利用它们可以选择和观察设计中心的图形。

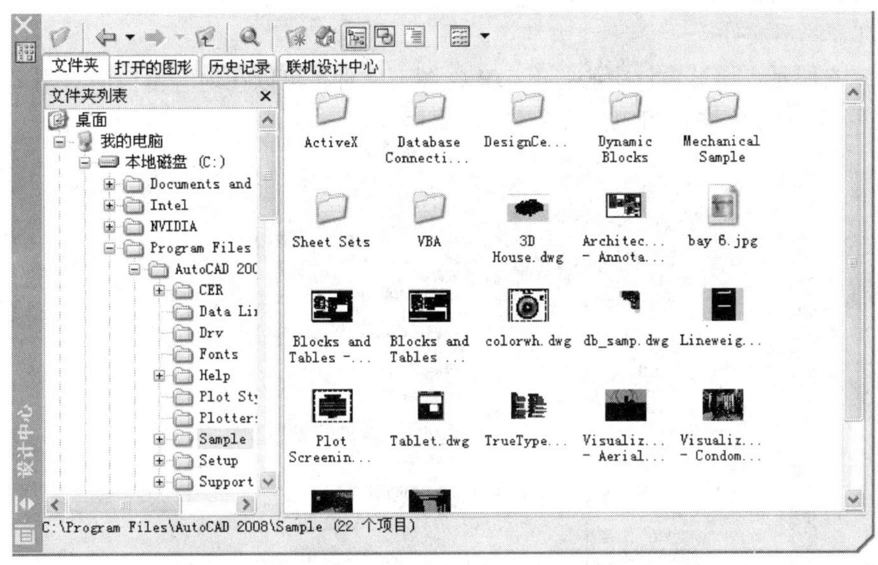

图 5-14 “设计中心”窗口

①“文件夹”选项卡　此选项卡显示设计中心的资源，用户可以将设计中心的内容设置为本机资源或网上邻居的资源信息。

②“打开的图形”选项卡　此选项卡显示当前环境中已打开的所有图形，如图 5-15 所示。如单击某个文件图标，就可以查看到该图形的相关信息。

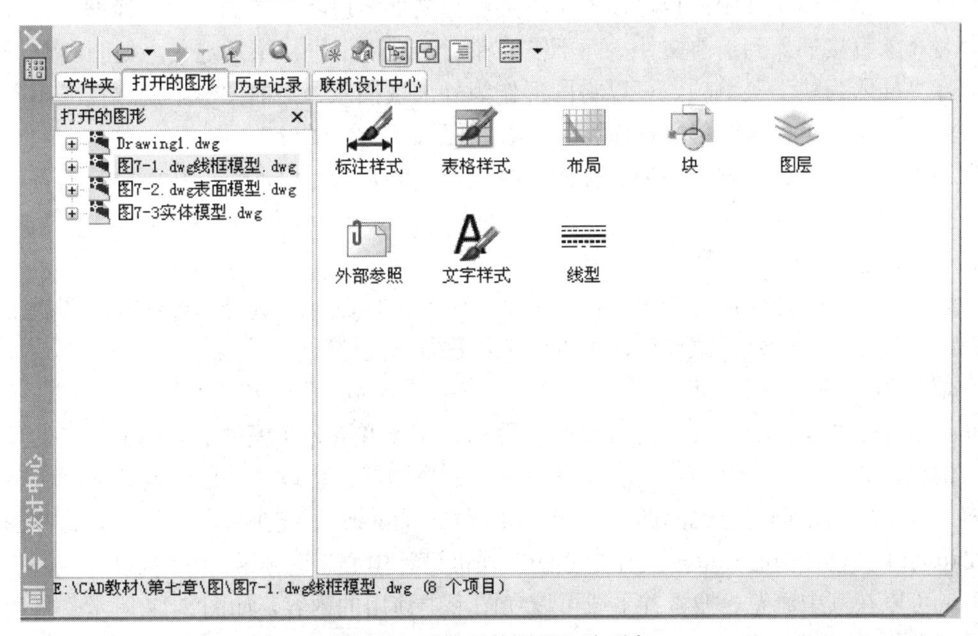

图 5-15 “打开的图形”选项卡

③“历史记录”选项卡　此选项卡显示用户最近访问过的文件，包括这些文件的完整路径。

④“联机设计中心”选项卡　通过联机设计中心可以访问网上的预先绘制好的符号、制造商信息以及内容集成商站点。

5.2.2　使用图形资源

（1）打开图形文件

如图5-16所示，通过设计中心打开DWG图形文件，可以在内容窗口中右击需要打开的文件，选择【在应用程序窗口中打开】菜单项即可。

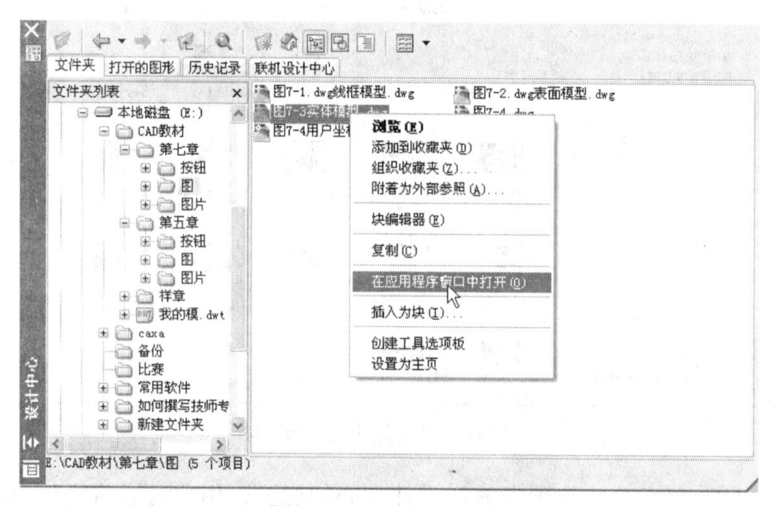

图5-16　打开图形文件

（2）插入图形资源

直接插入图形资源，是设计中最实用的功能，可以直接将某个图形文件作为外部块或者外部参照插入到当前文件中；也可以直接将某图形文件中已经存在的图层、线型、样式和图块等命名对象直接插入到当前文件，而不需要在当前文件中进行重复定义，如图5-16所示。如果选择“插入为块”菜单项，可以将图形作为外部块插入到当前图形中，选择【附着为外部参照】菜单项，可以将图形文件作为外部参照插入到当前图形中。

如果要插入标注、图层、线型、样式、图块等任意资源对象，可以从内容窗口直接拖放到当前图形的工作区中。

（3）图块插入与重定义

在设计中心可以方便地对图块进行重定义，如图5-16所示，选择需要编辑的图块单击鼠标右键，选择【块编辑器】菜单项，可以对图块进行重定义。

5.2.3　联机设计中心

联机设计中心是AutoCAD为方便所有用户共享图形资源而提供了的基于网络的预绘制内容（例如块、符号库、制造商内容和联机目录）资源库，可以在一般的设计应用中使用这些内容，以帮助用户创建自己的图形。计算机必须与Internet连接后，才能访问这些图形资源。要访问联机设计中心，单击设计中心的“联机设计中心”选项卡，“联机设计中心”窗口打开后，可以在其中浏览、搜索并下载可以在图形中使用的内容，如图5-17所示。将所需要的资源对象拖放到当前工作区即可。

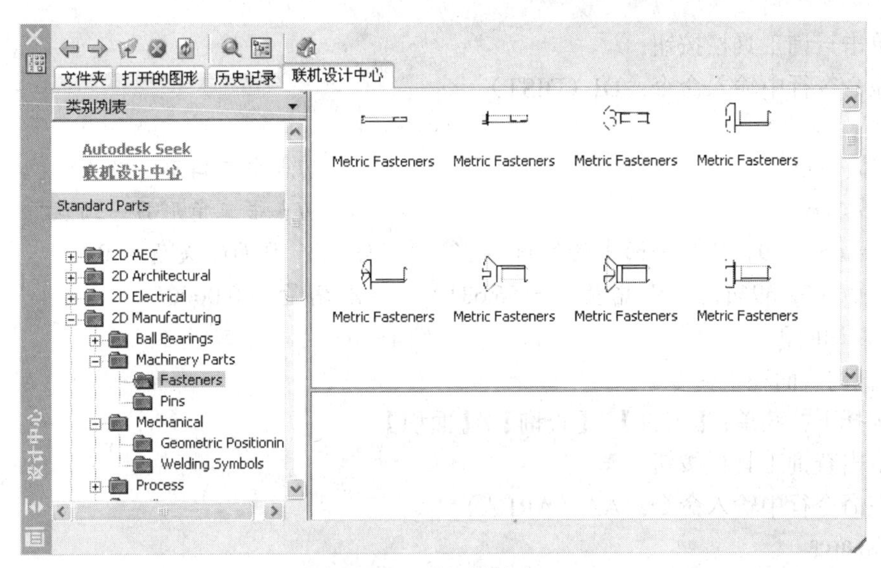

图 5-17　联机设计中心

5.3　查询

计算机辅助设计不可缺少的一个功能是提供图形对象的查询，比如对象的点的坐标、距离、周长、面积等属性。AutoCAD 2008 就提供了一组查询命令，利用这些命令可以准确及时地了解对象的各种信息。

5.3.1　任务

查询图 5-18 所示图形中三角形的边长、周长，图形阴影部分的面积和质量特性、圆心坐标等相关信息。

5.3.2　知识点

通过查询图形的信息，学习查询命令的使用方法。

5.3.3　图形分析

该图形外部为一圆，内有一内接正三角形，三角形中心位于圆心上。

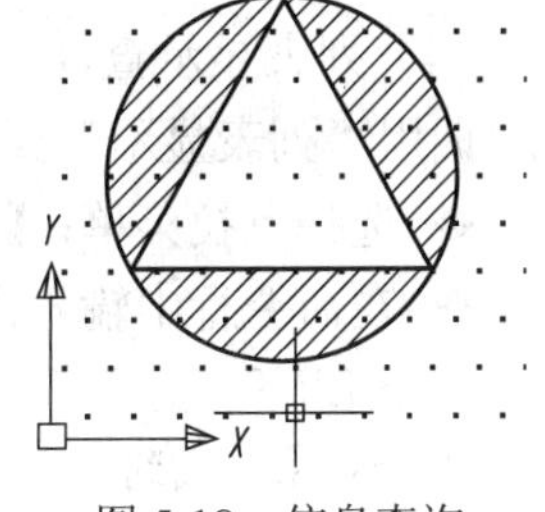

图 5-18　信息查询

5.3.4　信息查询

（1）查询点坐标

调用查询“点坐标”命令。

◆ 选择下拉菜单：【工具】/【查询】/【点坐标】

◆ 单击查询工具栏按钮：

◆ 在命令行中输入命令：ID

命令: id

指定点:　　　　　　　　　　　　　　　　　//捕捉圆心

X = −30.8770　　　Y = 61.9069　　　Z = 0.0000

（2）查询距离

调用查询“距离”命令。

◆ 选择下拉菜单：【工具】/【查询】/【距离】

◆ 单击查询工具栏按钮：

◆ 在命令行中输入命令：DI（DIST）

命令: '_dist

指定第一点: //点击三角形一顶点

指定第二点: //点击三角形另一顶点

距离 =65.3929，XY 平面中的倾角 =300， 与 XY 平面的夹角 =0

X 增量 =32.6964， Y 增量 =−56.6319， Z 增量 =0.0000

（3）查询面积

调用查询“面积”命令。

◆ 选择下拉菜单：【工具】/【查询】/【面积】

◆ 单击查询工具栏按钮：

◆ 在命令行中输入命令：AA（AREA）

命令: _area

指定第一个角点或 [对象(O)/加(A)/减(S)]: A //选择加模式，将圆面积加入当前值

指定第一个角点或 [对象(O)/减(S)]: O //使用对象选择模式

(“加”模式) 选择对象: //选择圆

面积 =4478.0556，圆周长 =237.2191 总面积 =4478.0556

(“加”模式) 选择对象: //结束加法运算

指定第一个角点或 [对象(O)/减(S)]: S //选择减法模式，将三角形面积减去

指定第一个角点或 [对象(O)/加(A)]: O //使用对象选择模式

(“减”模式) 选择对象: //选择三角形

面积 =1851.6611，周长 =196.1786

总面积 =2626.3945

（4）列表显示查询

调用“列表显示”查询命令。

◆ 选择下拉菜单：【工具】/【查询】/【列表显示】

◆ 在命令行中输入命令：LI（LIST）

命令:LIST

选择对象: 找到 1 个 //选择圆

圆 图层: 0

空间: 模型空间

句柄 =98

圆心 点， X= −30.8770 Y= 61.9069 Z= 0.0000

半径 37.7546

周长 237.2191

面积 4478.0556

（5）面域/实体属性查询

调用“面域/实体属性”查询命令。

◆ 选择下拉菜单：【工具】/【查询】/【面域/实体属性】

◆ 单击查询工具栏按钮：

◆ 在命令行中输入命令：MASSPROP

命令: _massprop

选择对象: 找到 1 //先将圆和三角形变成面域，选择圆面域

---------------- 面域 ----------------

面积: 4478.0556

周长: 237.2191

边界框: X: −68.6316 -- 6.8776

Y: 24.1523 -- 99.6615

质心: X: −30.8770

Y: 61.9069

惯性矩: X: 18757755.7681

Y: 5865092.7262

惯性积: XY: −8559798.4938

旋转半径: X: 64.7211

Y: 36.1903

主力矩与质心的 X-Y 方向:

I: 1595765.5957 沿 [1.0000 0.0000]

J: 1595765.5957 沿 [0.0000 1.0000]

是否将分析结果写入文件? [是(Y)/否(N)] <否>:

如果想将查询结果输出保存，选择“是”，可以将结果保存到后缀名为“*.mpr”的文件中。

5.4 工具选项板

工具选项板是 AutoCAD 的一个非常强大的自定义工具，它的作用就是让用户根据自己的工作需要将各种 AutoCAD 图形资源和常用的操作命令整合到工具选项板中，以便随时调用。

5.4.1 打开“工具选项板”

打开“工具选项板”窗口的方法有以下几种。

◆ 选择下拉菜单：【工具】/【选项】/【工具选项板】

◆ 单击查询工具栏按钮：

◆ 在命令行中输入命令：TOOLPALETTES

◆ 快捷方式：Ctrl+3

如图 5-19 所示，“工具选项板”窗口由“填充图案”、“命令工具”、“机械”、“建筑”等多外工具选项组成。双击蓝色的标题栏，可以将窗口固定放置在工作区一侧，或者浮动地放置在工作区上。由于显示区域的限制，不能显示所有的工具选项板标签。可以通过鼠标右击工具选项板标标签的端部位置，在弹出的快捷菜单中选择需要显示的工具选项板名称就可。

5.4.2 自定义工具选项板

工具选项板的优点在于可以完全按照用户的工作需要进行自定义。用鼠标右击工具选项板标题栏，弹出如图 5-20 所示的“工具选项板”快捷菜单。选择【新建工具选项板】菜单项，

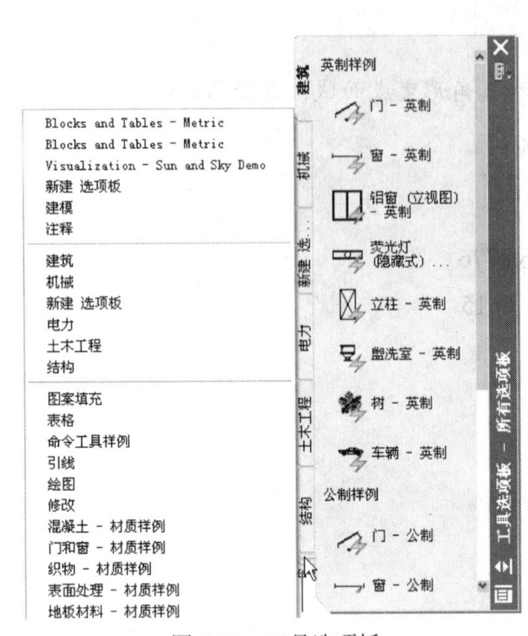

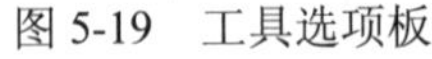

图 5-19 工具选项板

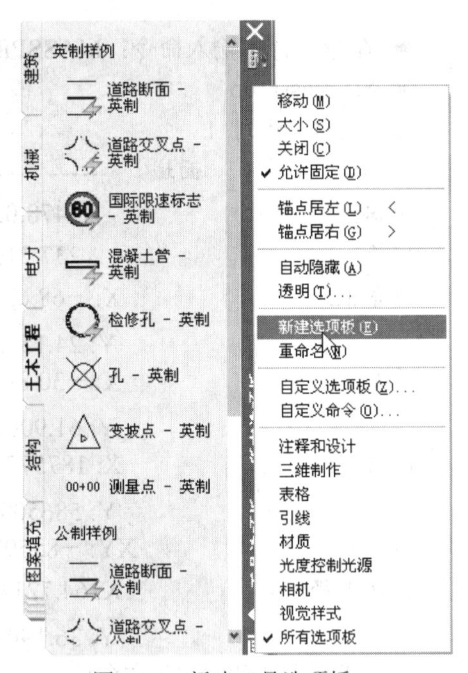

图 5-20 新建工具选项板

并为新的选项板命名，就创建好一个新的工具板了。此时选项板中无任何工具，需要用户根据自己的需求添加工具。添加工具的方法有以下几种。

（1）从工具栏创建工具

可以将 AutoCAD 工具栏中的工具按钮拖放到自定义的工具选项板中，如图 5-20 中选择【自定义】菜单项，打开如图 5-21 所示的“自定义”对话框。在保持“自定义”对话框打开的情况下，可以将任意工具栏中的任意工具拖放到工具选项板中，创建新的工具。在新建的选项板中已拖入画圆、移动、拉伸等工具。

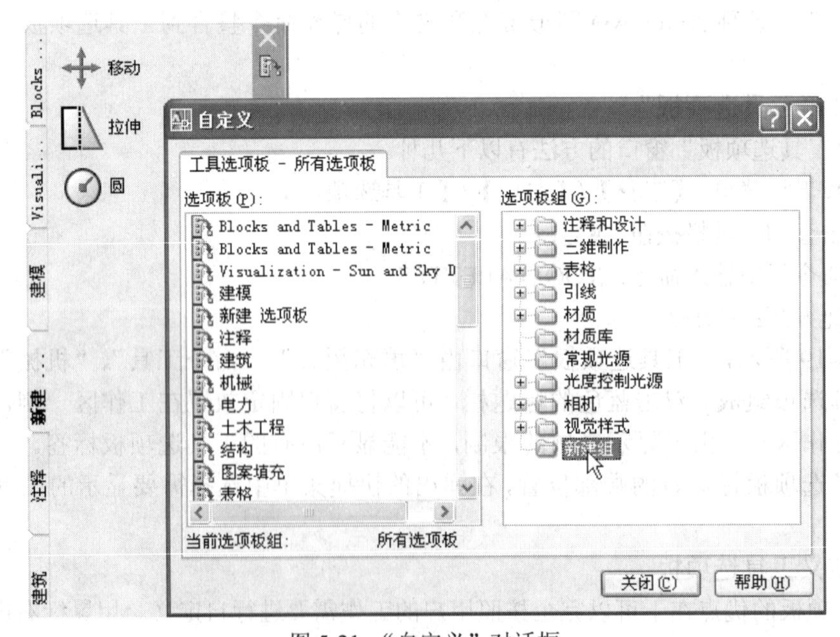

图 5-21 “自定义”对话框

（2）使用设计中心创建工具

打开“设计中心”窗口，将需要的图块、外部参照、光栅图像和填充图逐一拖入到工具选项板中；或者在设计中心的内容窗口中鼠标右击需要的图形资源，在快捷菜单中选择【创建工具选项板】菜单项即可。

（3）对现在图形对象创建工具

对于当前图形中已经存在的图形、文字、标注等对象，可以直接以这些对象为基础创建工具。首先单击需要的对象，然后将选中的对象拖放到工具选项板中即可。

5.4.3 设计选项板组

当工具选项板数量很多时，可以通过建立选项板组来对工具选项板进行分组管理，如图5-21所示。在自定义工具选项板窗口中，左边窗口显示了所有已存在的工具选项板列表，在右边窗口中右击鼠标，在弹出的快捷菜单中选择【新建组】菜单项，创建一个选项板组并命名。将需要的工具选项板从左边窗口拖放到右边窗口新建的选项板组下面即可。在“工具选项板”快捷菜单中，可以看到所有已定义的选项板组，选中所需要的选项板组，在“工具选项板”窗口中将只显示该组包含的工具选项板。

小 结

本章主要介绍了图块、设计中心、查询及工具选项板四个方面的内容。在图块中，主要介绍了建立图块和图块文件的方法、建立图块属性及编辑图块属性的方法，插入图块及图块文件的方法，插入图块后如何进行编辑。在设计中心中主要介绍了设计中心的窗口、如何查看对象、如何使用设计中心来打开图形文件或向图形文件添加各种内容的方法。在查询方面，主要介绍了各种查询命令的使用，包括查询点的坐标、距离、周长面积、质量特性等方法，还介绍了通过列表显示命令获取图形对象详尽的数据信息。在工具选项板中，介绍了如何建立新的工具选项板及如何管理工具选项板等知识。

习 题

一、选择题

1. 在AutoCAD中“设计中心”窗口中，在________选项卡中，可以查看当前图形文件的图形信息。

A.“文件夹” B.“打开的图形” C.“历史记录” D.“联机设计中心”

2. 打开工具选项板的快捷键是________。

A.“Ctrl+2” B.“Ctrl+3” C.“Ctrl+Shift+3” D. F2

3. 用BLOCK命令定义的内部图块，下面说法正确的是________。

A. 只能在定义它的图形文件内自由调用

B. 只能在另一个图形文件内自由调用

C. 既能在定义它的图形文件内自由调用，又能在定义它的图形文件内自由调用

D. 两者都不能用

4. 下列________项不是定义一个块必须要完成的步骤。

A. 设置块的名称 B. 设置块的缩放比例

C. 设置块的插入基点 D. 选择要定义成块的所有对象

5. 在下列“对象捕捉”选项中，使用________可以选取块对象所处的位置。

A. 端点 B. 中点 C. 圆心 D. 插入点

二、实训题

1. 绘制如图 5-22 所示平面图形，并标注。

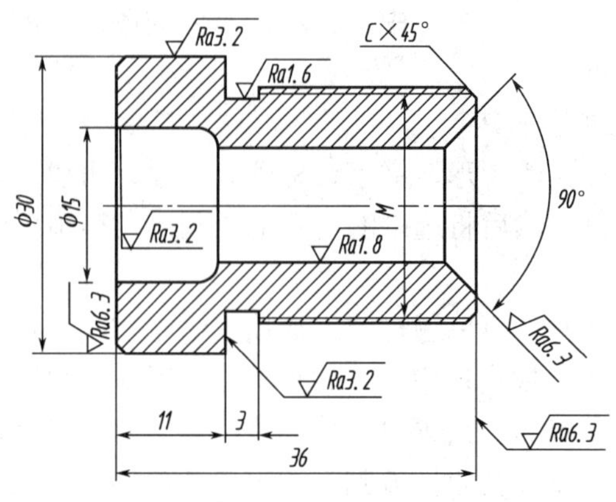

图 5-22　平面图形

2. 绘制如图 5-23 所示标题栏，并将相关项设置为属性，定义为外部块，块名为标题栏。

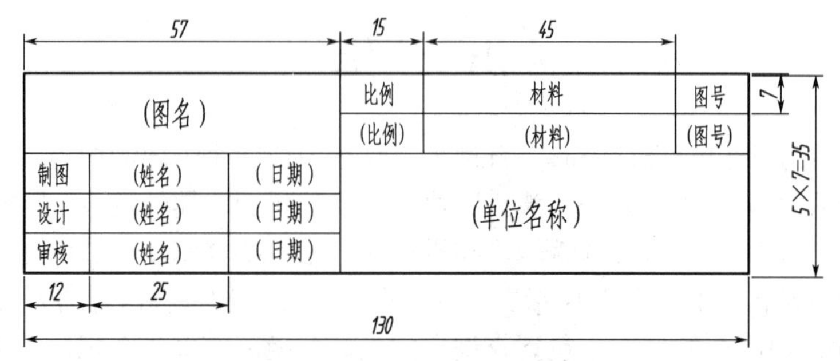

图 5-23　标题栏

第 6 章　工程图绘制

教学目标： 通过本章的学习，使用户具备综合运用各种绘图命令、编辑命令完成各种工程图的绘制，以适应不同行业的工程制图的需要。

本章是 AutoCAD 2008 绘图的综合应用部分，主要介绍绘制机械零件图、装配图、建筑平面图、施工流程图等方法与技巧。

6.1　零件图绘制

6.1.1　零件图绘制方法

（1）概述

零件图是指反映零件的结构形状、大小、生产过程及检验过程中各种技术要求的图样，它是零件生产、检验的主要依据。

① 零件图内容

图形：表达零件结构与形状，并根据零件结构特点恰当选择剖视、断面等表达方法。

尺寸：在零件图上完整、正确、清晰、合理地标注尺寸。

技术要求：标注零件在生产、检验过程要需要达到的技术要求。

标题栏：在标题栏里填写零件名称、材料、数量、比例及设计、制图和校核人员等。

② 用 AutoCAD 绘制零件图的方法

视图绘制：首先创建绘图环境，设置图幅、图框、标题栏、文字样式、尺寸标注样式等内容；绘制相关视图。

尺寸标注：调用“尺寸标注”命令标注尺寸。

书写技术要求：用“多行文字”命令书写技术要求。

填写标题栏：调用“文字”命令填写标题栏相关内容。

（2）创建和保存样板图

为了便于对图纸文件的统一管理，国家标准对图纸幅面作了统一规定，而且还规定了图框的格式和大小，对标题栏的大小和格式也有具体规定，比如汉字采用长仿宋体字书写，字母和数字采用斜体字书写。因为每次绘图都要设置图幅、图层、文字样式、标注样式等环境，这些都是重复劳动。为提高绘图效率，可将这样需要的格式设置好，保存为图形样板，以后绘图时可以直接调用它，避免了重复劳动。下面以 A3 为例创建图形样板。

① 新建 A3 文件　单击标准工具栏上【新建】按钮，系统将弹出“选择样板”对话框，从列表框中选取“acadiso”样板文件，单击【打开】按钮，调用“图形界限”命令，设置 A3 图幅。

② 绘制图纸边线、图框和标题栏

绘制图纸边线：调用“矩形”命令，输入 0,0 回车后键入 420，297 回车。

绘制图框：将上面矩形向内偏移 10mm，并将里面的矩形线宽改成粗实线。

绘制标题栏：因为第 5 章已绘好标题栏块，可直接插入图块，调用“插入块”命令，插入标题栏，如图 6-1 所示。

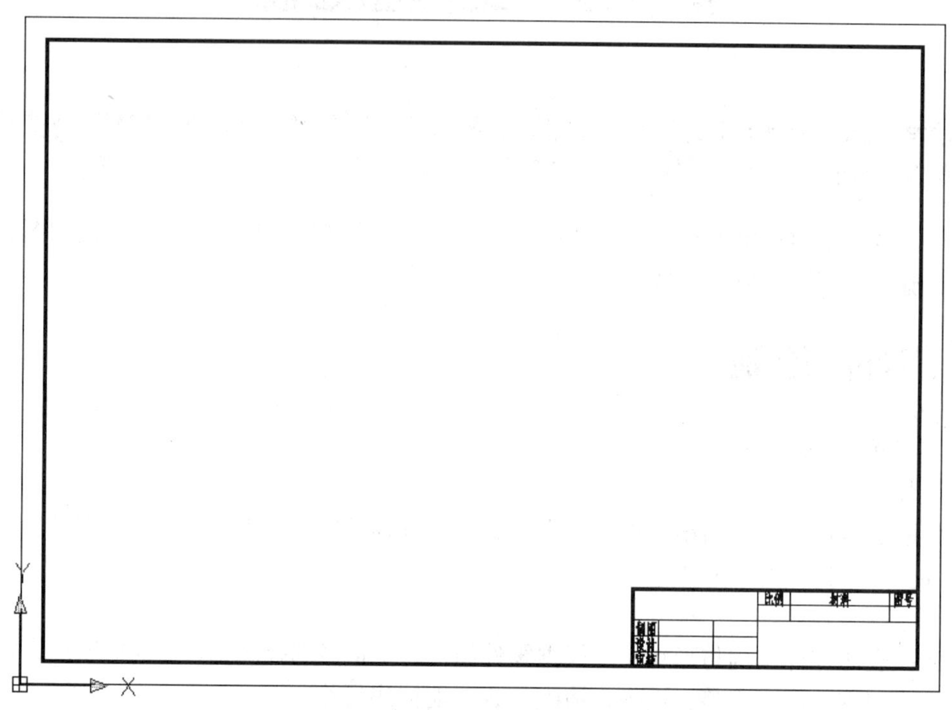

图 6-1　插入标题栏的图幅

③ 设置图层　在图层管理器中创建五个图层，分别为粗实线、细实线、中心线、虚线、标注层。并且给每个层设置颜色、线型、线宽等，如图 6-2 所示。

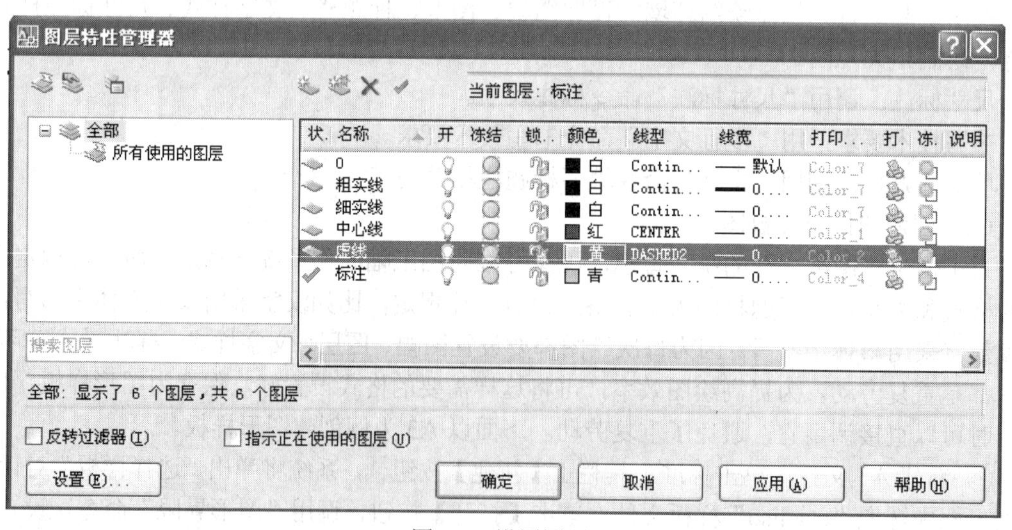

图 6-2　设置图层

④ 设置文字样式　按第三章方法创建两种文字样式，分别为长仿宋体样式和斜体字样式。

⑤ 设置标注样式　按第四章方法创建常用标注样式。

⑥ 保存图形样板　将上面各步完成以后，将它命名并保存为样板图形，以便创建新图形文件时直接从“使用样板”的列表中选取使用。

保存的步骤如下。

调用“保存”命令，打开“图形别存为”对话框，在“文件类型”下拉列表框中选择“AutoCAD(*.dwt)”，输入文件名“A3 样板”，如图 6-3 所示。保存后，弹出“样板说明”对话框，在对话框中输入有关说明，完成 A3 样板图的创建。

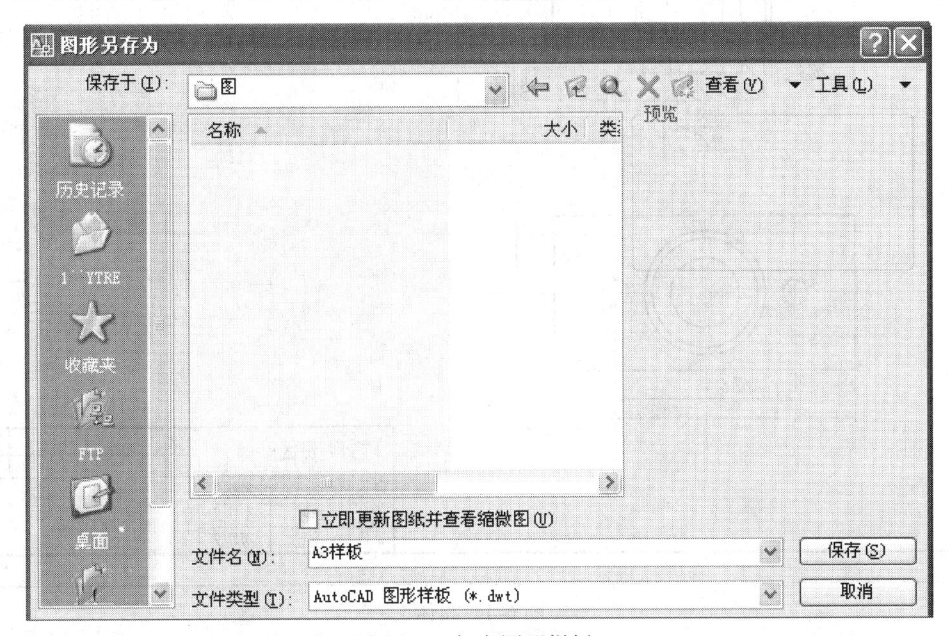

图 6-3　保存图形样板

6.1.2　实例

（1）任务

绘制阀体零件图，如图 6-4 所示。

（2）知识点

调用样板图、绘制视图、填写技术要求、标注尺寸、填写标题栏

（3）零件图的绘制过程

① 调用样板图 A3　调用上节保存的样板图 A3。

② 绘制俯视图

a. 绘制中心线：将中心线层置为当前层，调用“直线”命令，在适当位置画出中心线。

b. 置粗实线层为当前图层，画出同心圆，半径分别为 19.2mm、14mm 和 9mm。

c. 将垂直中心线分别偏移 28.8mm 和 48mm，水平中心线上下偏移 24mm,调用“修剪”命令修剪出半边外轮廓线，调用“圆”命令画螺纹孔，如图 6-5 所示。

d. 调用“镜像”命令将右半轮廓镜像出左半轮廓，结果如图 6-6 所示。

③ 绘制主视图

a. 先将中心线通过对象追踪的方法，画出主视图垂直中心线，同时用对象追踪的方法画出主视图最上边一条轮廓线。将此轮廓线向下偏移 21.6mm、50.4mm 和 81.6mm, 如图 6-7 所示。

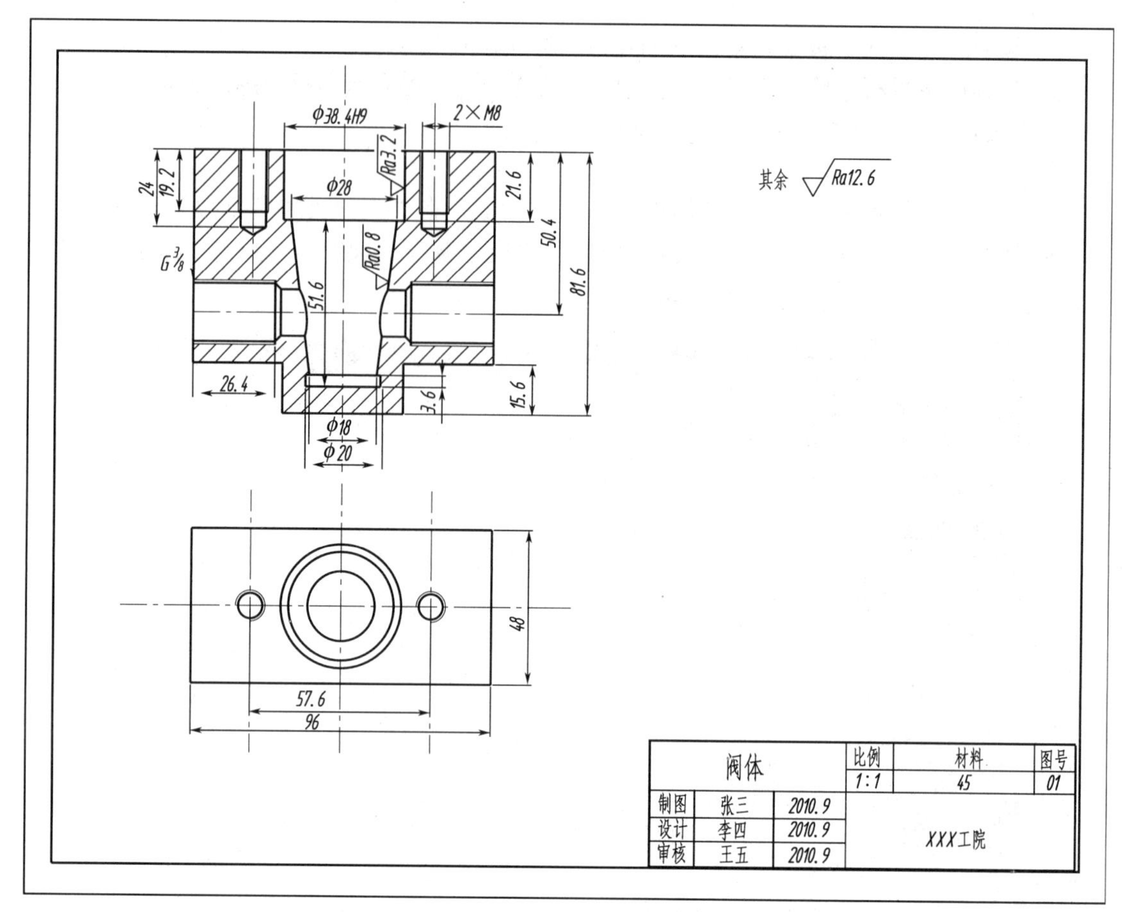

图 6-4　阀体

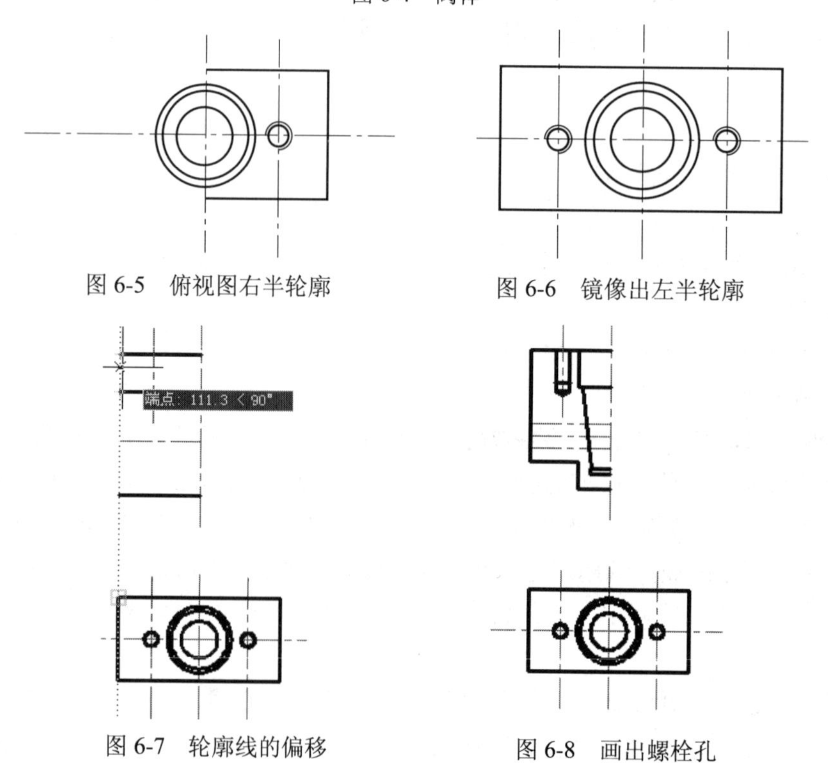

图 6-5　俯视图右半轮廓

图 6-6　镜像出左半轮廓

图 6-7　轮廓线的偏移

图 6-8　画出螺栓孔

b. 继续画出各竖直轮廓线和螺栓孔

通过对象追踪画出各竖直线，偏移相关水平线，画出螺栓孔，修剪后如图 6-8 所示。

c. 画出水平孔及管螺纹

里面孔直径为 12mm,而 G3/8 管螺纹的尺寸可通过查找手册得到其大径为 16.662，中径 15.806，小径 14.950，如图 6-9 所示。

d. 将图 6-9 所示阀体的左半部分镜像得到整个阀体，如图 6-10 所示。

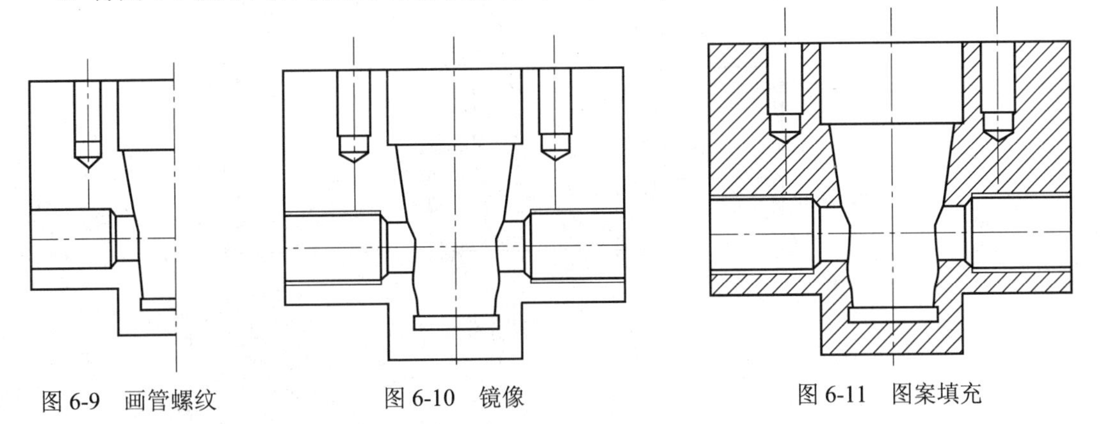

图 6-9　画管螺纹　　图 6-10　镜像　　图 6-11　图案填充

e. 画剖面线：置“细实线层”为当前层，选用“图案填充”，将主视图相关部分填充剖面线，如图 6-11 所示。

④ 标注尺寸　将“标注层”置为当前图层，调出“标注”工具栏。调用“线性标注”命令，标注相关尺寸，如图 6-12 所示。标注直径及螺纹等尺寸，如图 6-13 所示。标注时，调用

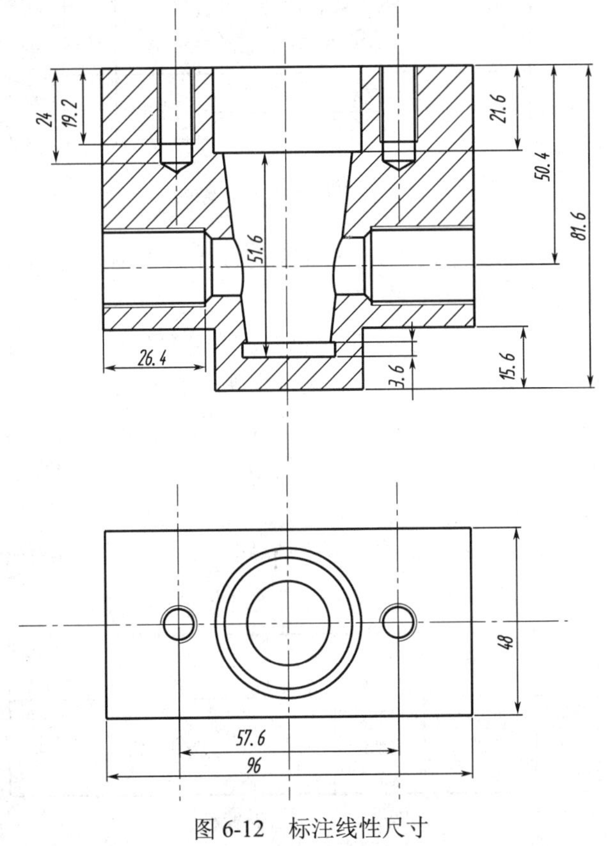

图 6-12　标注线性尺寸

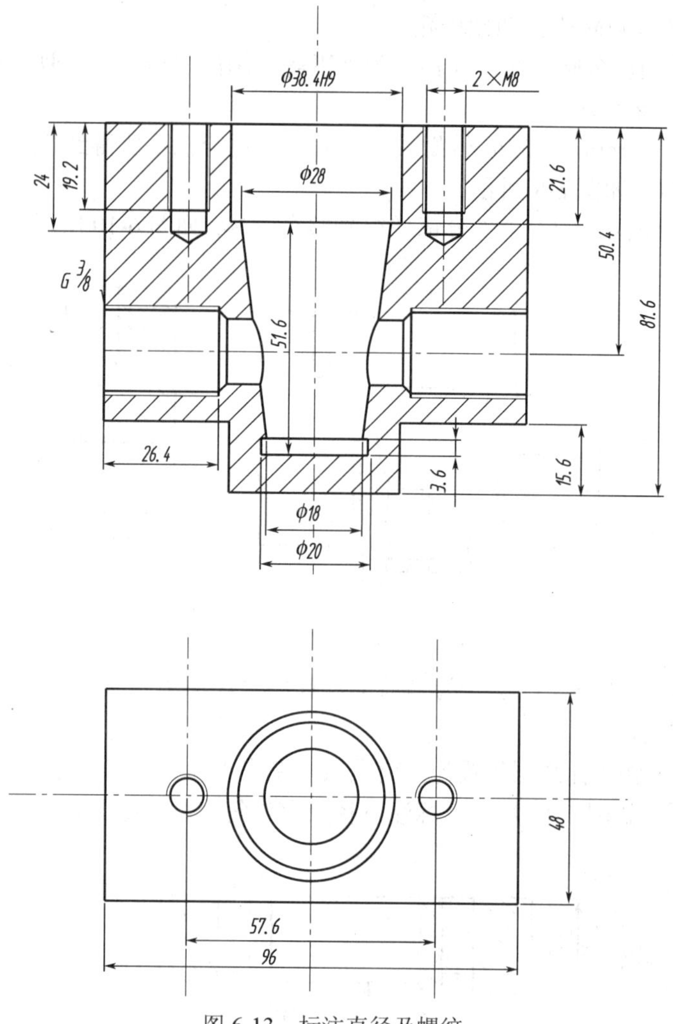

图 6-13 标注直径及螺纹

“线性”命令，注意修改尺寸文字，如 Φ38.4H9 的标注，采用多行文字编辑器，在“<>”前输入“%%C”，在“<>”后输入“H9”。

⑤ 标注技术要求 零件图中的技术要求包括：表面粗糙度、尺寸公差、形位公差、表面处理、热处理等。其中表面处理及热处理为文字说明，材料可以标在标题栏中，尺寸公差可在标注尺寸时与尺寸数字一起标注，形位公差的公差代号和标注引线可以用“标注”工具栏上的“引线”和“公差”工具直接标注。表面粗糙度和基准符号则需要画图创建块并定义属性，在需要时插入到图形中。

⑥ 填写标题栏 调用多行文字命令，填写标题栏内容，完成零件图的绘制，如图 6-14 所示。

阀体			比例	材料	图号
			1:1	45	01
制图	张三	2010.9	XXX工院		
设计	李四	2010.9			
审核	王五	2010.9			

图 6-14 填写标题栏

6.2 装配图绘制

6.2.1 装配图绘制方法

（1）概述

装配图是表达机器或部件工作原理、装配关系以及连接关系的图样，也是进行装配、检验的技术资料。

装配图具体内容包括以下几点。

图形：表达机器或部件工作原理、装配关系、连接关系以及重要零件的形状结构。

尺寸：在装配图上标注要机器的规格尺寸、装配尺寸、安装尺寸、外形尺寸及其他重要尺寸。

技术要求：用文字说明机器性能和装配、调整等所必须满足的技术条件。

零件序号、明细栏和标题栏：零件序号是对每个零件进行编号；明细栏用于说明每个零件序号所表达的零件名称、数量、材料等；标题栏里填写设计、制图和校核人员等。

（2）用 AutoCAD 绘制装配图的方法

① 直接绘图法　主要运用二维绘图、编辑、设置和层控制等功能，按照装配图的画法步骤将装配图绘制出来，此方法要求绘图人员对二维绘图功能能熟练应用。

② 图块插入法　图块插入法是将组成机器或部件的各个零件的图形先做成图块，再按零件间的相对位置将图块逐个插入，拼画成装配图的一种方法。由零件图拼画成装配图需要注意以下几点。

a. 统一各零件图的绘图比例。

b. 关闭零件图中尺寸标注层。

装配图中的尺寸标注与零件图不同，零件图上的定形和定位尺寸在装配图上一般不需要标注，因此在做零件图块之前，应把零件图上的尺寸层关闭，做出的图块就不带尺寸了。

c. 删除或修改零件图中的剖面线。

机械制图的国家标准规定：两个相邻剖面金属零件的剖面线倾斜方向要相反或方向相同间隔不等。在做图块时要充分考虑到这一点，零件图块上的剖面线的方向在拼画成装配图之后，必须符合国家标准。如果零件图上有螺纹孔，拼画装配图时还要装入螺纹连接件，那么螺纹连接部分的画法与螺纹孔不同，螺纹大、小径的粗、细线要有变化，剖面线也要重画。这种情况下，为了使绘图简便，零件图上的剖面线可以先不画，甚至螺纹孔也可以先不画，待装配图上拼画完螺栓之后，再按螺纹连接规定画法将其补全。

d. 修改零件图的表达方案。

由于零件图与装配图的表达重点不同，所以在建立图块之前，要选择绘制装配图所需要的图形，并进行修改，使其视图表达方法符合装配图表达方案。

6.2.2 实例

（1）任务

绘制截止阀体装配图，如图 6-15 所示。

（2）知识点

调用样板图、拼画视图、填写技术要求、标注尺寸、编写零件序号、填写明细表和标题栏等。

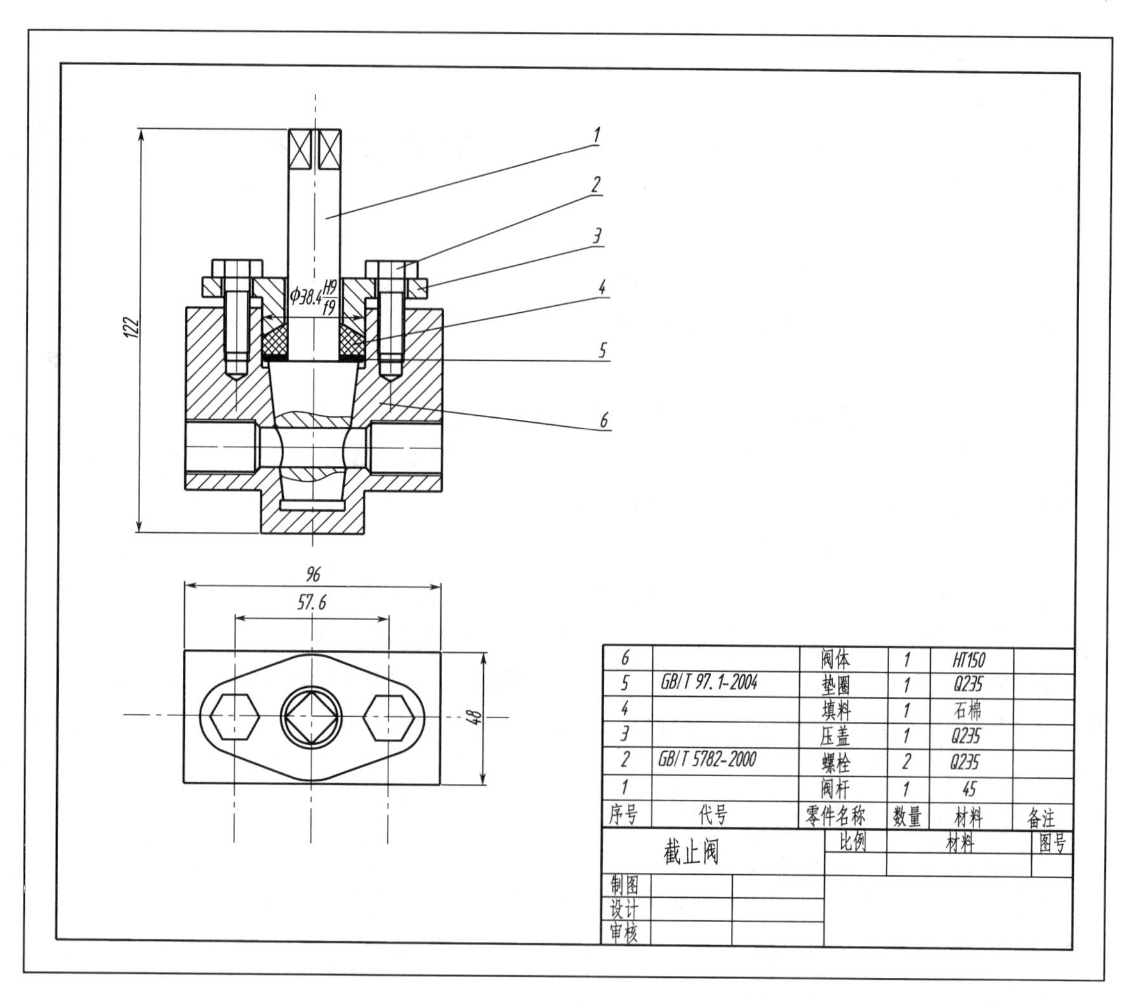

图 6-15 截止阀

（3）装配图的绘制过程

① 建立零件图块

a. 运用二维绘图功能，绘制图 6-16～图 6-19 所示零件图，各零件图绘图比例均为 1 ：1。

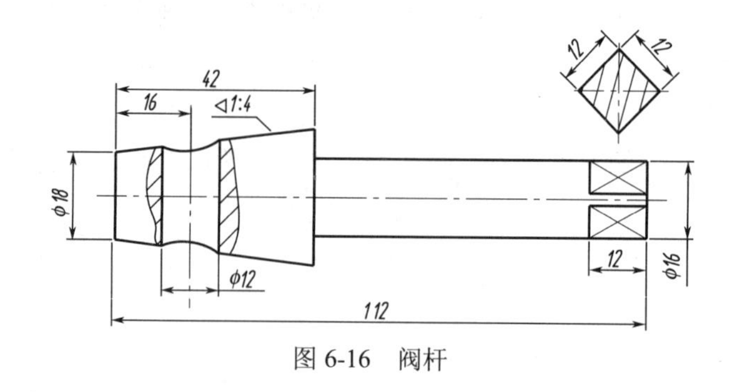

图 6-16 阀杆

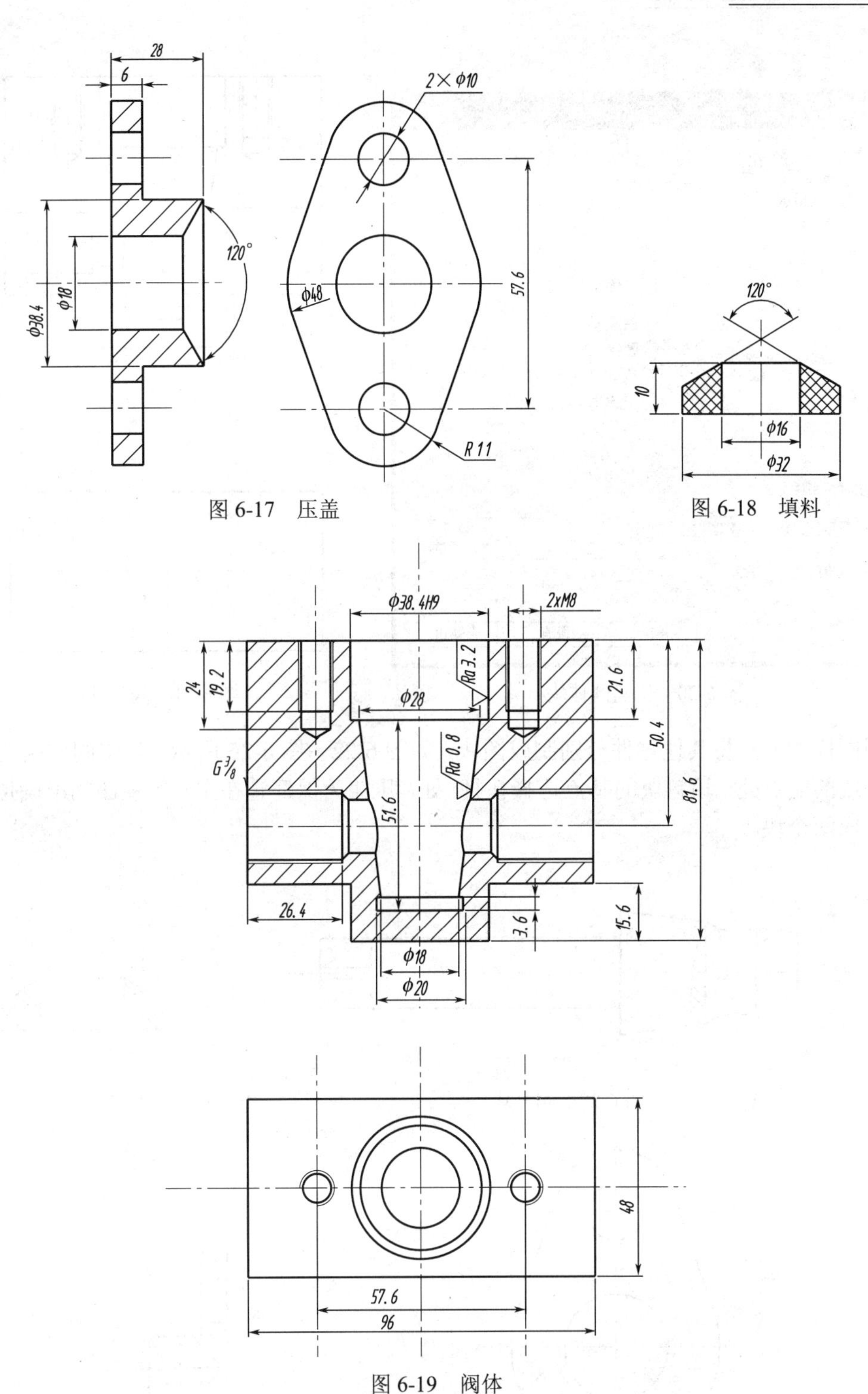

图 6-17　压盖

图 6-18　填料

图 6-19　阀体

b. 建立零件图块

建立阀体图块：打开阀体零件图，关闭尺寸层，删除剖面线及俯视图中的圆和螺纹。

输入命令：wblock 回车，则弹出如图 6-20 所示对话框。选择整个阀体为对象，基点选择新阀体主视图上边的中点，完成阀体块的创建，如图 6-21 所示。

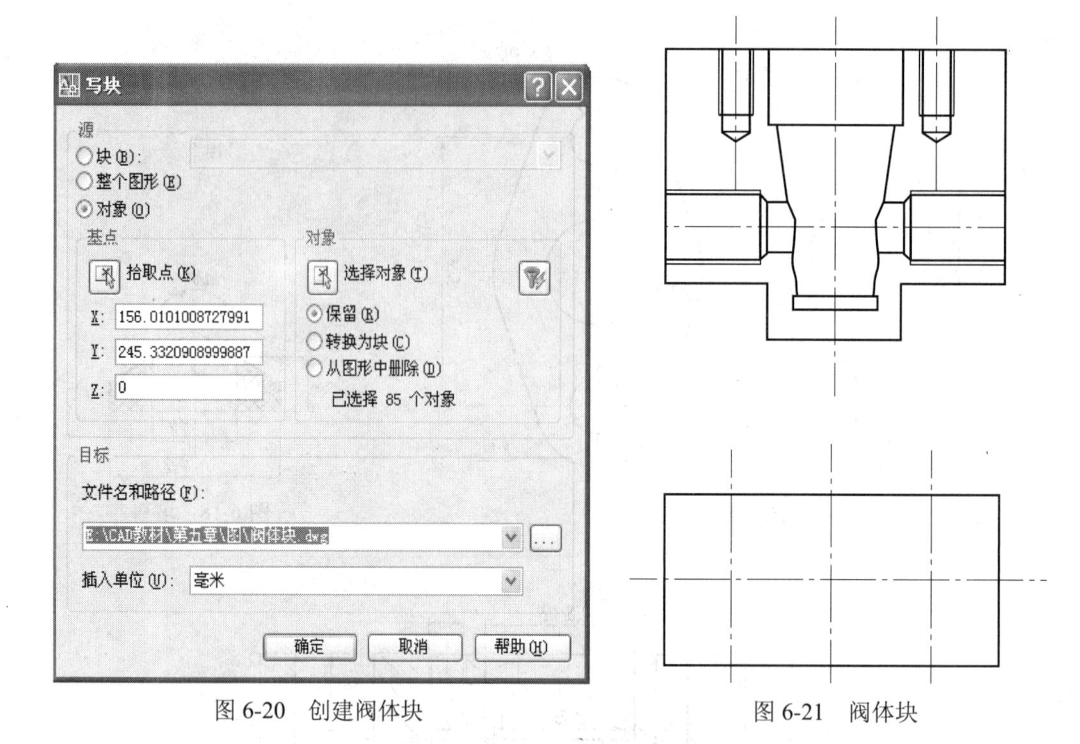

图 6-20　创建阀体块　　　　图 6-21　阀体块

用同样的方法将其他零件分别制成图块，如图 6-22～图 6-25 所示，其中阀体块的基点选两中心线的交点处，填料块的基点选择在打×处，压盖为保证它在主、俯视图的准确位置，故将其做成两个块。

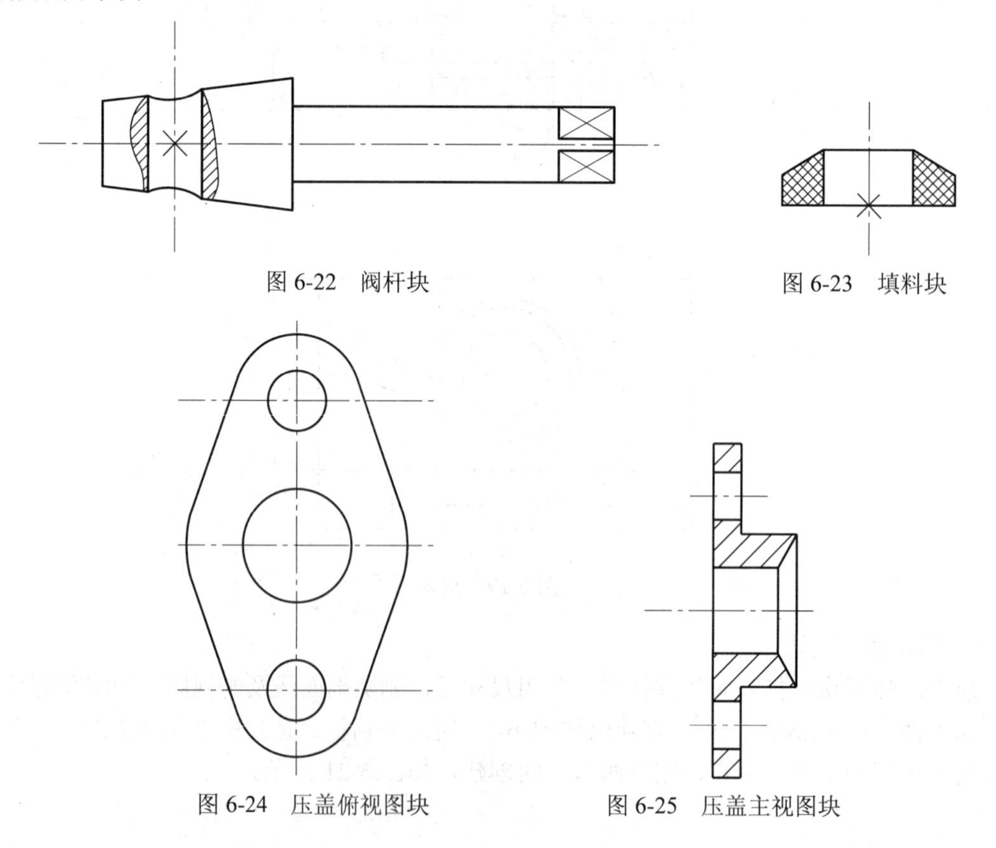

图 6-22　阀杆块　　　　图 6-23　填料块

图 6-24　压盖俯视图块　　　　图 6-25　压盖主视图块

② 调用样板图 A3　调用上节保存的样板图 A3。

③ 由零件图块拼画成装配图

插入阀体块：输入命令“insert”回车，则弹出图 6-26 所示对话框。

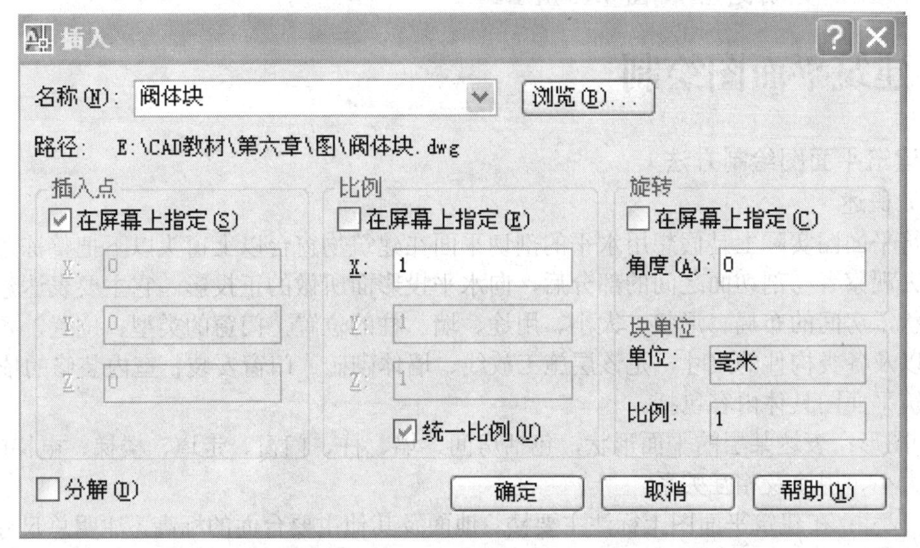

图 6-26　插入图块对话框

单击“浏览”按钮，选择“阀体块”的图块，插入点在屏幕适当位置点选取，比例选为 1:1，旋转角度为 0。

插入阀杆块：步骤跟插入阀体相同，只是旋转角度改为 90 度，如图 6-27 所示。

画出垫圈：因垫圈只有一个，可以直接在图上画出。

插入阀盖、填料、螺栓等图块：用相同的操作方法依次插入填料、压盖、螺栓等图块，检查相关各线，将被遮挡的多余图线删除，螺栓连接按国家标准画全。如图 6-28 所示。

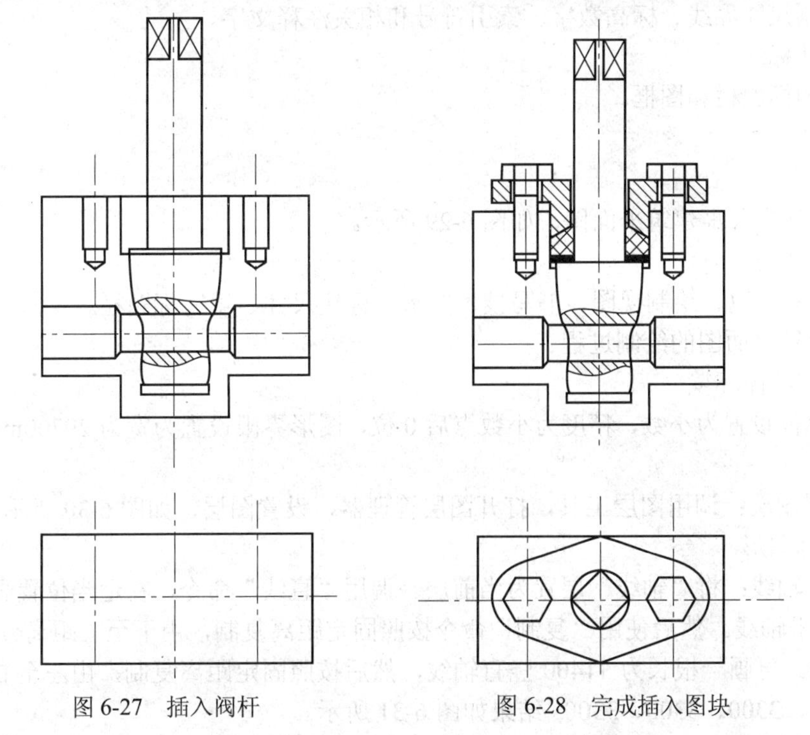

图 6-27　插入阀杆　　　　图 6-28　完成插入图块

④ 标注装配图尺寸　标注出总长、总宽、总高等尺寸，以及配合尺寸。

⑤ 编写零件序号、填写技术要求、标题栏　用引线编写零件序号，绘制明细表，并按要求填写标题栏，完成装配图如图 6-15 所示。

6.3 建筑平面图绘制

6.3.1 建筑平面图绘制方法

（1）概述

建筑平面图实际上是假想用水平的剖切平面在建筑物窗台以上窗头以下把整栋建筑物剖开，移去观察者与剖切面之间的部分后，向水平投影面所做的正投影。它主要表达建筑物的平面形状，房间的布局、形状、大小、用途、墙、柱的位置，门窗的类型、位置，各部分的联系，以及各类构件的尺寸，是该层施工放线、墙体砌砖、门窗安装、室内装修的依据。

建筑平面图具体内容包括。

① 图形：表达某层的平面形状，包括房间、墙、柱、门窗、走道、楼梯、电梯的位置、形状、大小、用途及相互关系。

② 尺寸：在建筑平面图上标注主要楼、地面及其他主要台面的标高，注明总尺寸、定位轴间的尺寸和细部尺寸。

③ 标题栏：标题栏里填写设计、制图和校核人员等。

（2）建筑平面图绘制方法

① 设置绘图环境。

② 绘制定位轴线。

③ 绘制各种建筑构配伯的形状和大小。

④ 绘制各个建筑物细部。

⑤ 绘制尺寸界线、标高数字、索引符号和相关注释文字。

⑥ 尺寸标注。

⑦ 添加标题栏和图框。

6.3.2 实例

（1）任务

绘制某学生公寓建筑平面图，如图 6-29 所示。

（2）知识点

设置绘图环境、绘制视图、书写技术要求、标注尺寸、填写标题栏。

（3）建筑平面图的绘制过程

① 建立绘图环境

a. 将单位设置为小数，精度为小数点后 0 位，图形界限设置为宽为 29700mm，长设置为 21000 mm。

b. 设置图层：调用图层工具，打开图层管理器，设置图层，如图 6-30 所示。

② 绘制图形

a. 绘制轴线：将“轴线”层置为当前层。调用“直线”命令，在适当位置画出一根长为 16000 的水平轴线。然后使用“复制”命令按照固定距离复制，由下至上距离分别是 4500、2100、4500。再画一根长为 11400 竖直轴线，然后按照固定距离复制，由左至右距离分别是 3000、3000、3300、3300、3300，结果如图 6-31 所示。

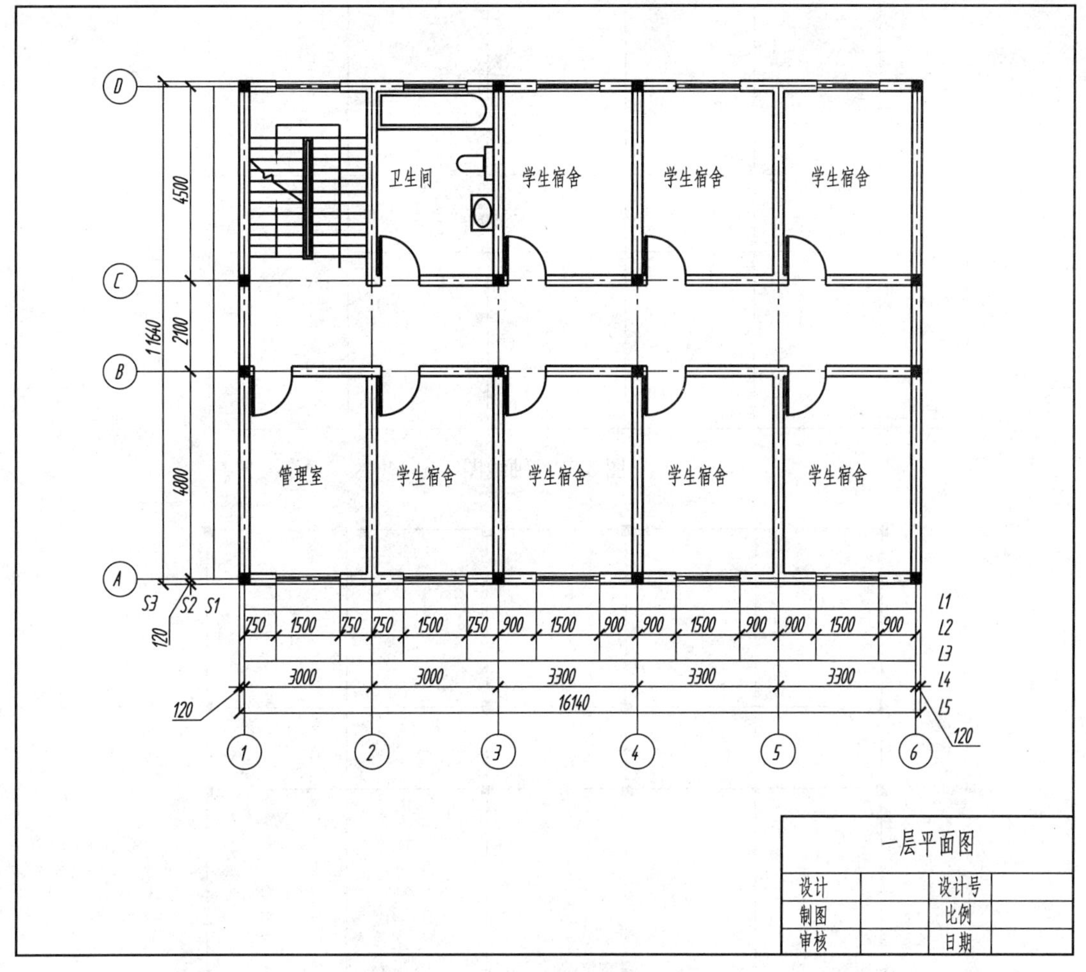

图 6-29　建筑平面图

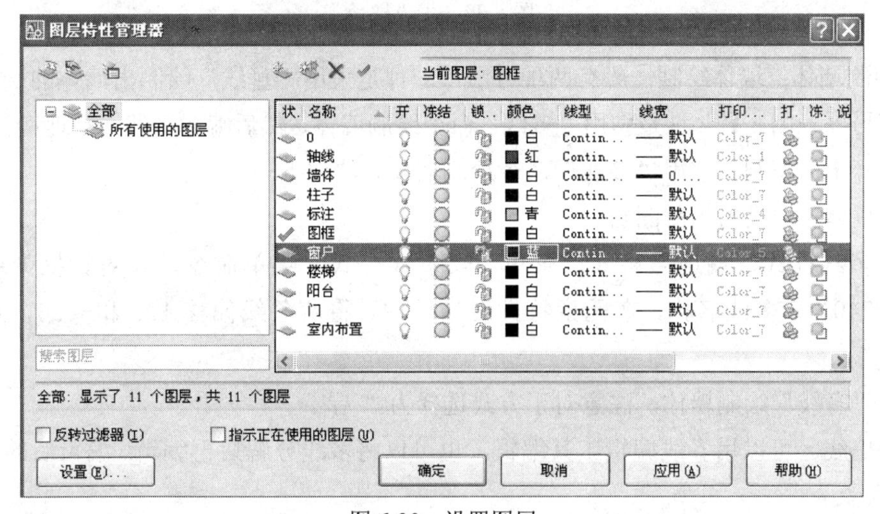

图 6-30　设置图层

b. 绘制柱子：将“柱子”层置为当前图层，在一个轴线交点的位置画出一边长为 240 的正方形，然后选择“solid”图案填充。最后采用多重复制的方法将填充好的柱子复制到合适的地方。注意采用对象捕捉中的“交点”捕捉项，结果如图 6-32 所示。

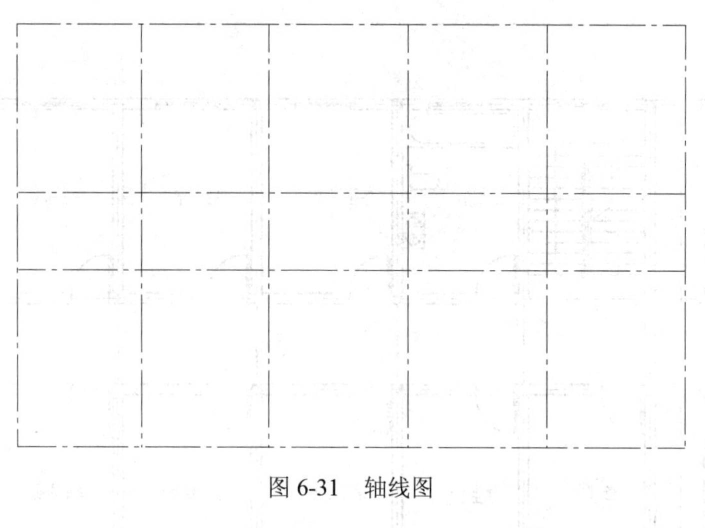

图 6-31　轴线图

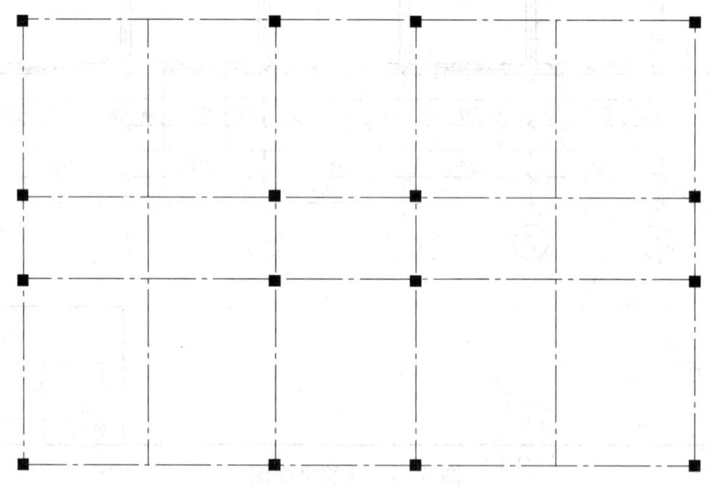

图 6-32　生成柱子

c. 绘制墙体：墙体绘制一般有两种方法，一种是采用“直线”绘制出墙体的一侧，再偏移绘制出另外一侧。另一种是使用“多线”命令绘制墙体，然后编辑多线，整理墙体的交线，在墙体上开出门窗洞。使用“多线”命令绘制墙体方法如下。

将“墙体”层设为当前图层。

定义多线样式，调用“格式”菜单下“多线样式”菜单命令，在对话框中“名称”中输入“240”作多线名称，在元素特性对话框中，将两条线偏移 120 和-120，如图 6-33 所示。

调用“多线”绘制墙体，注意对正方式选择为“无”。

编辑墙线。可以用多线编辑工具编辑，也可以将多线分解后再编辑，编辑后的墙体如图 6-34 所示。

d. 绘制门：门总体上说可分为左门、右门，可以将门绘制成块，再将门块插入到相应的位置。绘制方法如下：

设“门”层为当前图层。绘制宽度为 900，厚度为 45 的两个基本门，如图 6-35 所示。

图 6-33 “元素特性”对话框

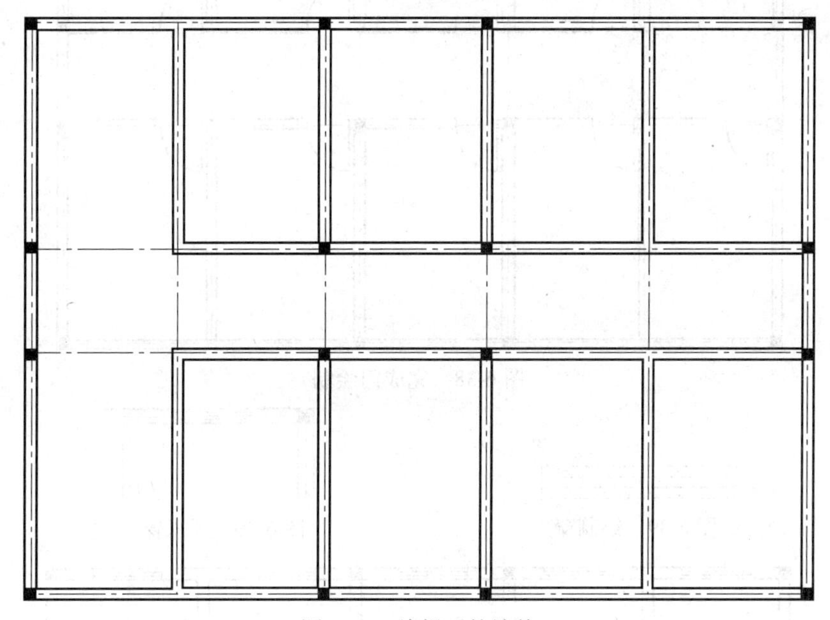

图 6-34 编辑后的墙体

图 6-35 绘制基本门

将两基本门定义为“左门”块和“右门”块。“左门”和“右门”块插入基点分别选择矩形的左下角点和右下角点。

插入门，将定义的“左门”块插入到相应位置，如图 6-36 所示。

修剪门洞，先绘制门洞边界线，然后进行修剪，如图 6-37 所示。

用同样的办法，将其他门插入，完成门的绘制，如图 6-38 所示。

e. 绘制窗户：绘制窗户跟绘制门相似。修剪一个窗洞，然后绘制也一个窗户，把它保存成一个图块，在相应位置插入图块。

设“窗户”层为当前图层。绘制窗户的边界，然后使用修剪命令绘一个窗洞。

绘制 1500×240 规格窗户 ，并定义成“窗户”块，如图 6-39 所示。

插入窗户：将定义的“窗户”块插入到相应位置，如图 6-40 所示。用同样的办法，将其他窗户插入，完成窗户的绘制，如图 6-41 所示。

f. 绘制楼梯。

将“楼梯”层设为当前图层，用“直线”命令画楼梯台阶端线；

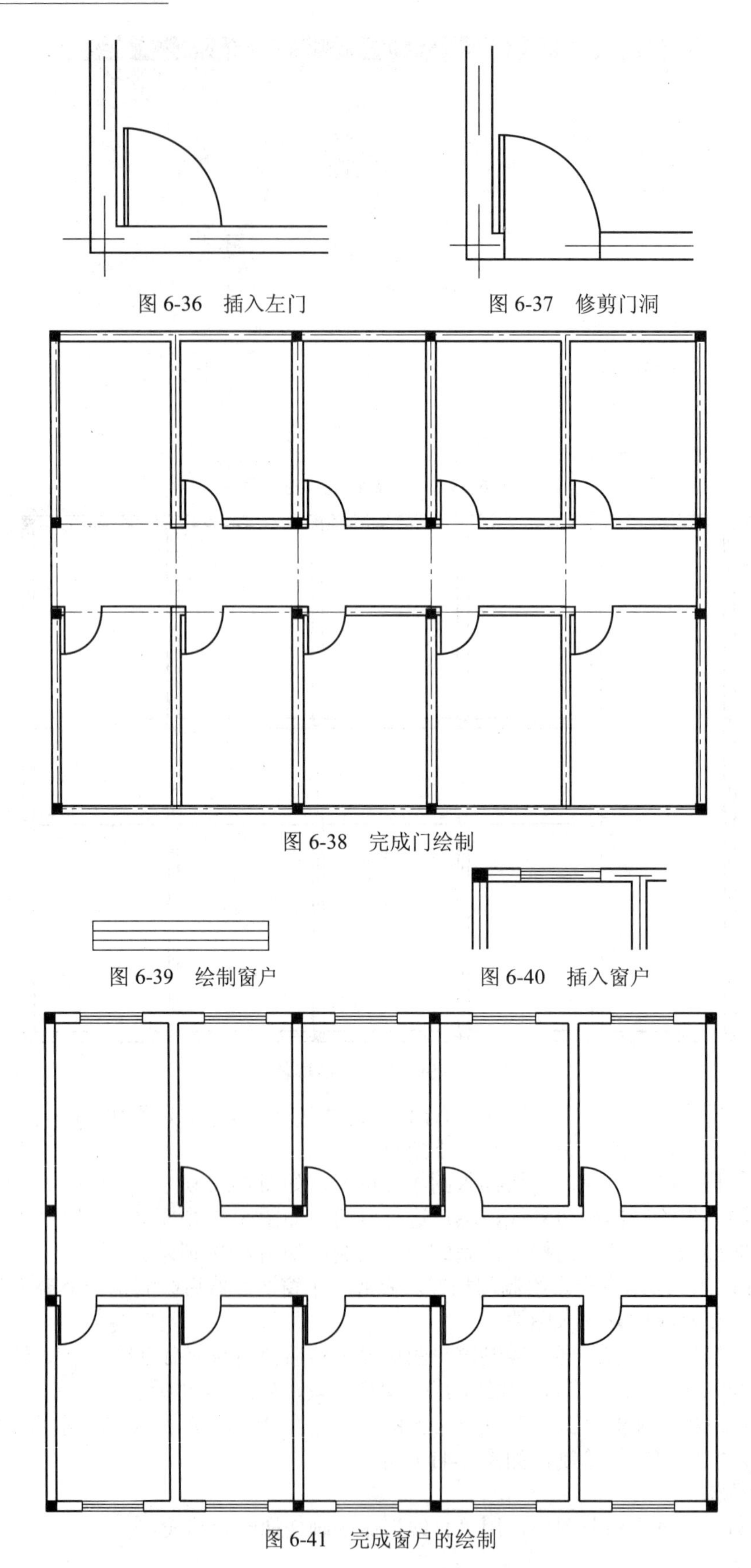

图 6-36 插入左门

图 6-37 修剪门洞

图 6-38 完成门绘制

图 6-39 绘制窗户

图 6-40 插入窗户

图 6-41 完成窗户的绘制

用“阵列”命令绘制楼梯线的其他台阶线，台阶间距为 250，高为 200；

用“矩形”命令绘制楼梯上下扶手，完成楼梯的绘制，如图 6-42 所示。

g. 绘制卫生间。

将“室内布置”层设为当前图层。绘制浴缸。绘制一矩形，然后在矩形内部绘制一小矩形，并且在矩形的右端绘制半圆弧。

绘制马桶。绘制一个矩形表示水箱，然后绘制一个矩形，并且在矩形左端绘制半圆弧。

绘制洗手池。绘制一矩形，在矩形的中间绘制椭圆。完成卫生间的绘制，如图 6-43 所示。

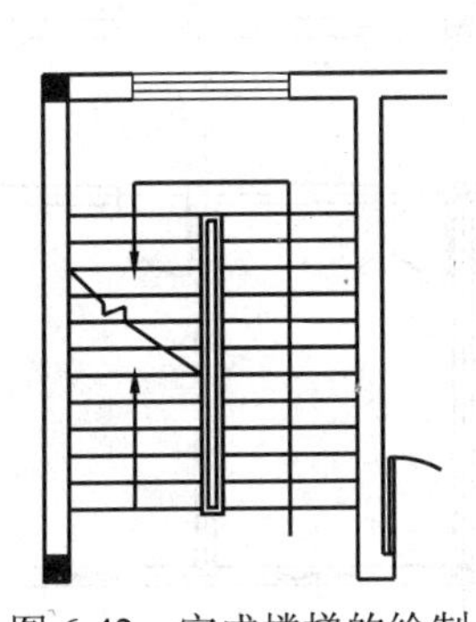

图 6-42　完成楼梯的绘制

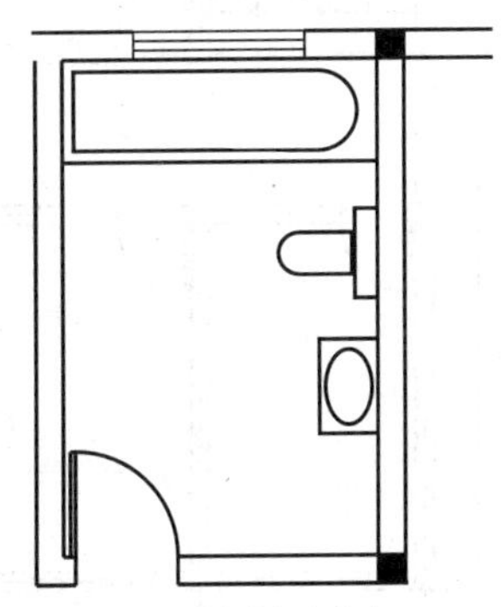

图 6-43　绘制卫生间

③ 添加尺寸标注和文字注释

a. 尺寸标注。

将“标注”层设为当前图层。设置尺寸标注样式，注意本样式中，标注比例为 1：100，箭头的符号选用“建筑标记”。

绘制尺寸标注的辅助线。在“轴线”层做出辅助线 L1~L5 和 S1~S3，如图 6-44 所示。

标注轴线符号。其中轴线符号的圆半径为 400mm，先绘制水平和竖直方向轴线的引线，再绘制要标注轴线符号端部的圆，然后填写轴线编号。

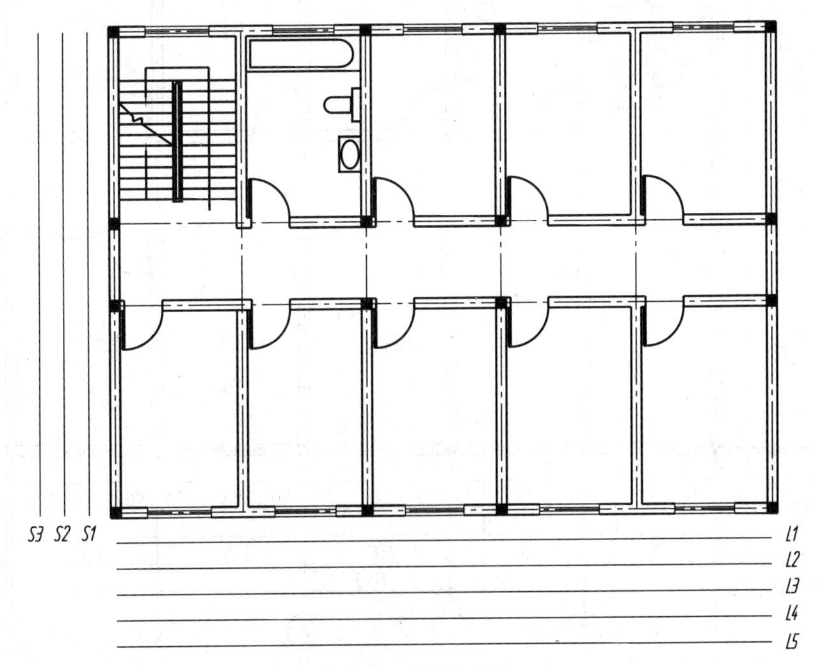

图 6-44　做辅助线

标注水平尺寸。先绘制尺寸界线，再使用“连续标注”命令标注水平尺寸。用同样方法标注竖直尺寸，结果如图 6-45 所示。

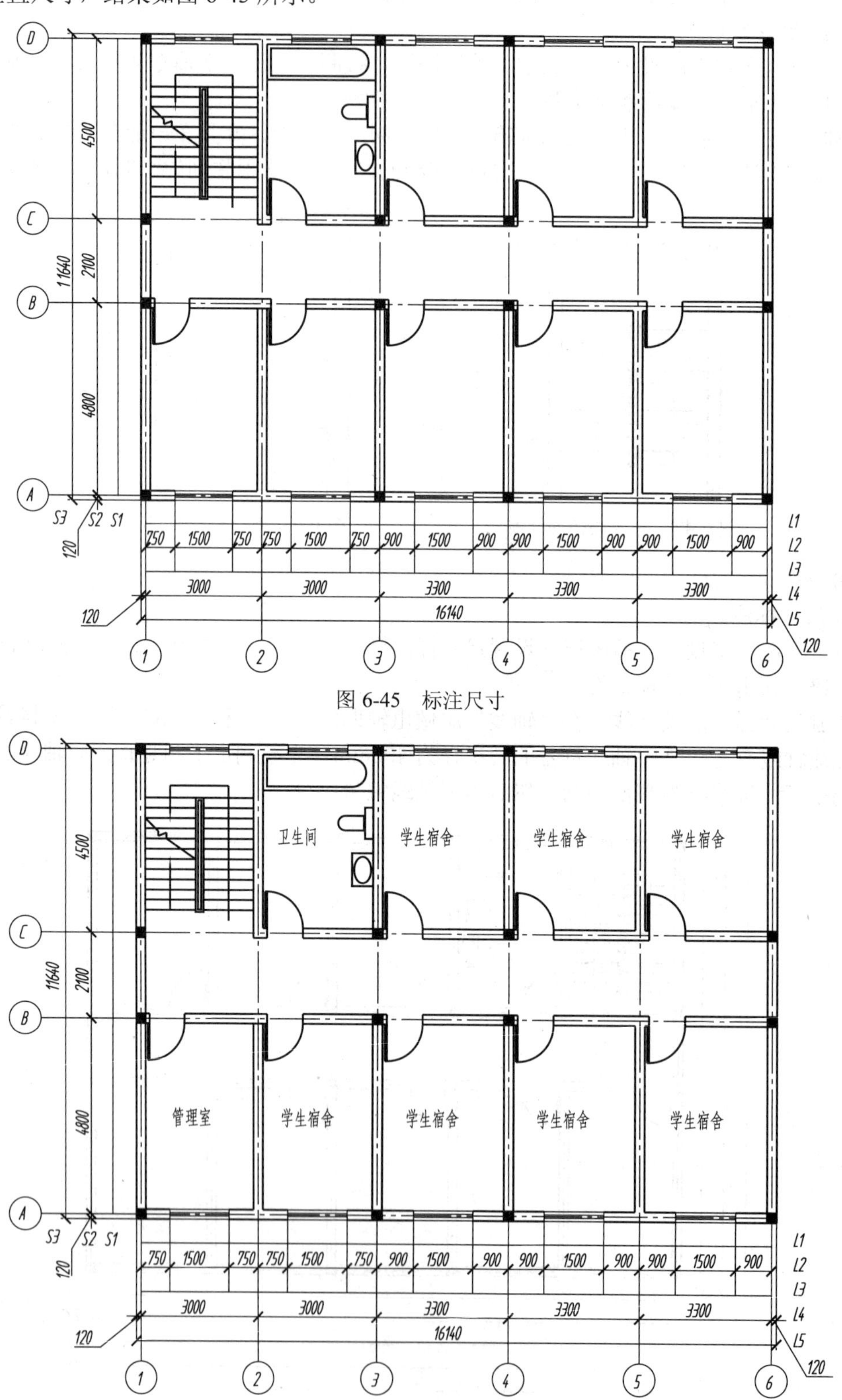

图 6-45　标注尺寸

图 6-46　添加文字注释

b. 文字注释：将“标注”层设为当前图层，设置“文字样式”，字体选仿宋体，字高设为 400，然后输入文字，如图 6-46 所示。

④ 添加图框和标题栏　按照 1:100 比例出图，可以制作一个 A4 图框。方法如下。

a. 将绘制的图形先保存。

b. 新建一个文件将其绘图区设为 A4 大小。

将绘制的 A4 图框按 1.0 的缩放比例插入到新建的文件中。

c. 将所绘制的建筑平面图插入图框。

d. 填写标题栏。完成图形，结果如图 6-29 所示。

6.4　工艺流程图绘制

6.4.1　工艺流程图绘制方法

（1）概述

① 工艺流程图　是用来表达化工生产工艺流程的设计文件。它包括以下几点。

a. 工艺方案流程图：在工艺路线选定后，进行概念性设计时完成，不编入设计文件。

b. 工艺物料流程图：在初步设计阶段中，完成物料衡算时绘制。

c. 施工流程图（带控制点工艺流程）：在方案流程图的基础上绘制、内容较为详细的一种工艺流程图。它是设计、绘制设备布置图和管道布置图的基础，又是施工安装和生产操作时的主要参考依据。在施工流程图中应把生产中涉及到的所有设备、管道、阀门以及各种仪表控制点等都画出。

② 施工流程图的内容

a. 设备示意图：带接管口的设备示意图，注写设备位号及名称。

b. 管道流程线：带阀门等管件和仪表控制点（测温、测压、测流量及分析点等）的管道流程线，注写管道代号。

c. 对阀门等管件和仪表控制点的图例符号的说明。

d. 标题栏。

（2）工艺流程图绘制方法

① 选择图纸图幅、标题栏。

② 绘制主要设备。

③ 绘制管线。

④ 添加阀门、仪表、管件等，添加标注信息。

⑤ 最后，核查图纸正确性。

6.4.2　实例

（1）任务

绘制某施工流程图，如图 6-47 所示。

（2）知识点

设置绘图环境、绘制视图、注写文字、标注尺寸、填写标题栏

（3）施工流程图的绘制过程

① 建立绘图环境

a. 将单位设置为小数，精度为小数点后 0 位，图形界限设置为宽为 5940mm, 长设置为 4200 mm。

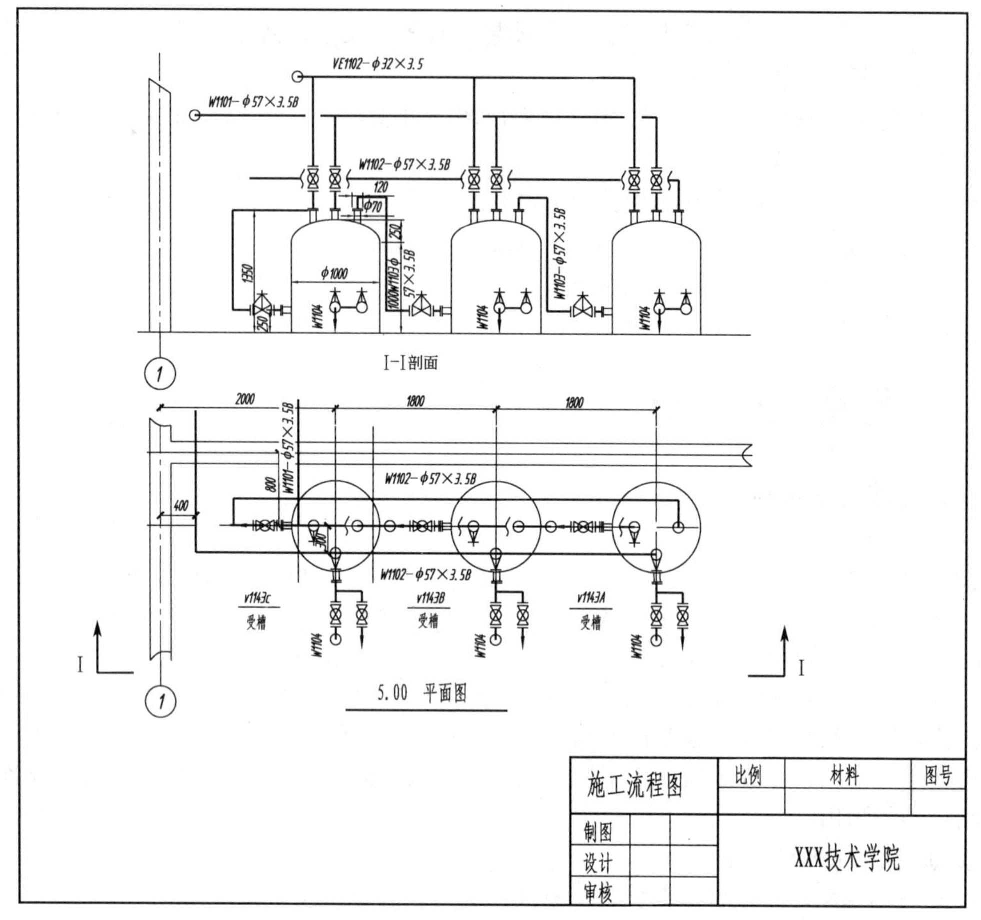

图 6-47　施工流程图

b. 设置图层：调用图层工具，打开图层管理器，设置图层，如图 6-48 所示。

② 绘制管道布置图

a. 绘制厂房和设备：置“设备层”为当前层。绘制厂房和设备图，如图 6-49 所示。

b. 绘制阀门：绘制出阀门的三个视图，可分别制成块。块名分别为“阀门主视图”、“阀门俯视图”、“阀门左视图”，如图 6-50 所示。

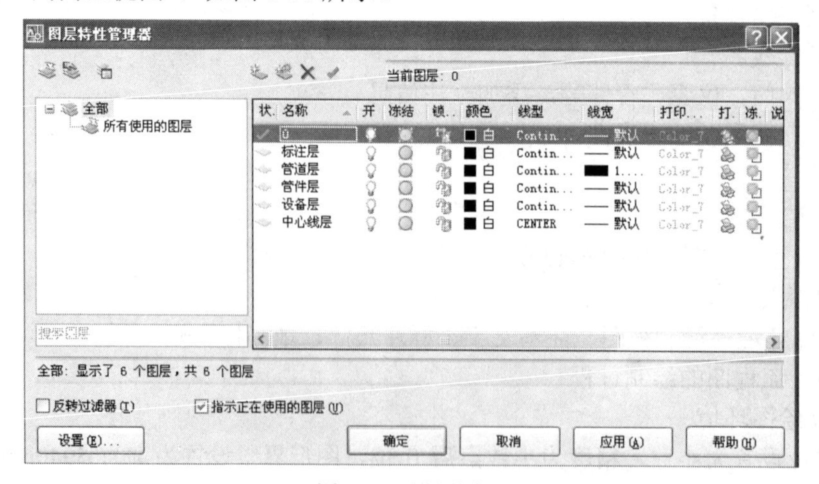

图 6-48　设置图层

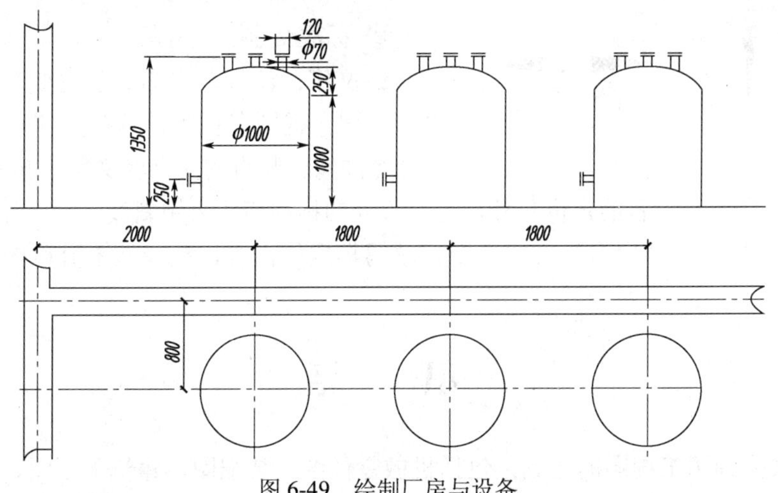

图 6-49　绘制厂房与设备

c. 绘制管线：将“管道层” 设为当前图层，一条管线绘制完成后再绘制下一条，然后再将阀门插入。

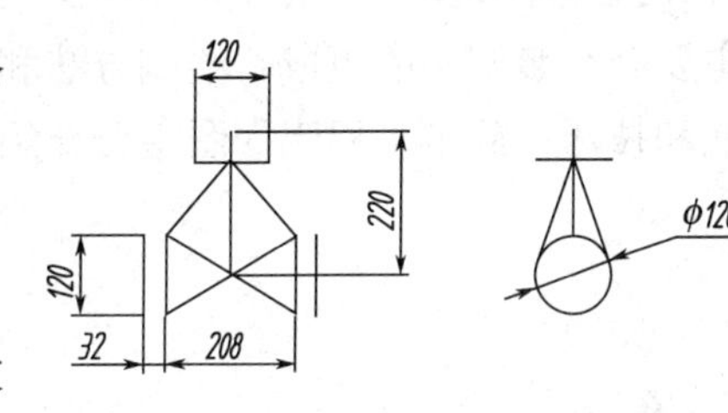

绘制 W1101-ϕ57×3.5B 管线。此管线标高为 7.83m，从地面处测量为 2830mm 由北“穿过墙壁”向南，转 90°角向东；其中向下分三路通过“阀门”分别进入三个设备，如图 6-51 所示。

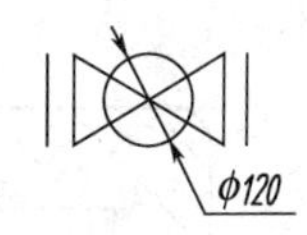

图 6-50　绘制阀门三视图

绘制 W1102-ϕ57×3.5B 管线、W1103-ϕ57×3.5B 管线。VE1102-ϕ32×3.5B 管线、W1104-ϕ57×3.5B 管线。

插入阀门块，注意旋转角度，可以进行复制。

d. 绘制箭头：利用“多段线”绘制，起点宽度为 40，终点宽度为 0，长度为 150 。画出一个箭头后，通过复制、旋转等操作，得到四个方向的箭头，如图 6-52 所示，并将箭头插入到图中。

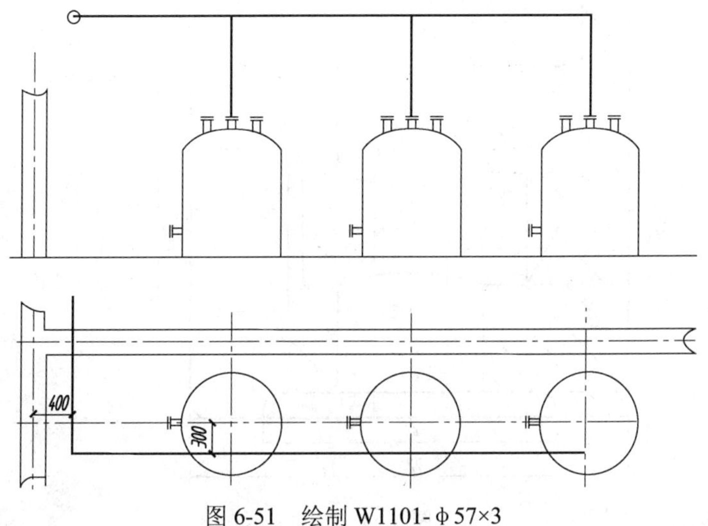

图 6-51　绘制 W1101-ϕ57×3

图 6-52 绘制箭头

③ 标注文字、尺寸等。

a. 文字：流程图中的文字主要有管道的编号、设备名称、视图名称等，这些文字可以选择多行文字命令注写。竖直的文字将文字旋转 90 度。

b. 尺寸：主要是设备的定位尺寸，这些尺寸的标注箭头采用斜线。

④ 填写标题栏 调用多行文字命令，填写标题栏内容，完成施工流程图的绘制，如图 6-47 所示。

小 结

本章主要介绍了工程图的绘制，包括机械零件图、装配图、建筑平面图、施工程流程图等。机械零件图中主要介绍零件图的组成、绘制方法及建立图形样板的方法和技巧，装配图主要介绍装配图的组成、绘制方法和技巧；建筑平面图主要介绍建筑平面图的组成、绘制方法和技巧；施工工程流程图主要介绍施工流程图的组成、绘制方法和技巧。

习 题

1. 绘制如图 6-53 所示图形。

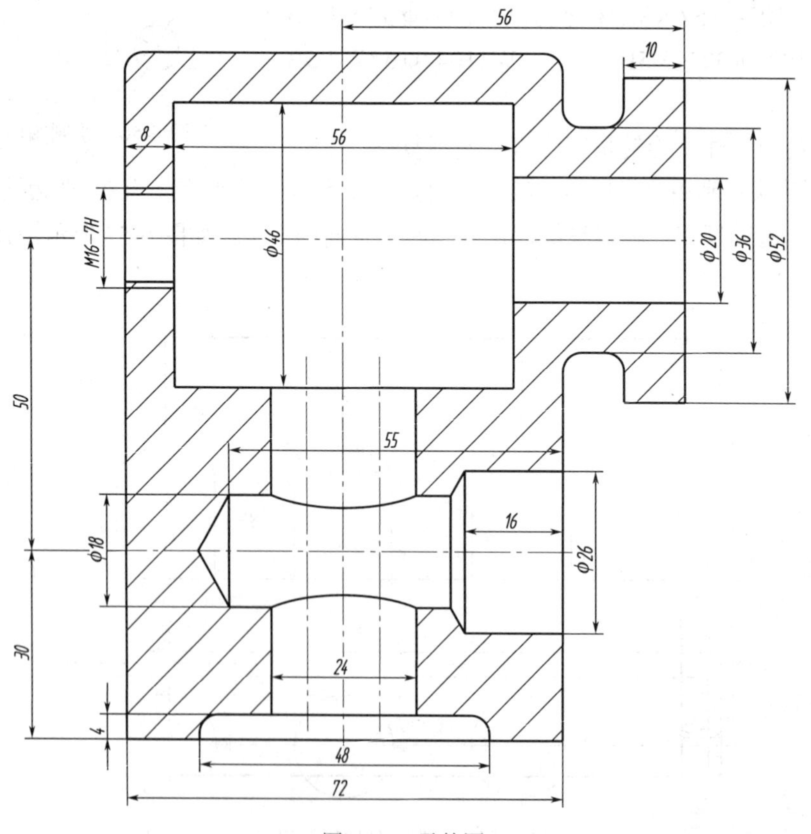

图 6-53 零件图

2. 绘制如图 6-54 所示图形。

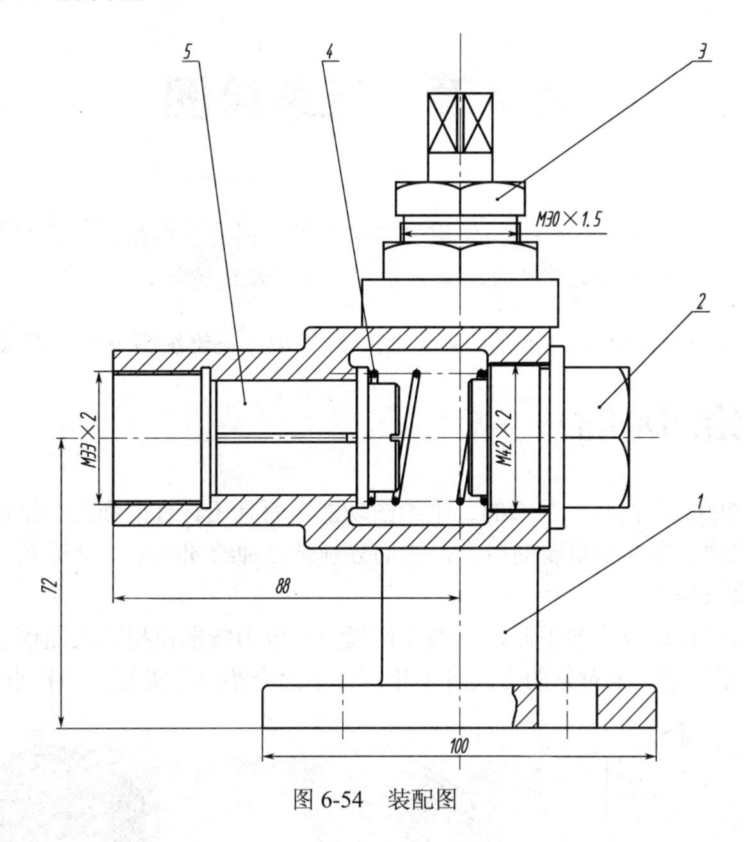

图 6-54 装配图

3. 绘制如图 6-55 所示图形。

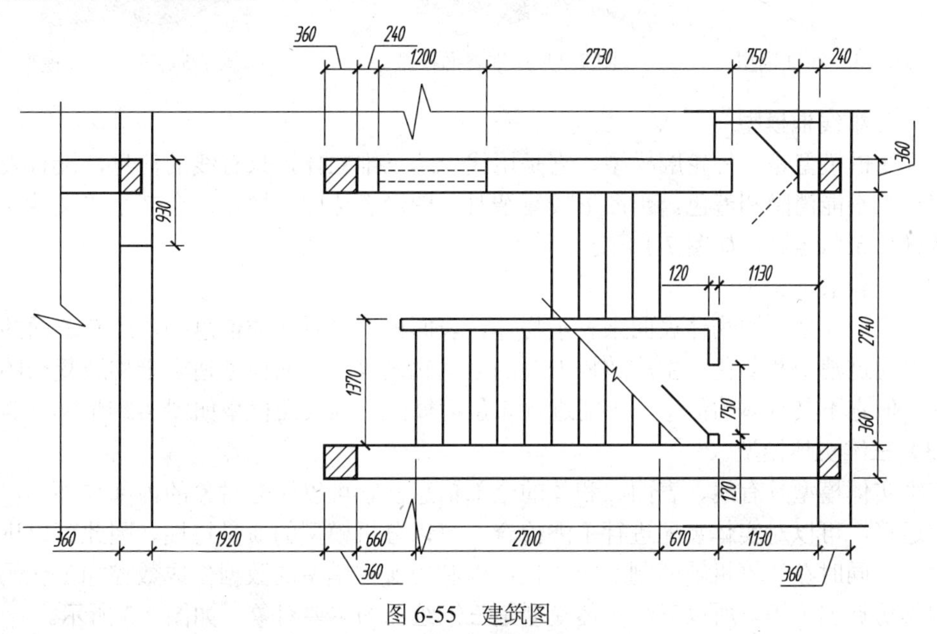

图 6-55 建筑图

第 7 章　三维绘图

教学目标：通过本章的学习，使用户掌握三维绘图的基础知识，掌握三种三维图形的绘制方法，掌握三维实体对象的编辑方法和三维对象的渲染。

本章主要介绍 AutoCAD 2008 的三维绘图基础知识、三维编辑方法、渲染三维对象。

7.1　三维绘图基础

AutoCAD 2008 不但具有强大的二维绘图功能，而且还具有很强的三维造型功能。在三维绘图时，首先要掌握几个重要的概念，它们分别是三种绘图模型、坐标系、视点等。

7.1.1　三维模型的分类

根据三维模型构造方式的不同，三维几何模型可分为线框模型、表面模型和三维实体模型。 这三类模型表达三维对象的方式各不相同，下面介绍这三类模型的特点。

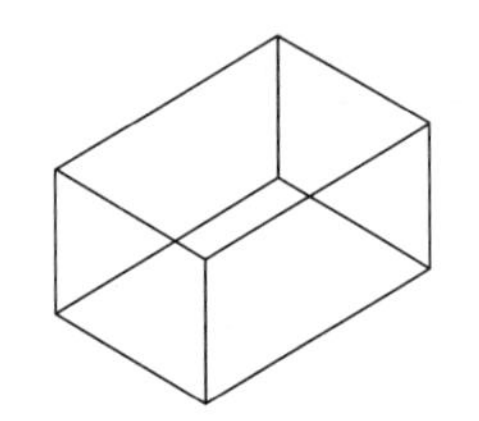

图 7-1　线框模型

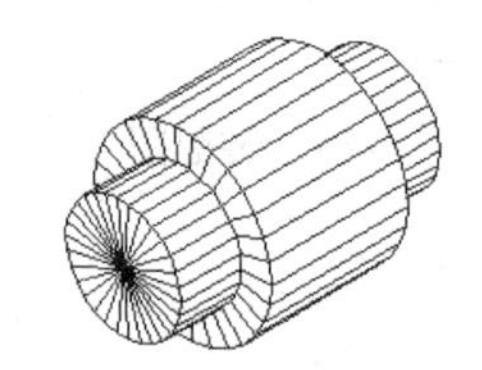

图 7-2　三维表面模型

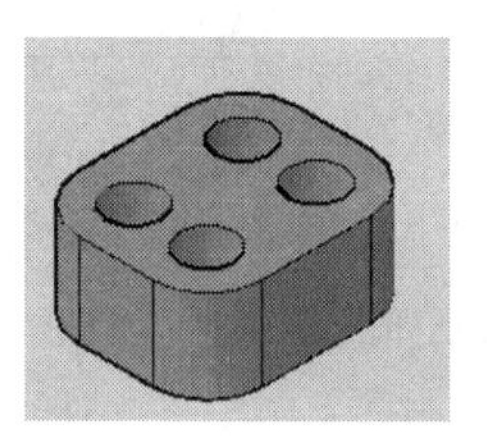

图 7-3　三维实体模型

（1）三维线框模型

三维线框模型是一种轮廓模型，它是用线表达三维立体，只有线的信息，没有表面和实体的信息，不能消隐和着色，当图形较复杂时，图形表达比较模糊，会产生二义性，同时它也不能进行布尔运算，如图 7-1 所示。

（2）三维表面模型

三维表面模型是用物体表面来表示物体。表面模型除有线的信息外，还有表面的信息，所以可以通过消隐和着色、生成数控刀具的运动轨迹等。表面模型适合于构造复杂的曲面立体模型，但它不具有体的信息，不能进行布尔运算，三维表面模型如图 7-2 所示。

（3）三维实体模型

三维实体模型具有线、表面、和体的全部信息，它可以区分对象的内部与外部，可以进行布尔运算，可以对实体装配进行干涉检查，可以分析模型的质量特性。因此可以进行三维辅助设计，同时在计算机辅助制造中，也可以利用实体模型的数据生成数控加工代码，进行数控刀具仿真加工等。所以三维实体模型是三维绘图的主要对象，如图 7-3 所示。

7.1.2　坐标系变换

（1）任务

创建如图 7-4 所示实体，并在可见的各表面绘制圆。

（2）知识点

通过绘制上面的实体模型，学习用户坐标系的建立方法和技巧。

（3）图形的绘制

① 调用“视图”菜单，将视图方向调整到“东南等轴测图”。

② 绘制长方体。

◆ 下拉菜单：【绘图】/【建模】/【长方体】

◆ 绘图工具栏按钮：

◆ 命令：box

命令: _box

指定第一个角点或 [中心(C)]: 0,0,0　　　　　　　　　　//输入 0,0,0

指定其他角点或 [立方体(C)/长度(L)]: @200,120,160　　//输入@200,120,160

绘制出一长 200mm，宽 120 mm，高 160 mm 的长体如图 7-5 所示。

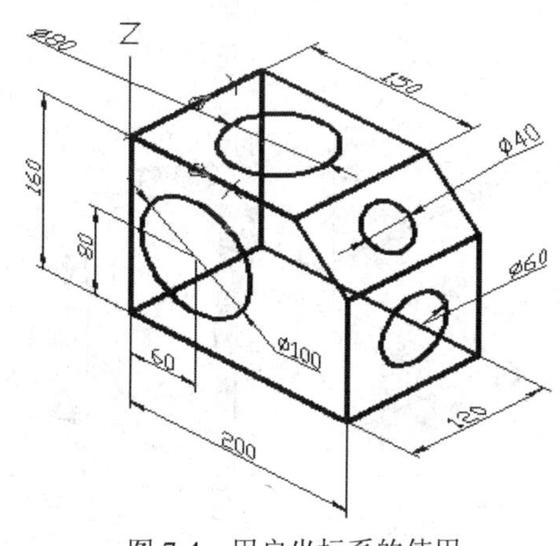

图 7-4　用户坐标系的使用

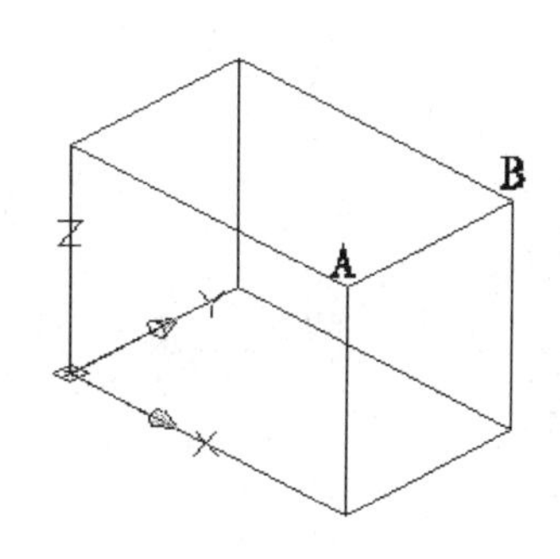

图 7-5　创建长方体

③ 切去长方体一角。采用倒角的办法来完成，如图 7-6 所示。

◆下拉菜单：【修改】/【倒角】

◆ 修改工具栏按钮：

◆ 命令：chamfer

命令: _chamfer

(“修剪”模式) 当前倒角距离 1 = 0.0000，距离 2 = 0.0000

选择第一条直线或 [放弃(U)/多段线(P)/距离(D)/角度(A)/修剪(T)/方式(E)/多个(M)]:点选 AB 边　　　　　　　　　　//选择棱边 AB

基面选择...

输入曲面选择选项 [下一个(N)/当前(OK)] <当前(OK)>:　//回车选择当前上表面

指定基面的倒角距离: 50　　　　　　　　　　//输入倒角距离为 50

指定其他曲面的倒角距离 <50.0000>:　　　　　　　　//回车指定倒角距离 50

选择边或 [环(L)]: 选择边或 [环(L)]: 选择边或 [环(L)]:　//选择棱边 AB

④ 绘制上表面的圆 ϕ80。AutoCAD 默认情况下是在 XY 平面上绘图，而当前坐标系是世界坐标系，长方体的下表面在 XY 平面上，如果直接调用画圆命令，则所绘制的圆是在底

面上，因此要建立新的用户坐标系。

a. 建立用户坐标系。

◆ 下拉菜单：【工具】/【新建 ucs】

◆ 命令：ucs

命令：-ucs

当前 UCS 名称: *世界*

指定 UCS 的原点或 [面(F)/命名(NA)/对象(OB)/上一个(P)/视图(V)/世界(W)/X/Y/Z/Z 轴(ZA)] <世界>: //鼠标点选 C 点，做新坐标原点

指定 X 轴上的点或 <接受>: //鼠标点选 I 点

指定 XY 平面上的点或 <接受>: //鼠标点选 D 点

注意坐标系 XY 平面已移到长方体上表面。

b. 绘制上表面 φ80 圆。调用画圆命令，打开中点捕捉和对象追踪，捕捉长方体上表面的中心为圆心，绘制 φ80 的圆，如图 7-7 所示。

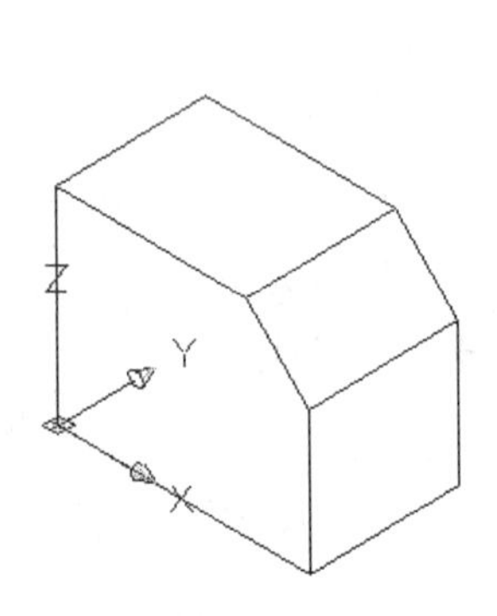

图 7-6 长方体倒角

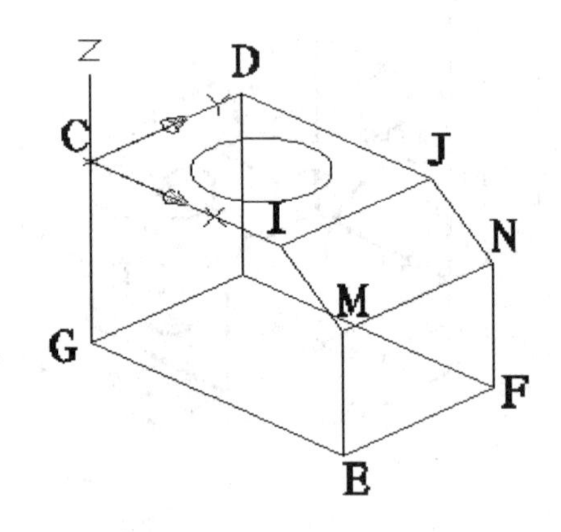

图 7-7 绘制上表面 φ80 圆

⑤ 绘制长方体前表面 MNEF 面上 φ60 的圆。

a. 改变用户坐标系的方向。

命令：-ucs

当前 UCS 名称: *世界*

指定 UCS 的原点或 [面(F)/命名(NA)/对象(OB)/上一个(P)/视图(V)/世界(W)/X/Y/Z/Z 轴(ZA)] <世界>: //鼠标点选 E 点，做新坐标系原点

指定 X 轴上的点或 <接受>: //鼠标点选 F 点

指定 XY 平面上的点或 <接受>: //鼠标点选 M 点

注意坐标系 XY 平面已移到长方体前表面 MNEF 平面上。

b. 绘制前表面 φ60 圆。调用画圆命令，打开中点捕捉和对象追踪，捕捉长方体前表面的中心为圆心，绘制 φ60 的圆，如图 7-8 所示。

⑥ 绘制左侧面 φ100 圆。

a. 改变用户坐标系的方向。

命令: ucs

当前 UCS 名称: *没有名称*

指定 UCS 的原点或 [面(F)/命名(NA)/对象(OB)/上一个(P)/视图(V)/世界(W)/X/Y/Z/Z 轴(ZA)] <世界>: y //将当前坐标系绕 Y 轴旋转

指定绕 Y 轴的旋转角度 <90>: //旋转的角度为 90°

注意坐标系 XY 平面已移到长方体左侧表面 EGCI 平面上。

b. 绘制左侧表面 φ100 圆。调用画圆命令，打开中点捕捉和对象追踪，以 CG 的中点为追踪点向 X 负方向移动 60 得到圆心，绘制 φ100 的圆，如图 7-9 所示。

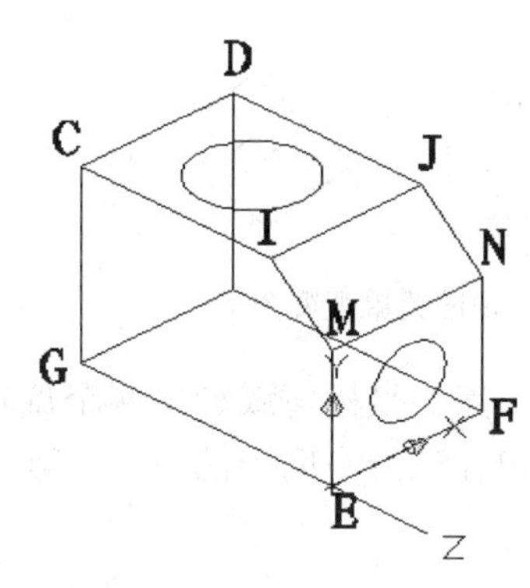

图 7-8 绘制前表面 φ60 圆

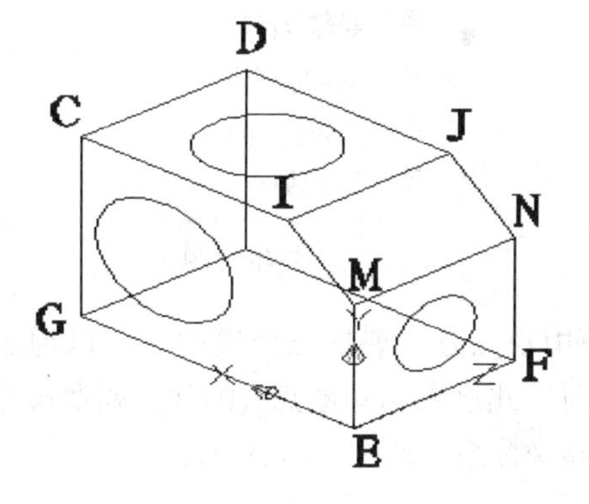

图 7-9 绘制长方体左侧表面 φ100 的圆

⑦ 绘制斜面 IJMN 上的 φ40 圆

a. 改变用户坐标系的方向。

命令: ucs

当前 UCS 名称: *没有名称*

指定 UCS 的原点或 [面(F)/命名(NA)/对象(OB)/上一个(P)/视图(V)/世界(W)/X/Y/Z/Z 轴(ZA)] <世界>: f //将 UCS 与实体对象选定面对齐

选择实体对象的面: //选择 IJMN 平面

输入选项 [下一个(N)/X 轴反向(X)/Y 轴反向(Y)] <接受>: //按回车键接受

注意现在坐标系 XY 平面在斜面上。

b. 绘制斜面上的 φ40 圆。调用画圆命令，打开中点捕捉和对象追踪，捕捉长方体上表面的中心为圆心，绘制 φ40 的圆，如图 7-10 所示。

7.1.3 三维显示控制

为了从不同角度观察、验证三维模型效果，AutoCAD 提供了视图变换工具。所谓视图变换，是指在模型所在空间坐标系保持不变的情况下，从不同的视点来观察模型得到的视图。

AutoCAD 标准的基本视图分为俯视图、仰视图、左视图、右视图、主视图、后视图。轴测图则提供西南等轴测、东面等轴测、东北等轴测和西北等轴测四种。观察三维实体的方法有以下三种。

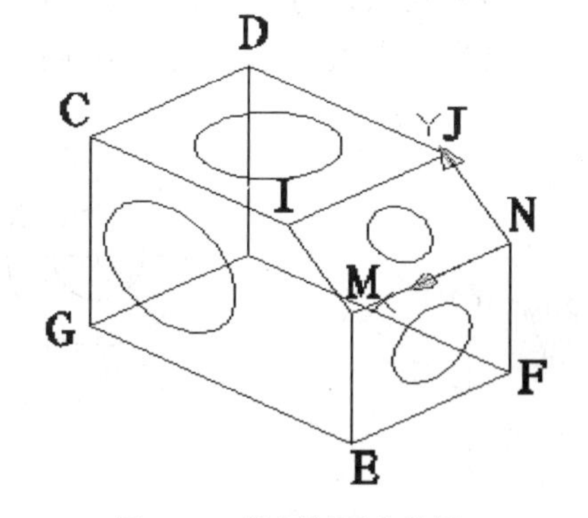

图 7-10 绘制斜面上的圆

① 使用视图菜单观察三维模型，命令调用方式如下。

◆ 下拉菜单:【视图】/【三维视图】 菜单如图 7-11 所示。

观察图形，分别可得到主视图、俯视图和左视图如 7-12 所示。

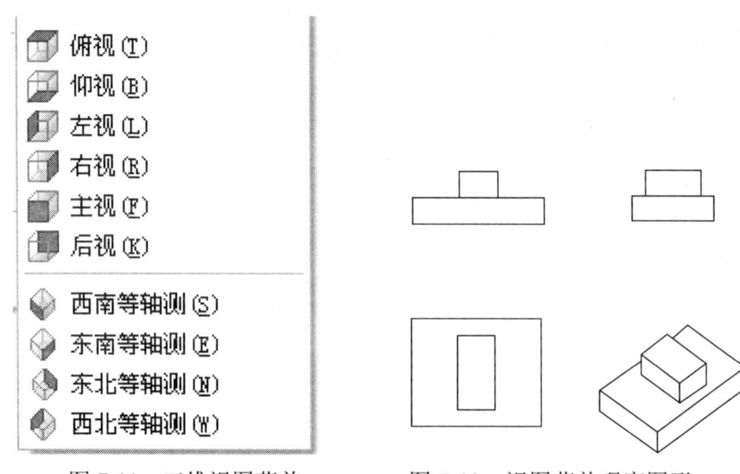

图 7-11 三维视图菜单　　图 7-12 视图菜单观察图形

② 使用视点方式观察三维模型　可以通过输入一个点的坐标值或测量两个旋转角度定义观察方向。此点表示朝原点 (0,0,0) 观察模型时，用户在三维空间中的位置，视点坐标值相对于世界坐标系，如图 7-13 所示。

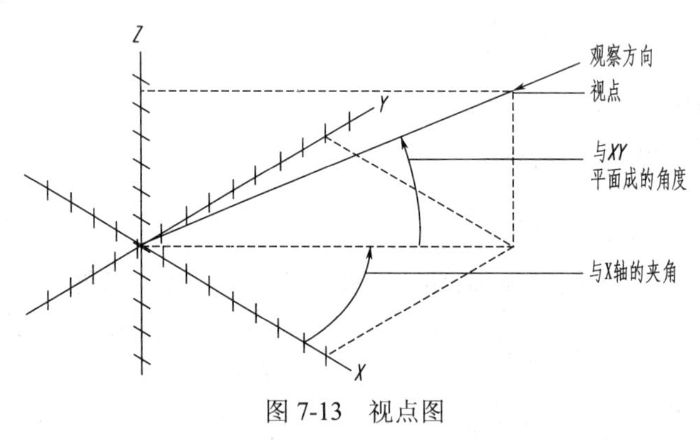

图 7-13 视点图

◆ 下拉菜单：【视图】/【三维视图】/【视点】

命令: _vpoint

当前视图方向: VIEWDIR=1.000，-1.0000，1.0000 显示

指定视点或 [旋转(R)] <显示坐标球和三轴架>:

//显示图 7-14 所示坐标球与三维坐标轴架

拖动鼠标使光标在坐标球范围内移动时，三轴架的 X、Y 轴绕 Z 轴转动。光标位于不同的位置，相应的视点不同。

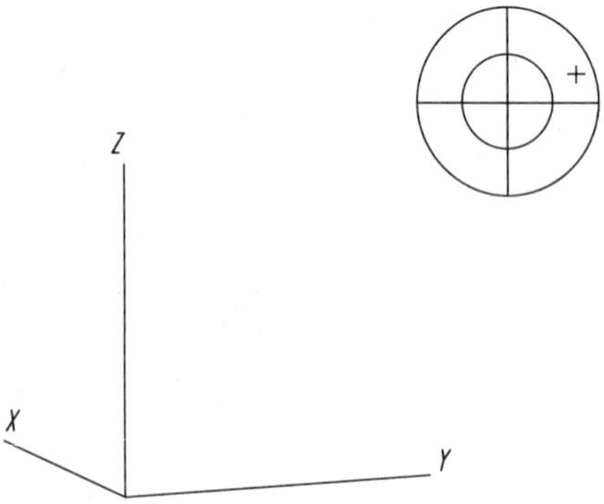

图 7-14 坐标球与三维坐标轴架

③ 使用“三维动态观察器”观察三维图形　三维导航工具允许用户从不同的角度、高度和距离查看图形中的对象，使用以下三维工具在三维视图中进行动态观察、回旋、调整距离、缩放和平移。

a. 受约束的动态观察。沿 XY 平面或 Z 轴约束三维动态观察。

b. 自由动态观察。不参照平面，在任意方向上进行动态观察。沿 XY 平面和 Z 轴进行动态观察时，视点不受约束。

c. 连续动态观察。连续地进行动态观察，在要使连续动态观察移动的方向上单击并拖动，然后释放鼠标按钮。轨道沿该方向继续移动。

◆ 下拉菜单：【视图】/【动态观察】/【自由动态观察】

显示屏上出现图 7-15 所示三维球，拖动鼠标，模型旋转，可以从各个方向观察模型。当光标位于观察球内时，拖动鼠标模型旋转；当光标位于观察球外时，拖动鼠标可使对象绕通过观察球中心且垂直于屏幕的轴转动；当光标位于观察球上下小圆时，拖动鼠标可使视图绕通过观察球中心的水平轴旋转；当光标位于观察球左右小圆时，拖动鼠标可使视图绕通过观察球中心的垂直轴旋转。

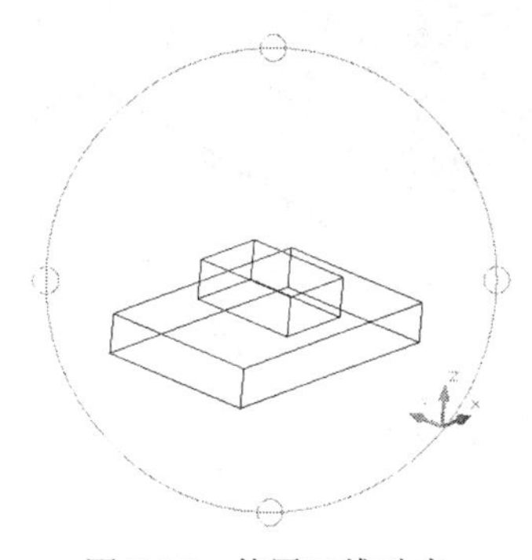

图 7-15　使用三维动态观察器观察模型

7.2　创建三维对象

7.2.1　使用三维线框模型创建三维对象

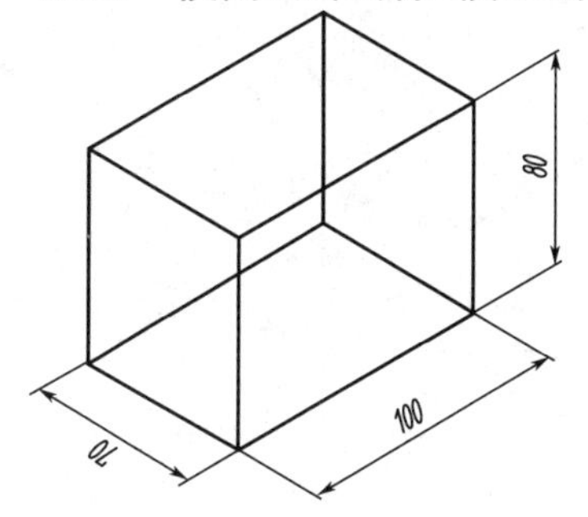

图 7-16　三维线框图

（1）任务

创建如图 7-16 所示图形。

（2）知识点

通过创建此三维图形，学习使用线框模型绘制三维对象。

（3）图形分析

本图是一个简单的长方体，长宽高分别为 100，70，80。

（4）绘制图形

三维线框模型中的每个对象都要单独绘制与定位，常用两种方法来绘制：一种是调用一个三维的视口（比如西南等轴测），在其上输入各点相对坐标的方法直接绘制图形；另一种是在二维空间创建对象后，将其切换到三维空间中的合适位置上继续完成图形。

① 选取基于俯视的等轴测图

◆ 下拉菜单：【视图】/【三维视图】/【西南等轴测图】

◆ 视图工具栏按钮：

② 调用矩形命令绘制长方体的底面　输入【矩形】命令→用鼠标在屏幕上选取图形的起始点→键入@100,70 回车，得到了长方体底面，如图 7-17 所示。

③ 将底面矩形复制得到上表面　调用【复制】命令→选择底面矩形→选择矩形一顶点为基点→键入@0,0,80，如图 7-18 所示。

④ 用直线连接对应的各顶点，结果如图 7-19 所示。

7.2.2　使用表面模型创建三维对象

（1）任务

创建如图 7-20 所示图形。

（2）知识点

通过创建此三维图形，学习使用表面模型绘制三维对象。

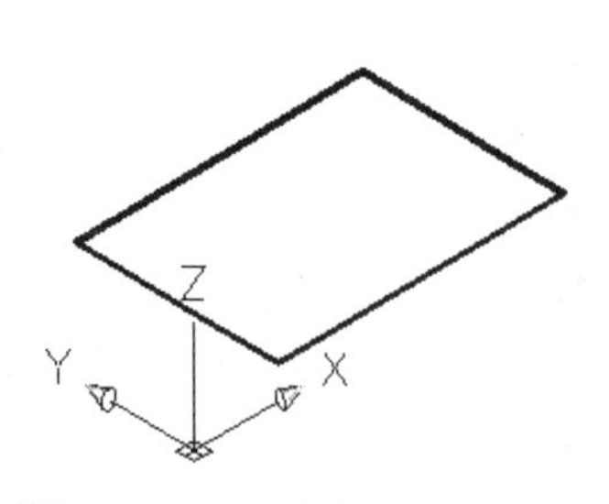

图 7-17 长方体底面

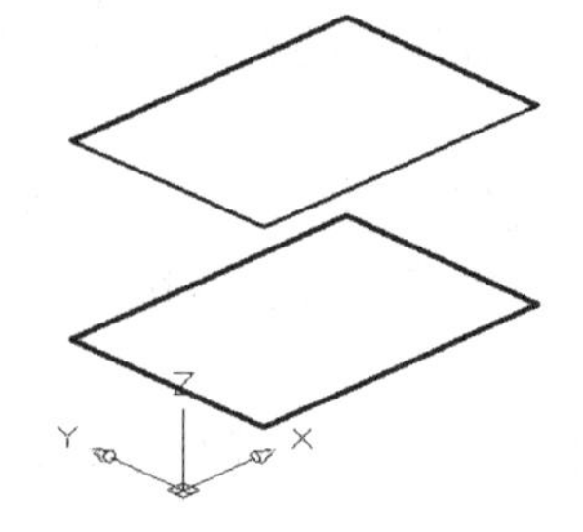

图 7-18 复制长方体上表面

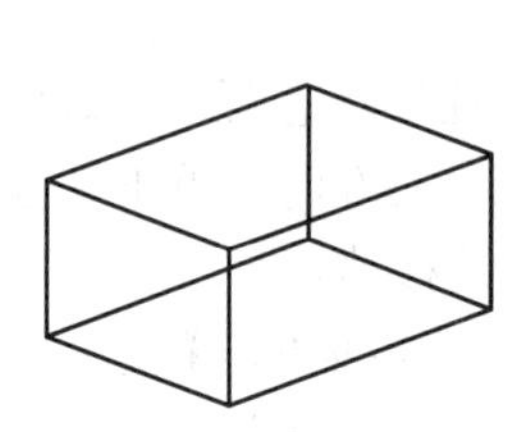
图 7-19 连接长方体各顶点

（3）图形分析

本图是一个回转体，可以通过旋转得到。

（4）绘制图形

① 绘制半个花瓶的轮廓

a. 先绘制一垂直直线。

b. 调用多段线命令绘制半个花瓶廓，如图 7-21 所示。

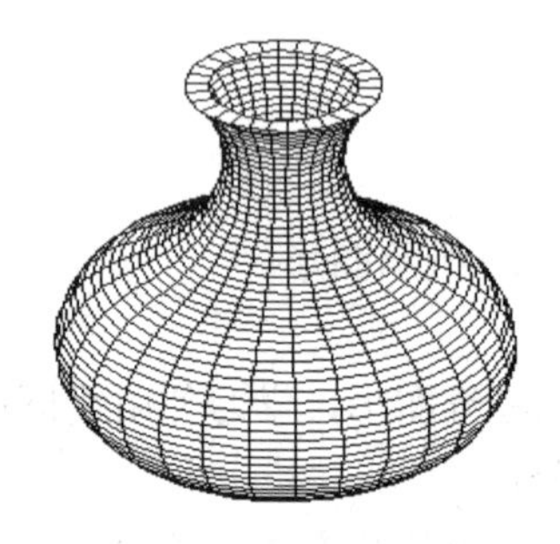
图 7-20 花瓶

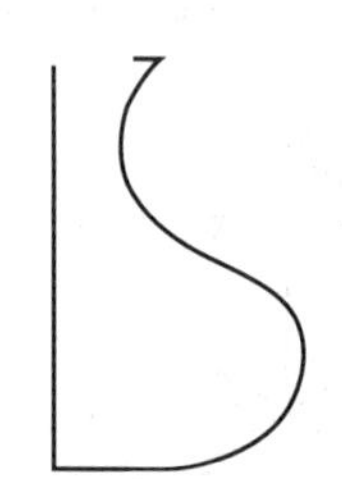
图 7-21 花瓶轮廓

② 设置网格密度

a. 输入“surftab1”命令按回车键，输入“30”，设置经度线的密度为 30。

b. 输入“surftab2”命令按回车键，输入“30”，设置纬度线的密度为 30。

③ 生成花瓶，如图 7-22 所示。

◆ 下拉菜单：【绘图】/【建模】/【网格】/【旋转网格】

◆ 命令：revsurf

命令: revsurf

当前线框密度: SURFTAB1=30 SURFTAB2=30

选择要旋转的对象: //选择半个花瓶轮廓多段线

选择定义旋转轴的对象: //选择直线做旋转轴

指定起点角度 <0>: //默认从零度开始

指定包含角 (+=逆时针，-=顺时针) <360>: //默认值 360 度

④ 设置视图

◆ 下拉菜单：【视图】/【三维视图】/【西南等轴测图】

所绘图形出现三维效果，如图 7-23 所示。

⑤ 旋转花瓶

◆ 下拉菜单：【修改】/【三维操作】/【三维旋转】

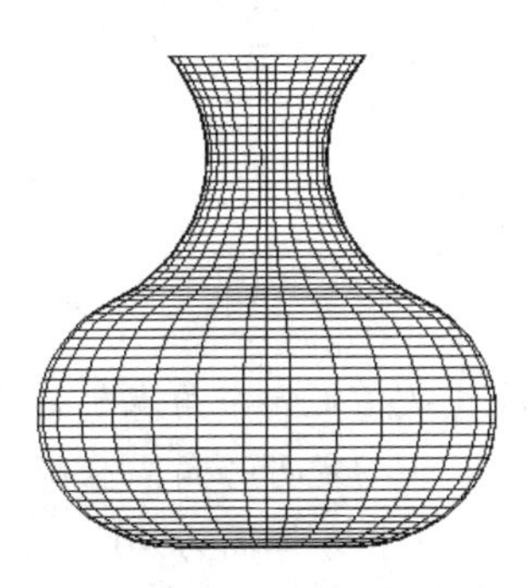

图 7-22 花瓶俯视图

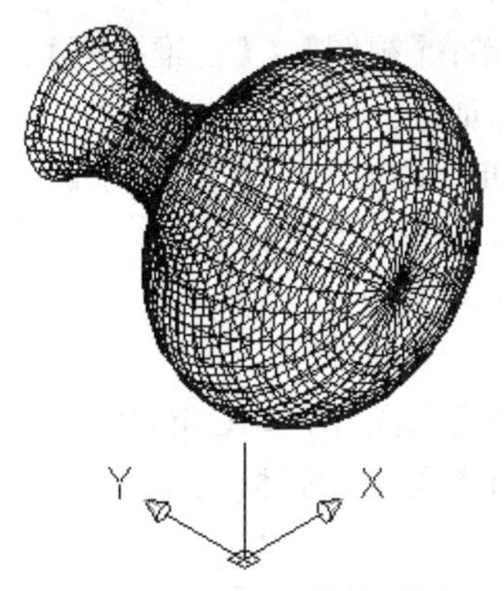

图 7-23 花瓶西南等轴测图

命令: _3drotate
UCS 当前的正角方向: ANGDIR=逆时针 ANGBASE=0
选择对象: 找到 1 个 //选择花瓶
选择对象: //回车键，结束选对象
指定基点: 0,0,0 //旋转的基点选（0，0，0）点
拾取旋转轴: //选择 X 轴为旋转轴
指定角的起点或键入角度: 90 //绕 X 轴旋转 90 度

删除直线和多段线，并输入消隐命令，效果如图 7-24 所示。

7.2.3 使用三维实体模型创建三维对象

（1）任务

创建如图 7-25 所示图形。

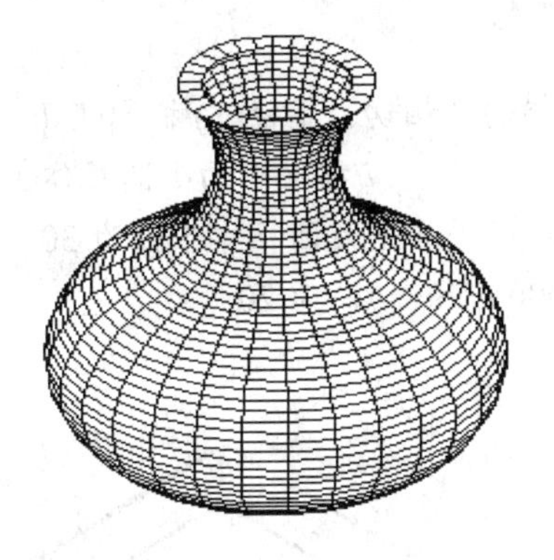

图 7-24 旋转花瓶

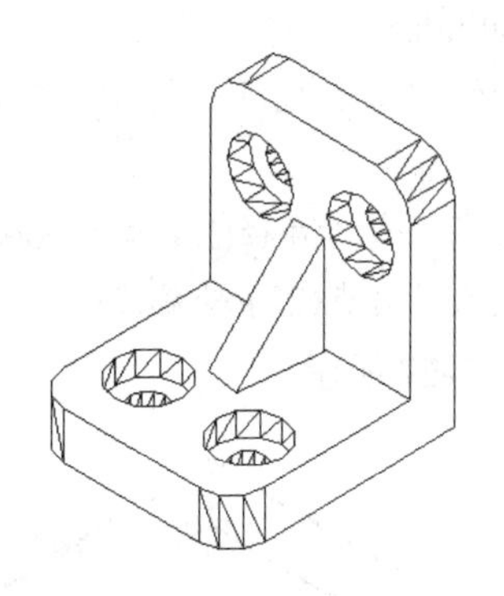

图 7-25 直角支架

（2）知识点

通过创建此三维图形，学习使用实体模型绘制三维对象。

（3）图形分析

本图是一个直角支架，水平部分与垂直部分类似，中间为一楔体。

（4）绘制图形

① 绘制支架的水平部分

a. 绘制底盘。

切换视图如下。

◆ 下拉菜单：【视图】/【三维视图】/【西南等轴测图】

创建长方体如下。

◆ 下拉菜单：【绘图】/【建模】/【长方体】

◆ 工具栏：

◆ 命令:BOX

命令: _BOX

指定第一个角点或 [中心(C)]: 40,40　　　　//指定一个角点坐标

指定其他角点或 [立方体(C)/长度(L)]: @200,180　　　　//指定另一角点坐标

指定高度或 [两点(2P)]:40　　　　//长方体高为 40

得到底盘长方体如图 7-26 所示。

b. 绘制圆孔

绘制下面小圆柱体如下。

◆ 下拉菜单：【绘图】/【建模】/【圆柱体】

◆ 工具栏：

命令: _cylinder

指定底面的中心点或 [三点(3P)/两点(2P)/相切、相切、半径(T)/椭圆(E)]: 100,85

//圆柱体底面圆圆心坐标为（100,85）

指定底面半径或 [直径(D)]: 15　　　　//圆柱体底面圆半径为 15

指定高度或 [两点(2P)/轴端点(A)] <-40.0000>: 20

//圆柱体高为 20

绘制上面的大圆柱体如下。

◆ 下拉菜单：【绘图】/【建模】/【圆柱体】

命令: _cylinder

指定底面的中心点或 [三点(3P)/两点(2P)/相切、相切、半径(T)/椭圆(E)]:

//捕捉下面小圆柱体上表面中心

指定底面半径或 [直径(D)] <30.0000>: 30　　　　//大圆柱体半径为 30

指定高度或 [两点(2P)/轴端点(A)] <-20.0000>: 20　//高为 20

结果如图 7-27 所示。

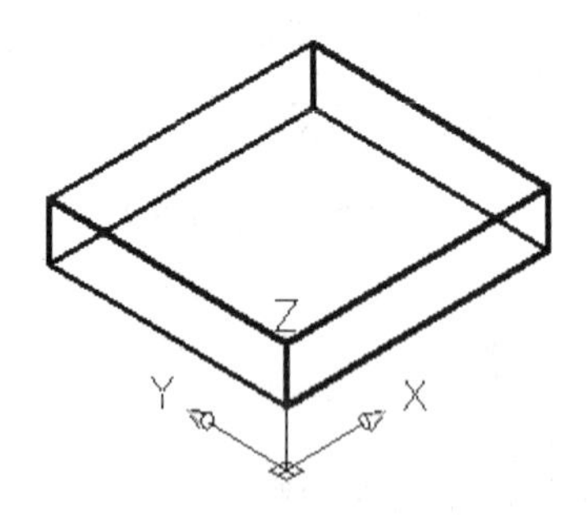

图 7-26　支架底盘

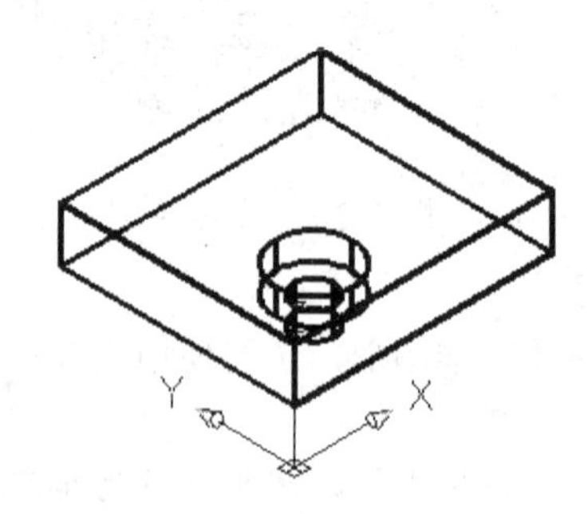

图 7-27　绘制圆孔

将两个圆柱体镜像如下。

◆ 下拉菜单【修改】/【三维操作】/【三维镜像】

命令: _mirror3d

选择对象：指定对角点：找到 2 个　　　　//窗口方式选择两个圆柱体
选择对象：　　　　//按回车键，结束选择对象
指定镜像平面（三点）的第一个点或
[对象(O)/最近的(L)/Z 轴(Z)/视图(V)/XY 平面(XY)/YZ 平面(YZ)/ZX 平面(ZX)/三点(3)] <三点>:　　　　//选择长方体上表面一棱边的中点
在镜像平面上指定第二点:　　　　//选择长方体上表面另一平行棱边的中点
在镜像平面上指定第三点:　　　　//选择长方体下表面一平行棱边的中点
是否删除源对象？[是(Y)/否(N)] <否>:　　　　//不删除原对象

减掉圆柱体如下。

◆ 下拉菜单：【修改】/【实体编辑】/【差集】
◆ 工具栏：

命令: _subtract 选择要从中减去的实体或面域...
选择对象：找到 1 个　　　　//点选长方体
选择对象:　　　　//按回车键，结束选择对象
选择要减去的实体或面域 ..
选择对象：指定对角点：找到 4 个　　　　//窗口方式选择四个圆柱体
选择对象:　　　　//按回车键，结束选择对象

将所有圆柱体减掉后结果如图 7-28 所示。

c. 倒圆角

◆ 下拉菜单【修改】/【圆角】
◆ 工具栏：

命令: _fillet
当前设置：模式 = 修剪，半径 = 0.0000
选择第一个对象或 [放弃(U)/多段线(P)/半径(R)/修剪(T)/多个(M)]: r
指定圆角半径 <0.0000>: 30　　　　//倒角半径输入 30
选择第一个对象或 [放弃(U)/多段线(P)/半径(R)/修剪(T)/多个(M)]:
　　　　//选择长方体竖边
输入圆角半径 <30.0000>:
选择边或 [链(C)/半径(R)]:　　　　//选择长方体左边两竖边

结果如图 7-29 所示。

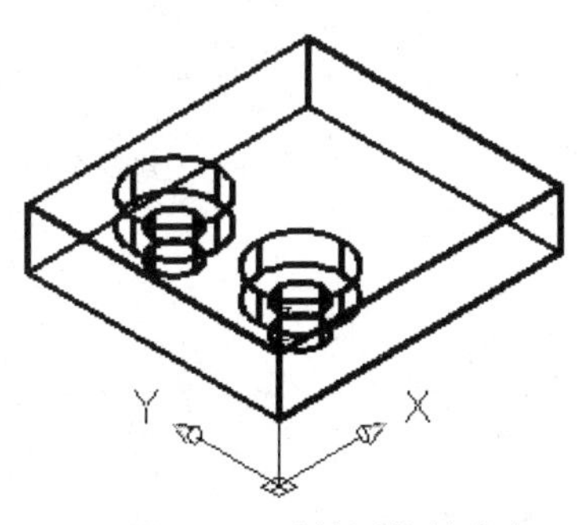

图 7-28　减掉圆柱的底盘

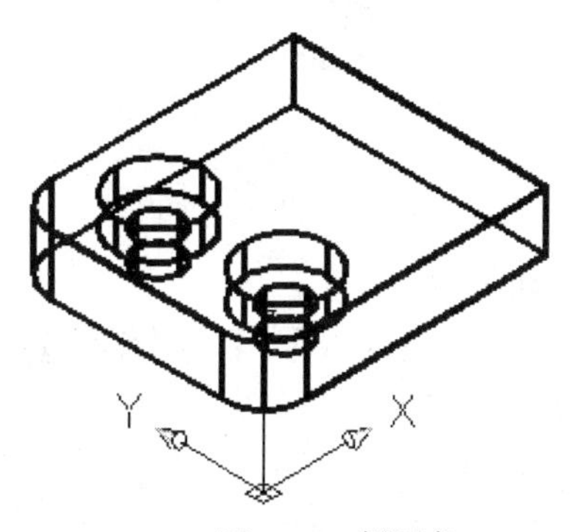

图 7-29　倒圆角

② 生成支架的垂直部分

a. 镜像长方体

◆ 下拉菜单【修改】/【三维操作】/【三维镜像】

命令: _mirror3d

选择对象: 找到 1 个　　　　//点选减掉圆柱体后的长方体

选择对象:　　　　　　　　　//按回车键，结束选择对象

指定镜像平面 (三点) 的第一个点或

[对象(O)/最近的(L)/Z 轴(Z)/视图(V)/XY 平面(XY)/YZ 平面(YZ)/ZX 平面(ZX)/三点(3)] <三点>:　　　　//选择长方体上表面一角点

在镜像平面上指定第二点:　　　　//选择长方体上表面同一棱边的另一角点

在镜像平面上指定第三点:　　　　//选择长方体下表面同方向的一角点

是否删除源对象? [是(Y)/否(N)] <否>: N　　　//不删除原对象

将所绘上面图形镜像，如图 7-30 所示。

b. 旋转右边长方体

◆ 下拉菜单:【修改】/【三维操作】/【三维旋转】

命令: _3drotate

UCS 当前的正角方向: ANGDIR=逆时针　ANGBASE=0

选择对象: 找到 1 个　　　　//点选右边的长方体

选择对象:　　　　　　　　　//按回车键，结束选择对象

指定基点:　　　　　　　　　//点选右边长方体左下角顶点

拾取旋转轴:　　　　　　　　//选择平行 Y 轴方向的轴

指定角的起点或键入角度: 90　　//旋转 90°

正在重生成模型。

结果如图 7-31 所示。

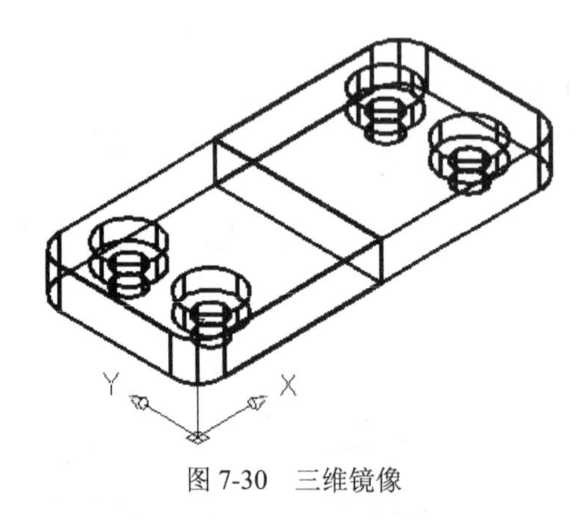

图 7-30　三维镜像

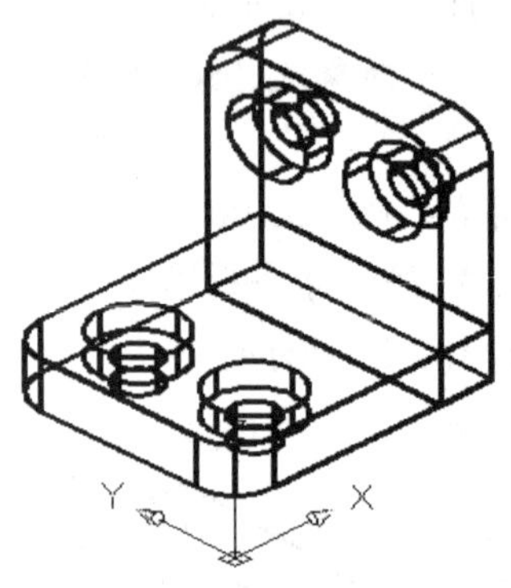

图 7-31　三维旋转

c. 合并两长方体

◆ 下拉菜单:【修改】/【实体编辑】/【并集】

◆ 工具栏:

命令: _union

选择对象: 找到 1 个　　　　//点选左边的长方体

选择对象: 找到 1 个，总计 2 个　　//点选竖直的长方体
选择对象:　　//按回车键，结束选择对象

将两长方体合并，如图 7-32 所示。

③ 绘制楔体

a. 绘制楔体

◆ 下拉菜单【绘图】/【建模】/【楔体】

命令: _wedge
指定第一个角点或 [中心(C)]:　　//在屏幕上任选选一点
指定其他角点或 [立方体(C)/长度(L)]: l　//输入 L
指定长度 <70.0000>: 70　　//长度为 70
指定宽度 <30.0000>:　　//宽度为 30
指定高度或 [两点(2P)] <85.0000>: 85　//高度为 85

楔体如 7-32 所示。

b. 移动楔体

◆ 下拉菜单【修改】/【移动】

命令: _move
选择对象: 找到 1 个　　//选择楔体
选择对象:　　//按回车键，结束选择对象
指定基点或 [位移(D)] <位移>:　//选择楔体下底边的中点
指定第二个点或 <使用第一个点作为位移>: //拾取支架上棱边的中点

将楔体移动到相应位置。

c. 合并所有实体

◆ 下拉菜单【修改】/【实体编辑】/【并集】

命令: _union
选择对象: 指定对角点: 找到 2 个　//窗口选择所有对象
选择对象:　　//按回车键，结束选择对象

将所有实体合并，如图 7-33 所示。

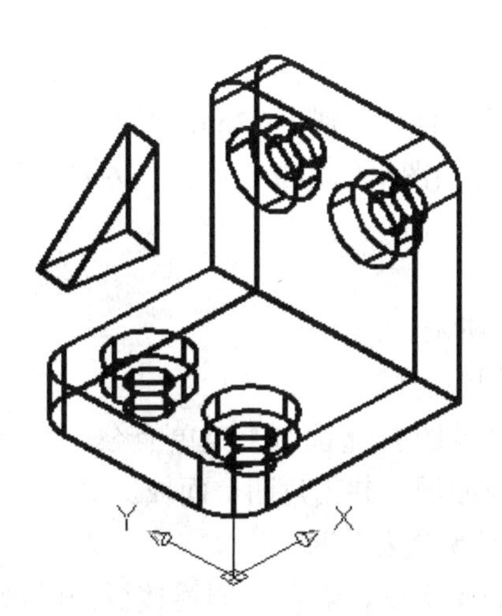

图 7-32　合并实体及绘制楔体

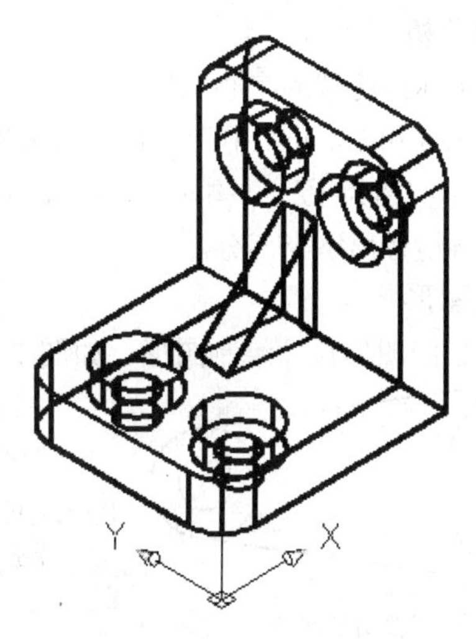

图 7-33　楔体与支架合并

④ 消隐支架

◆ 下拉菜单【视图】/【消隐】

◆ 命令：hide

将直角支架消隐，效果如图 7-28 所示。

7.3 编辑三维对象

7.3.1 任务

按如图 7-34(a) 所示连杆平面图形创建实体模型，再将连杆的内孔尺寸由 12mm 调整到 14mm，并将连杆中间孔和小圆柱孔倒圆角。

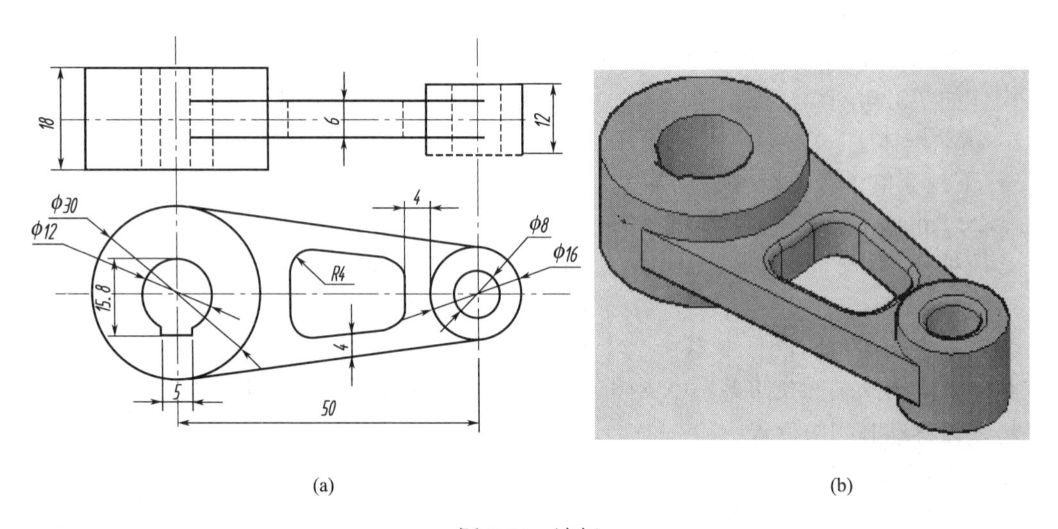

(a)　　(b)

图 7-34 连杆

7.3.2 知识点

通过创建此三维实体模型，学习三维镜像、布尔运算、偏移面、创建边界、倒角等一系列编辑命令，也进一步强化三维实体建模能力。

7.3.3 图形分析

本三维实体由两端的空心圆柱体及中间连接板组成。两圆柱体高度为 18mm 和 12mm,直径分别为 30mm 和 16mm，中间挖掉的部分圆柱体直径分别为 12mm 和 8mm，中间连接板厚度为 6mm。本实体为上下结构对称，因此可以将绘图平面建立在中间的对称平面上，先创建上半部分，再镜像出下半部分。

7.3.4 绘制图形

（1）按平面图形尺寸绘制图形，如图 7-35 所示。

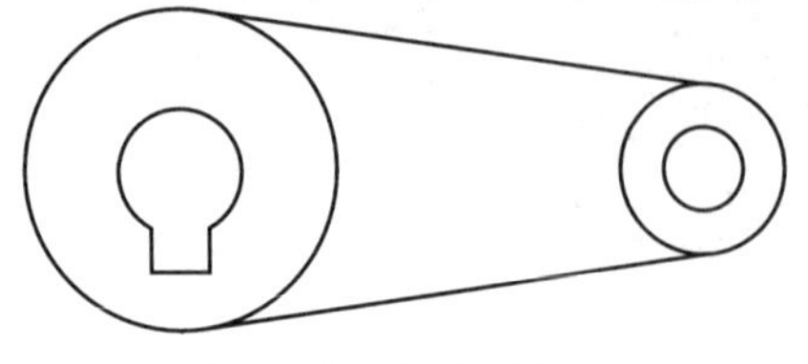

图 7-35 绘制平面图

（2）创建面域

单击【绘图】/【面域】菜单命令，将所绘制的平面图形创建成面域。共创建四个面域。

（3）创建“边界”

在平面图形中，表示中间连接板的区域不能建立面域，可以利用创建“边界”的访求生成可拉伸的边界区域。单击【绘图】/【边界】菜单命令，弹出如图 7-36 所示对话框。单击“拾取点”按钮，在图形两斜线内部区域单击，回车，返回“边界创建”对话框，单击【确定】按钮，完成边界创建。系统提示：“BOUNDARY 已创建 1 个多段线”。

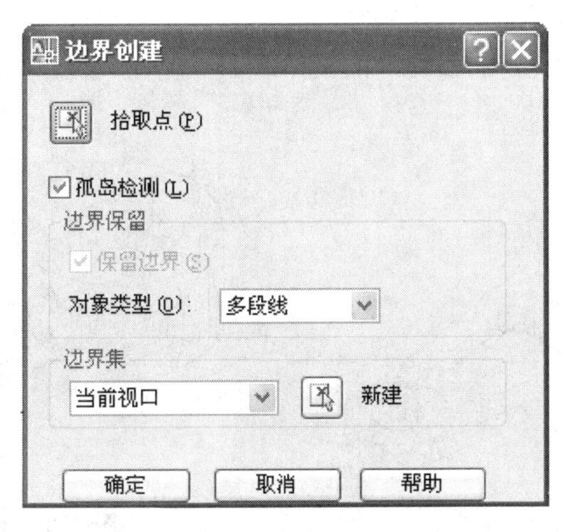

图 7-36　创建边界

（4）创建连接板中间孔的多段线

将上面创建的多段线向内偏移 4mm，然后分解，再倒圆角，再将两条多段线包围区域创建为面域，如图 7-37 所示。

（5）拉伸实体

单击【建模】/【拉伸】菜单命令，分别将左边大圆柱体及内部圆柱体拉伸 8mm，右边小圆柱体及内部圆柱体拉伸 6mm，将中间连接板拉伸 3mm，如图 7-38 所示。

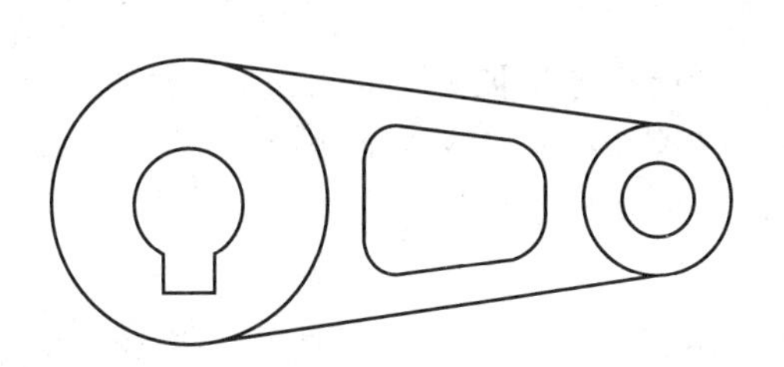

图 7-37　偏移边界

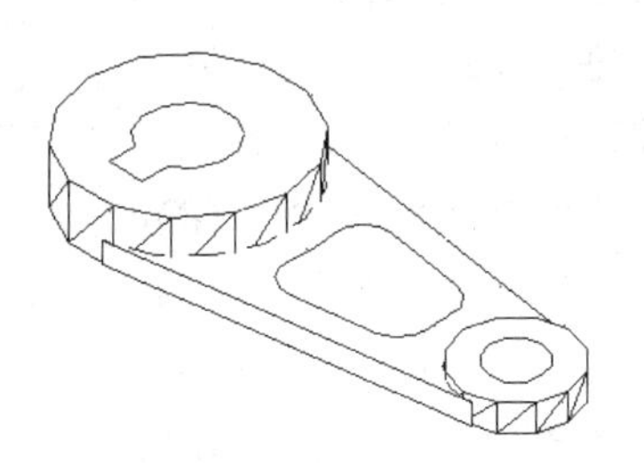

图 7-38　拉伸实体

利用“并集”，先将大圆柱体、小圆柱体及连接板合并为一实体，再用“差集”命令将中间部分减掉，如图 7-39 所示。

（6）镜像实体

◆ 下拉菜单：【修改】/【三维操作】/【三维镜像】

命令: _mirror3d

选择对象:　　　　//选择上面的实体，找到 1 个对象

选择对象:　　　　//回车，结束选择

指定镜像平面 (三点) 的第一个点或

[对象(O)/最近的(L)/Z 轴(Z)/视图(V)/XY 平面(XY)/YZ 平面(YZ)/ZX 平面(ZX)/三点(3)] <三点>: //捕捉大圆柱底面圆心

在镜像平面上指定第二点: //捕捉小圆柱底面圆心

在镜像平面上指定第三点: //捕捉连接板底边中点

是否删除源对象? [是(Y)/否(N)] <否>: N

（7）调用“并集”命令，将镜像后的实体跟上半部分一起合并为一个实体，所得图形如图 7-40 所示。

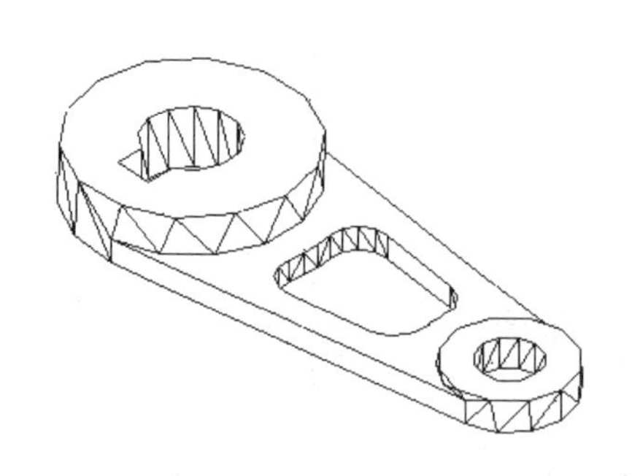

图 7-39 减掉中间部分

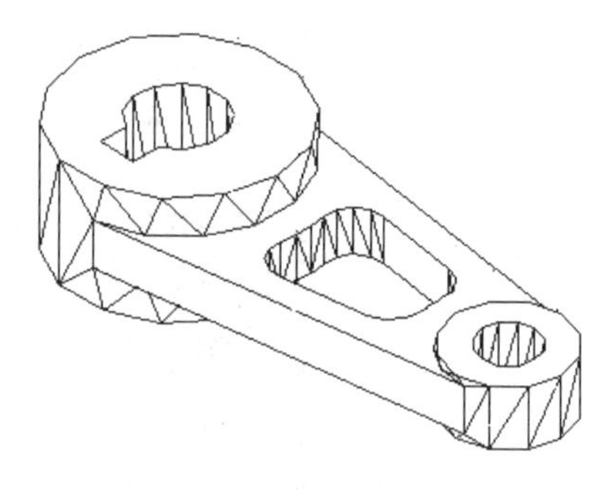

图 7-40 合并

（8）倒圆角

◆ 下拉菜单:【修改】/【圆角】

命令: _fillet

当前设置: 模式 = 修剪，半径 = 0.0000

选择第一个对象或 [放弃(U)/多段线(P)/半径(R)/修剪(T)/多个(M)]: r

指定圆角半径 <0.0000>: 1

选择第一个对象或 [放弃(U)/多段线(P)/半径(R)/修剪(T)/多个(M)]:

输入圆角半径 <1.0000>:

选择边或 [链(C)/半径(R)]: c //选择链

选择边链或 [边(E)/半径(R)]: //选择连接板内孔的上边

选择边链或 [边(E)/半径(R)]: //选择小圆柱内孔的上边

选择边链或 [边(E)/半径(R)]: //回车结束选择选择

已选定 9 个边用于圆角。

（9）调整内孔尺寸（由ϕ12mm 调整到ϕ14mm）

选择下拉菜单:【修改】/【实体编辑】/【偏移面】

命令: _solidedit

实体编辑自动检查: SOLIDCHECK=1

输入实体编辑选项 [面(F)/边(E)/体(B)/放弃(U)/退出(X)] <退出>: _face

输入面编辑选项[拉伸(E)/移动(M)/旋转(R)/偏移(O)/倾斜(T)/删除(D)/复制(C)/颜色(L)/材质(A)/放弃(U)/退出(X)] <退出>: _offset

选择面或 [放弃(U)/删除(R)]: 找到 1 个面。 //选择ϕ12mm 内孔面

选拔面或 [放弃(U)/添加(A)/全部(ALL)]: //回车结束选取

指定偏移距离: -1 //往实体内部偏移 1mm

已开始实体校验。

已完成实体校验。

输入面编辑选项

[拉伸(E)/移动(M)/旋转(R)/偏移(O)/倾斜(T)/删除(D)/复制(C)/颜色(L)/材质(A)/放弃(U)/退出(X)] <退出>: *取消*　　　　　　　　　　　　//按 Esc 键，结束命令

结果如图 7-41 所示。

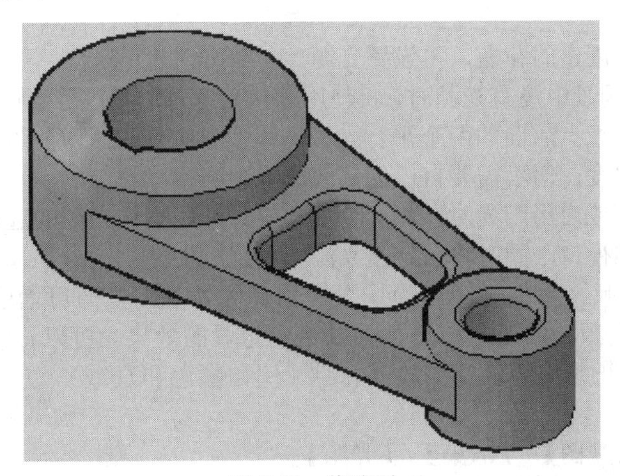

图 7-41　偏移面

7.4　渲染三维对象

渲染可以获得更接近真实感的图像，在使用渲染时，可以在三维空间中添加和调整各种光源，并为模型对象赋予各种材质特性，这样可以得到的图形能够更加贴近现实生活。

7.4.1　任务

将上节绘制的花瓶渲染，如图 7-42 所示图形。

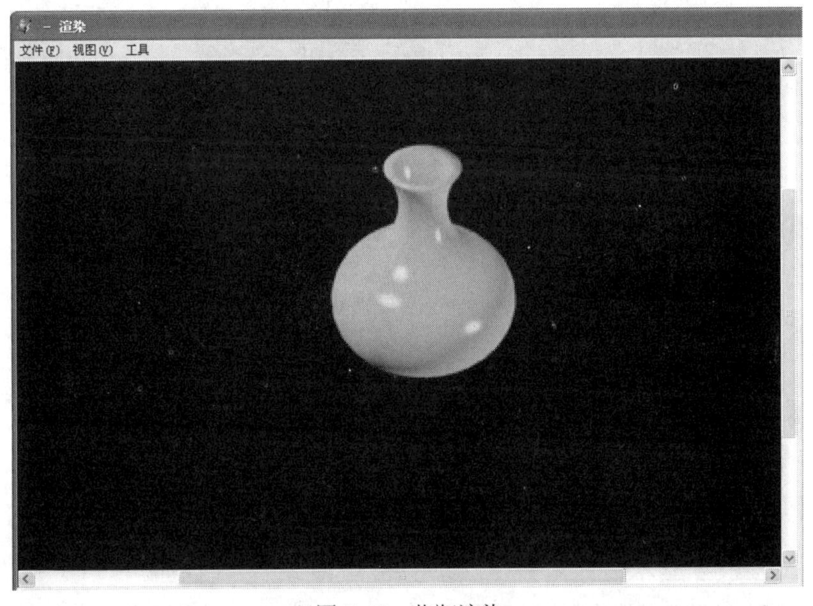

图 7-42　花瓶渲染

7.4.2 知识点

通过设置光源、材质、背景等操作，将三维对象进行渲染，得到具有真实感的图像。

7.4.3 图形分析

将花瓶赋予了半透明的玻璃材质，采用平行光源进行渲染。

7.4.4 渲染三维对象

（1）设置光源

首先打开第二节创建的花瓶，再设置光源。

① 默认光源 场景中没有光源时，将使用默认光源对场景进行着色或渲染。来回移动模型时，默认光源来自视点后面的两个平行光源。模型中所有的面均被照亮，以使其可见。您可以控制亮度和对比度，但不需要自己创建或放置光源。

插入自定义光源或启用阳光时，将会为用户提供禁用默认光源的选项。另外，用户可以仅将默认光源应用到视口，同时将自定义光源应用到渲染。

② 创建新的光源 添加光源可为场景提供真实外观。光源可增强场景的清晰度和三维性。可以创建点光源、聚光灯和平行光以达到想要的效果。可以移动或旋转光源（使用夹点工具），将其打开或关闭以及更改其特性（例如颜色和衰减）。更改的效果将实时显示在视口中。

◆ 下拉菜单：【视图】/【渲染】/【光源】

有几种光源选择：新建点光源、新建平行光、新建聚光灯。比如选择新建点光源，首先提示你点光源位置，可以屏幕上点选，然后弹出图 7-43 所示对话框，依据需要选择所要改变的选项，比如选择阴影，可以使用点光源投射阴影或使用阴影。

（2）设置材质

在渲染对象时，使用材质可以增强模型的真实感。

① 新建材质

◆ 下拉菜单：【视图】/【渲染】/【材质】

弹出图 7-44 所示对话框。

输入要更改的选项
名称(N)
强度因子(I)
状态(S)
光度(P)
阴影(W)
衰减(A)
过滤颜色(C)
● 退出(X)

图 7-43 光源的选项框

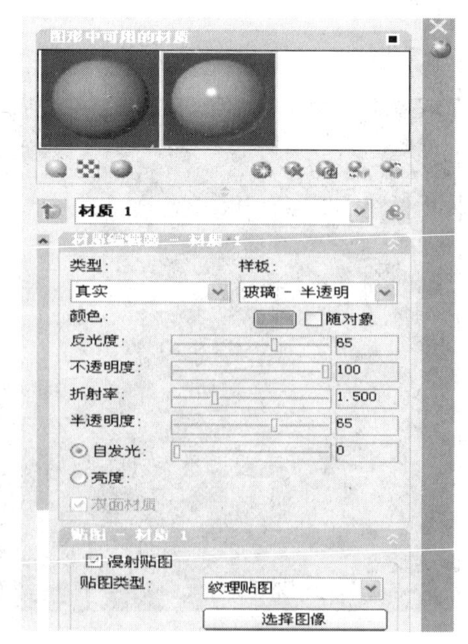

图 7-44 设置材质

在对话框中，最上方显示当前图形可用材质，如果当前图形所用材质没有，可以新建材质，并可在材质编辑器中编辑材质。

② 将材质应用到对象　在图 7-44 中，选择所需要的材质，单击，然后选择花瓶，将所选材质应用到花瓶上。

（3）渲染对象

单击【视图】/【渲染】/【渲染】菜单命令，得到花瓶的渲染结果如图 7-42 所示。渲染后的图片可以保存，以 BMP 形式保存，可以在其他图像处理软件中打开查看。

小　　结

本章主要介绍了三维绘图基础知识和三维绘图方法与编辑方法、渲染三维对象。

在 AutoCAD 中，三维对象的表示有三种即线框模型、表面模型和实体模型；而三种模型的画法各不相同，表达的内容也有差异。建模中除了提供预定义的基本几何体的创建外，还可以将二维对象进行拉伸和旋转得到实体。当然还可以通过布尔运算来进行复杂实体的创建。三维实体的编辑主要介绍了倒角、倒圆角、分解以及相关的面编辑和体编辑；三维操作中的三维镜像、三维旋转等命令了；最后还介绍了三维对象的渲染。

习　　题

一、选择题

1．在 AutoCAD 中，系统默认的是在________平面上绘制图形。

A．XY 平面　　B．XZ 平面　　C．YZ 平面　　D．任意平面

2．建立用户坐标系的命令是________。

A．WCS　　B．UCS　　C．BBS　　D．MMS

3．在 AutoCAD 中，拉伸对象创建实体和曲面是指使用________命令，沿指定方向将平面拉伸指定距离。

A．Revsurf　　B．Extrude　　C．Cylinder　　D．Loft

4．________是指将两个或两个以上的实体求和，得到一个复合对象。

A．并集　　B．交集　　C．差集　　D．组集

5．在 AutoCAD 中提供了三种类型的光源：点光源、聚光灯以及________。

A．太阳光　　B．平行光　　C．荧光　　D．灯光

二、实训题

绘制如图 7- 45 所示图形。

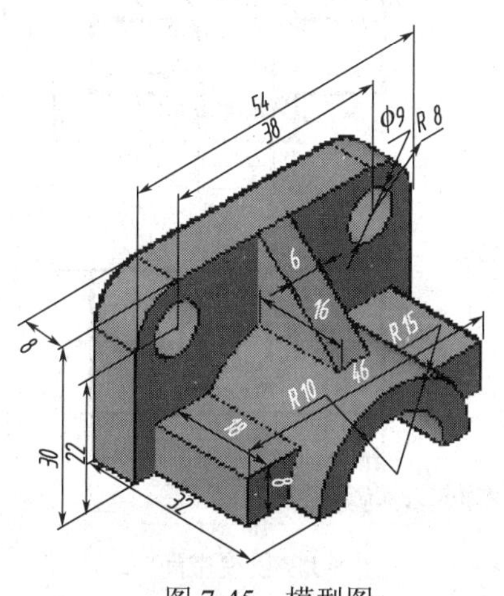

图 7-45　模型图

第 8 章　图形输出

教学目标：通过本章的学习，使用户掌握图纸空间与模型空间的概念，掌握创建布局的方法，并能够进行图纸打印和进行电子打印与发布。

本章介绍了 AutoCAD 2008 创建布局、打印输出、电子打印与发布的方法与技巧。

8.1　模型空间与图纸空间

AutoCAD 2008 图形输出较一般的普通文档的输出要复杂一些，它是有精确尺寸和比例关系的图形。AutoCAD 中有两种不同空间，即模型空间和图纸空间。

8.1.1　模型空间

模型空间是一个无限的绘图区域，是完成绘图和设计工作的工作空间。在模型空间中，可以按 1:1 的比例绘制模型。使用在模型空间中建立的模型可以完成二维或三维物体的造型，同时配有必要的尺寸标注和注释等完成所需要的全部绘图工作，“模型空间”窗口如图 8-1 所示。

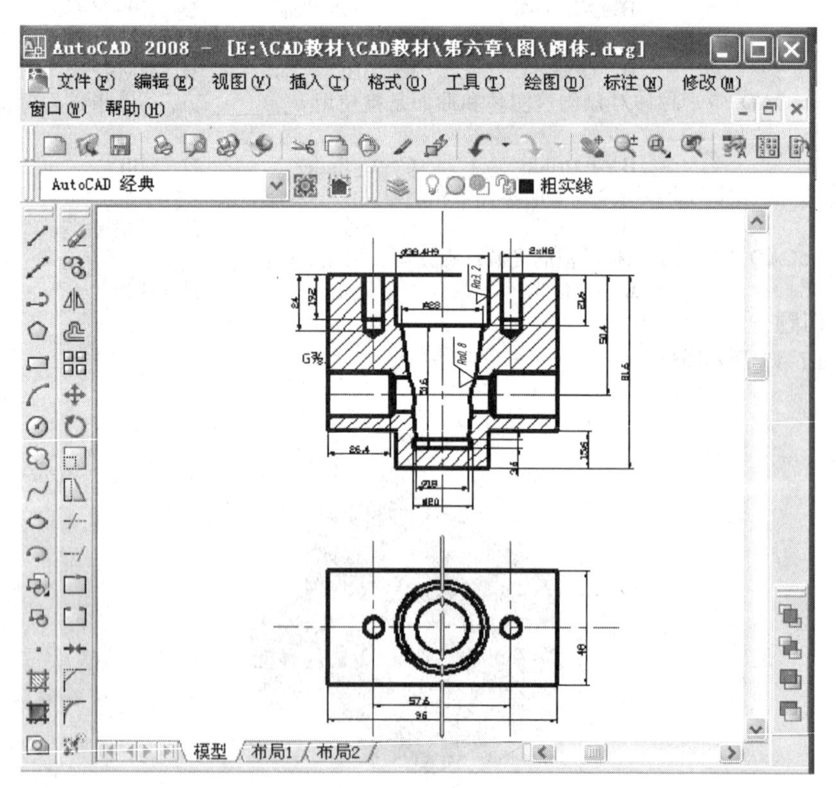

图 8-1　模型空间

8.1.2　图纸空间

在图纸空间中，可以放置标题栏、创建用于显示视图的布局视口、标注图形以及添加注释，在图纸空间中，一个单位表示打印图纸上的图纸距离，在布局选项卡上，可以查看和编辑图纸空间对象，例如布局视口和标题栏。也可以将对象（如引线或标题栏）从模型空间移到图纸空间（反之亦然）。十字光标在整个布局区域都处于激活状态，“图纸空间”窗口如图 8-2 所示。

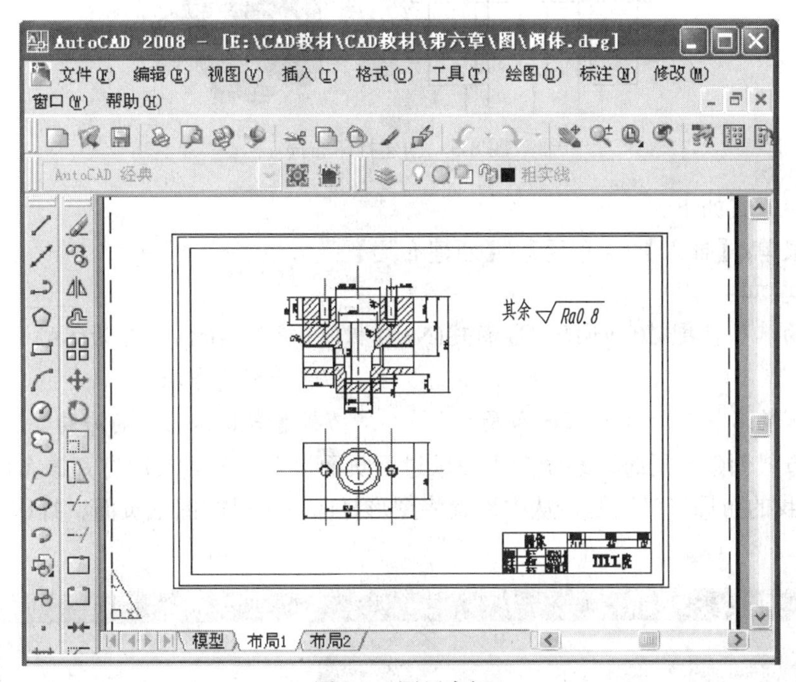

图 8-2　图纸空间

8.1.3　模型空间与图纸空间的切换

在 AutoCAD 2008 中，模型空间与图纸空间的切换非常方便，可以有以下方法。

（1）单击绘图区左下角的“模型”或“布局”标签。

（2）单击状态栏上的【图纸】或【模型】按钮。

（3）当系统变量 Tilemode 为 0 时，在命令行中，输入 mspace 命令后按回车键进入模型空间或输入 pspace 命令后按回车键进入图纸空间。

（4）修改系统变量 Tilemode，当变量为 0 时为图纸空间，为 1 时为模型空间。

8.1.4　创建布局

（1）任务

创建如图 8-3 所示打印布局。

（2）知识点

通过创建布局，掌握创建布局的方法及建立视口的方法。

（3）操作步骤

打开文件图形。

① 新建布局　新建布局有多种方式，可以使用向导创建布局、使用样板创建布局、使用布局命令创建布局以及直接创建布局。下面以直接创建方式来创建布局。

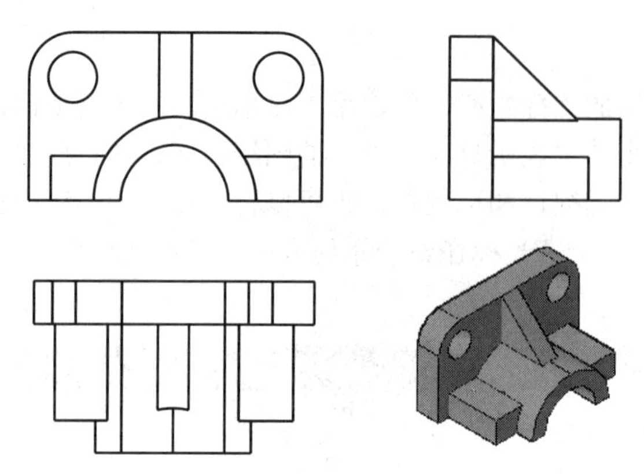

图 8-3　创建打印布局

命令调用方式如下。

◆下拉菜单：【插入】/【布局】/【新建布局】

命令: _layout

输入布局选项 [复制(C)/删除(D)/新建(N)/样板(T)/重命名(R)/另存为(SA)/设置(S)/?] <设置>: _new　　　　//选择新建布局

输入新布局名 <布局 3>: 我的布局　　　　//新建布局名为我的布局

用这种方式创建布局时，系统并不要求进行页面设置。但当首次打开该布局时，则弹出“页面设置-我的布局”对话框，从中设置将图形打印输出时的图纸页面、打印设备等内容，如图 8-4 所示。

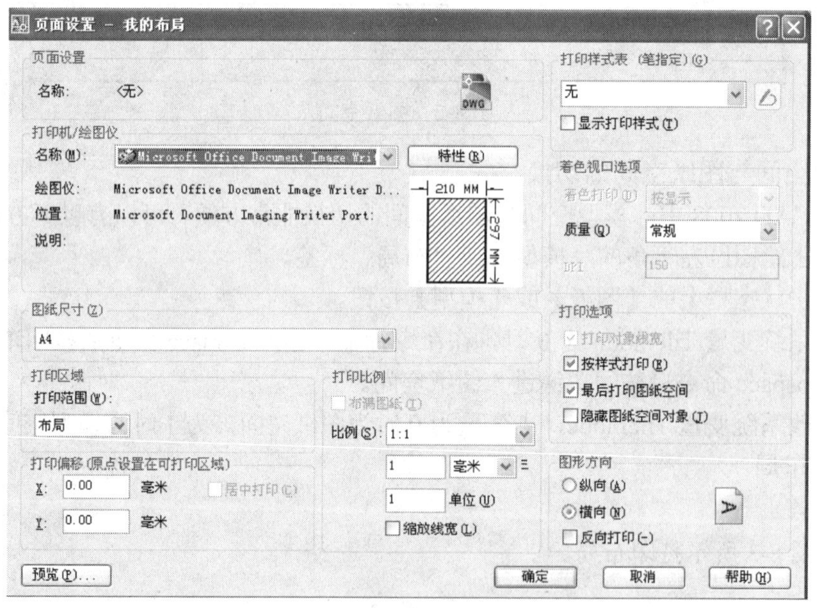

图 8-4　“页面设置-我的布局”对话框

a.“打印机/绘图仪”选项组：此选项组用来选择打印机/绘图仪，并显示当前所选页面设置中指定的打印设备的名称。

b.“图纸尺寸”选项组：此选项组用来设置当前打印设备的图纸尺寸。可以自定义大小，也可以进行选择。

c.“打印区域”选项组：此选项组用来设置要打印的区域，可以有以下几种定义。

“布局”：打印指定图纸尺寸页边距内的所有对象。

“窗口”：打印用窗口区域指定的图形的一部分。

“显示”：打印模型空间的当前视口中的所有几何元素。

“范围”：打印模型空间中包含所有图形对象的范围。

d.“打印比例”选项组：此选项组用来设置图形单位和图纸单位之间的比例关系。打印布局时的默认比例为 1:1，打印模型空间的默认设置为“按图纸空间缩放”。如果选中“缩放线宽”复选框，则线宽的缩放比例和打印比例成正比。

e.“打印偏移”选项组：此选项组用来设置打印区域相对于图纸右下角的偏移量。在布局中，指定的打印区域的左下角在图纸边界的左下角点。

f. “图形方向”选项组：此选项组用来设置打印时在图纸上的走向。“纵向”表示图纸的短边作为图形页面的底部，“横向”表示图纸的长边作为图形页面的底部。

g.“打印选项”选项组：此选项组用来设置指定线宽、打印样式、打印样式表的选项。

② 创建浮动视口　在模型空间中可以创建平铺视口，在图纸空间可以创建浮动视口。

命令调用方式如下。

◆ 下拉菜单：【视图】/【视口】/【新建视口】

◆ 命令：Vports

弹出图 8-5 所示“新建视口”对话框，选择“四个：相等”选项，则得到如图 8-6 所示新建的四个视口。

③ 调整视口中的图形　单击图 8-6 所示左下位置的视口，则该窗口被激活，将图形的视觉样式改为二维线框模式，调整方向将视图改为俯视图方向，并将图形大小调整到合适。然后逐个处理主视图和左视图，得到的图形如图 8-7 所示。

④ 隐藏视口　建立一个新图层“视口边界”，将四条视口边界线放入此图层中，并将该图层关闭，那么视口的边界就不再显示了，结果如图 8-3 所示。

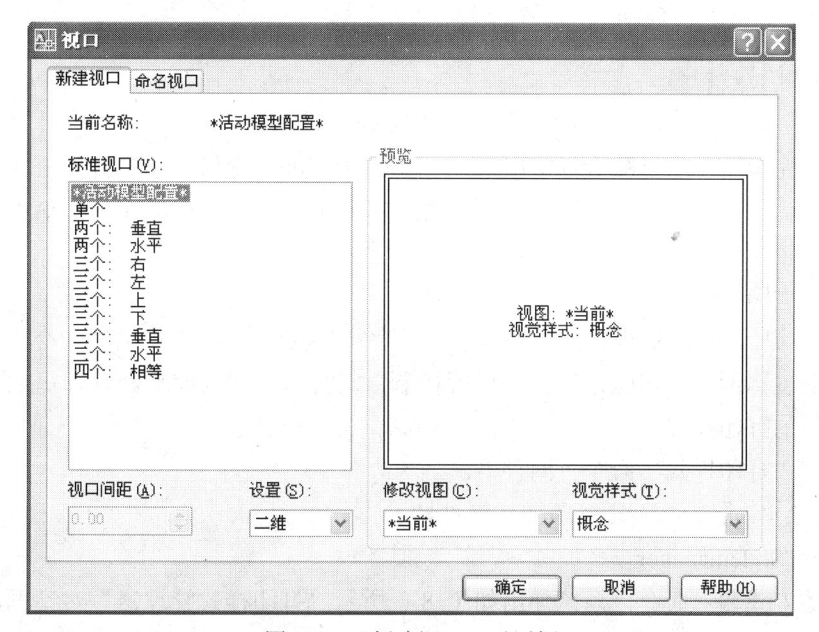

图 8-5　“新建视口”对话框

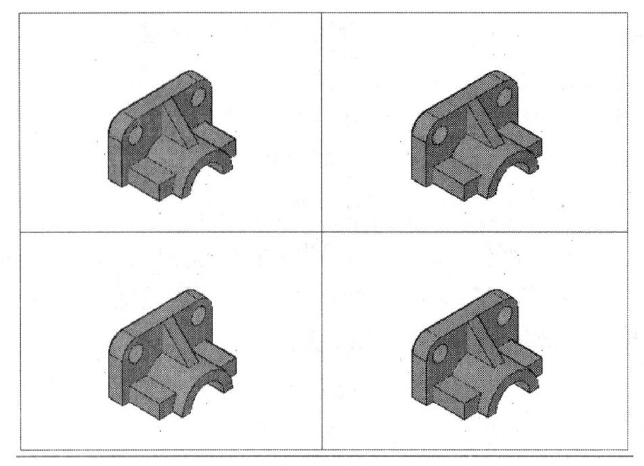

图 8-6 新建四个视口

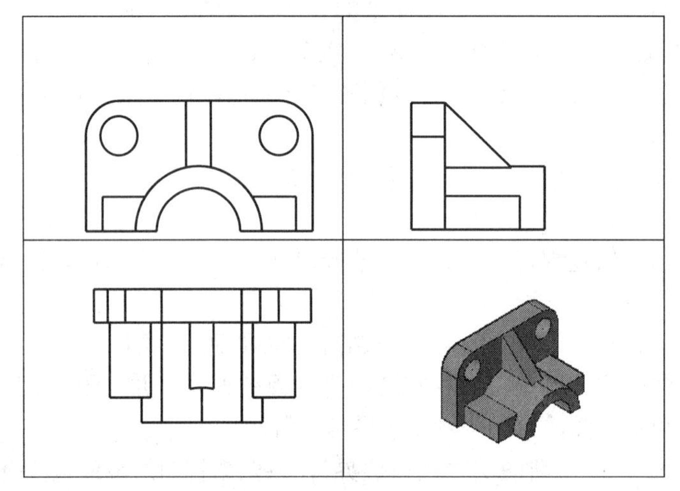

图 8-7 调整视口中的图形

8.2 打印图形

图形绘制完毕后，想将图形打印出来，AutoCAD 2008 提供了几种输出方式，一种是直接打印在纸上，另一种是创建其他格式的文件，在其他程序中调用。在打印输出前要设置打印样式和进行页面设置。

8.2.1 设置打印样式

AutoCAD 提供的打印样式可对线条颜色、线型、线宽、线条终点类型和交点类型、图形填充模式、灰度比例、打印颜色深浅等进行控制，对打印样式的编辑和管理提供了方便，同时也可创建新的打印样式。

启用设置“打印样式”命令有两种方法。

◆ 下拉菜单:【文件】/【打印样式管理器】

◆ 命令：Stylemanager

选择上述方式输入命令，系统弹出如图 8-8 所示“打印样式管理器”对话框，在此对话框内列出了当前正在使用的所有打印样式文件。

图 8-8　“打印样式管理器”对话框

在“打印样式管理器”对话框内双击任一种打印样式文件，弹出“打印样式表编辑器”对话框。对话框中包含【基本】、【表视图】、【格式视图】三个选项卡，在各选项卡中可对打印样式进行重新设置。

（1）【基本】选项卡

在该选项卡中列出了打印样式表文件名、说明、版体号、位置和表类型，也可在此确定比例因子，如图 8-9 所示。

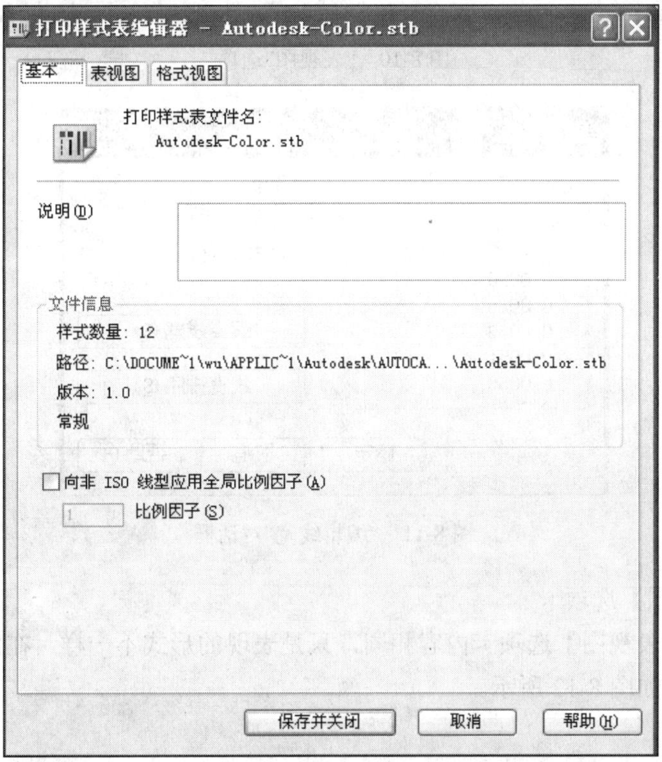

打印样式表编辑器 - Autodesk-Color.stb
基本　表视图　格式视图
打印样式表文件名:
Autodesk-Color.stb
说明(D)
文件信息
样式数量: 12
路径: C:\DOCUME~1\wu\APPLIC~1\Autodesk\AUTOCA...\Autodesk-Color.stb
版本: 1.0
常规
向非 ISO 线型应用全局比例因子(A)
比例因子(S)
保存并关闭　取消　帮助(H)

图 8-9　“基本”选项卡

（2）【表视图】选项卡

在该项选项卡中，可对打印样式中的说明、颜色、线宽等进行设置，如图 8-10 所示。单击【编辑线宽（L）】按钮，系统弹出如图 8-11 所示“编辑线宽”对话框。在此列表中列出了 28 种线宽，如果表中不包含所需线宽，可以单击【编辑线宽（E）】按钮，对现有线宽进行编辑，但不能在表中添加或删除线宽。

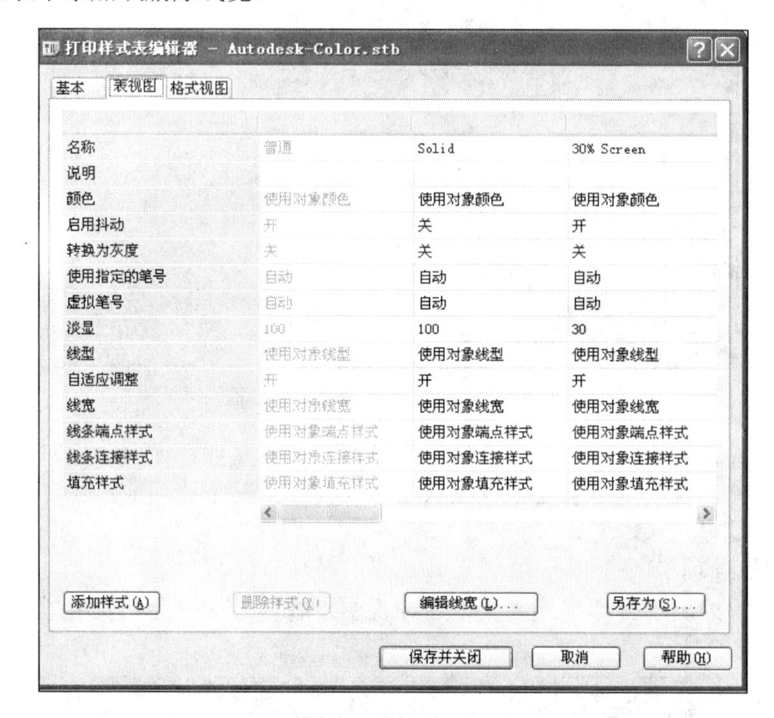

图 8-10 “表视图”选项

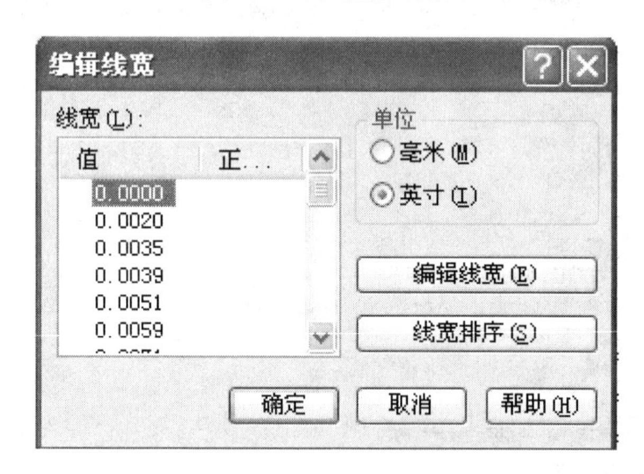

图 8-11 “编辑线宽”对话框

（3）【格式视图】选项卡

该选项卡与【表视图】选项卡内容相同，只是表现的形式不一样，在此可以对所选样式的特性进行修改，如图 8-12 所示。

8.2.2 打印图形

启用“打印图形”命令有三种方法。

- 下拉菜单：选择→【文件】→【打印】菜单命令
- 工具栏：
- 命令：Plot

弹出如图 8-13 所示"打印"对话框，图中各选项的含义与前节中页面设置相同，可以对相关选项进行修改，可以用"预览"按钮进行查看打印效果。

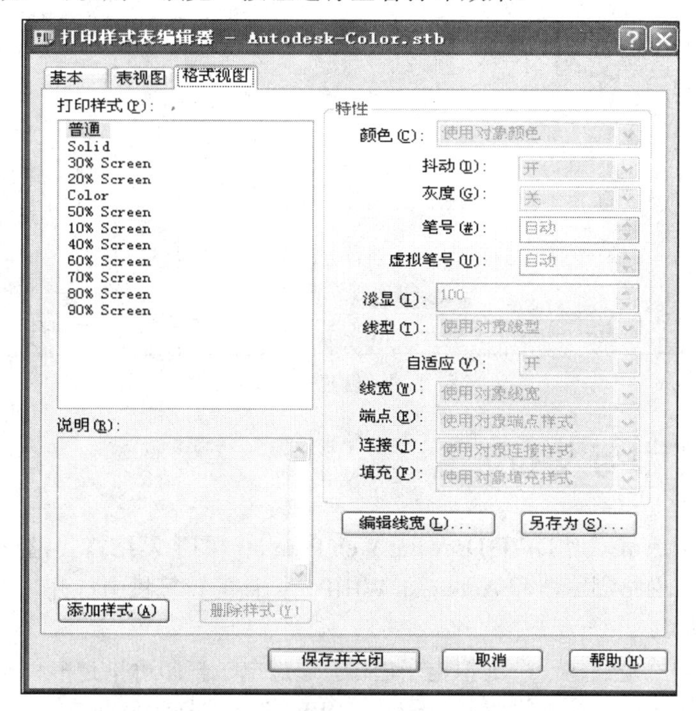

图 8-12　"格式视图"选项

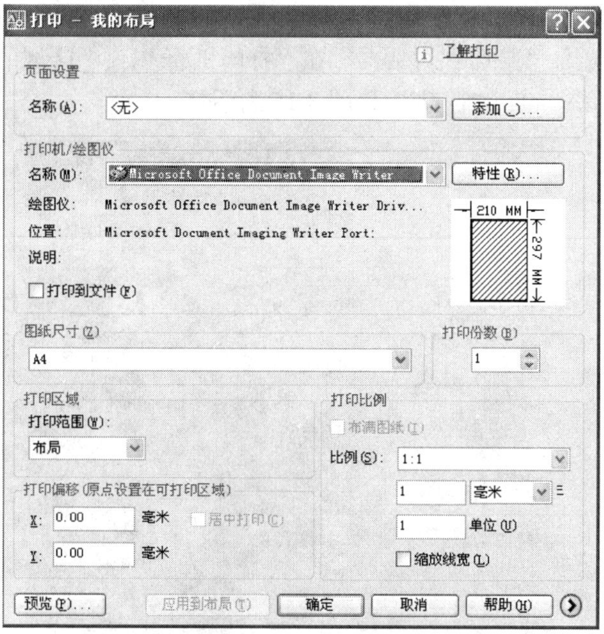

图 8-13　"打印"对话框

选中“打印到文件”复选框，则可以创建打印文件，并且该打印文件可以使用后台打印软件进行打印，如图 8-14 所示。

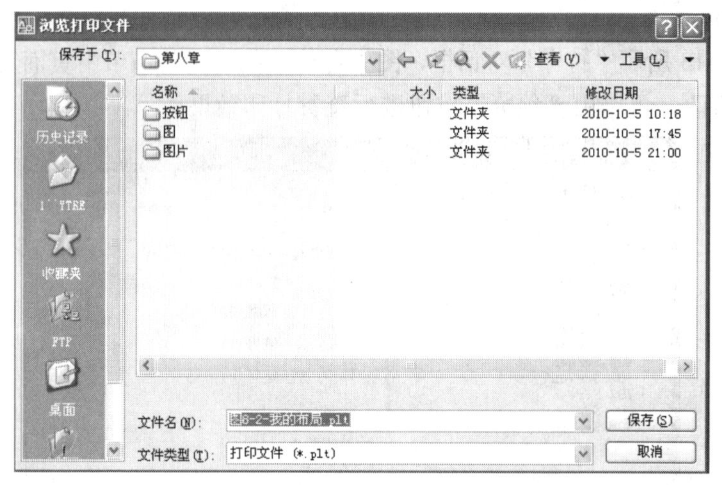

图 8-14　创建打印文件

8.3 电子打印与发布

现在，国际上通常采用 DWF(Drawing Web Format，图形网络格式)图形文件格式。DWF 文件可在任何装有网络浏览器和 Autodesk WHIP！插件的计算机中打开、查看和输出。

8.3.1 电子打印

所谓电子打印就是创建一个虚拟电子出图，通过电子打印可指定多种设置，如指定画笔、旋转和图纸尺寸等，所有这些设置都会影响 DWF 文件的打印外观。

命令调用方式如下。

◆ 下拉菜单：【文件】/【打印】

弹出如图 8-15 所示“打印”对话框。在“打印机/绘图仪”区域的“名称”列表中，选择 DWF 打印设备，然后单击“特性”，如图 8-15 所示。

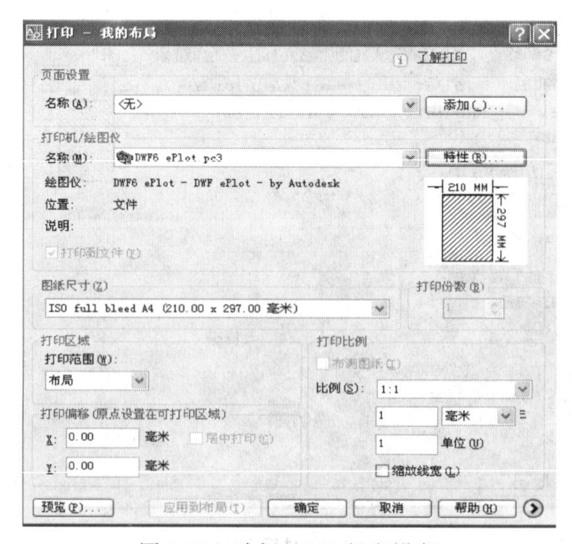

图 8-15　选择 DWF 打印设备

在“绘图仪配置编辑器”的“设备和文档设置”选项卡上，选择树状视图窗口中的“自定义特性”。在“访问自定义对话框”区域中，单击“自定义特性”，然后定义 DWF 文件分辨率，如图 8-16 所示，单击【确定】后退出。

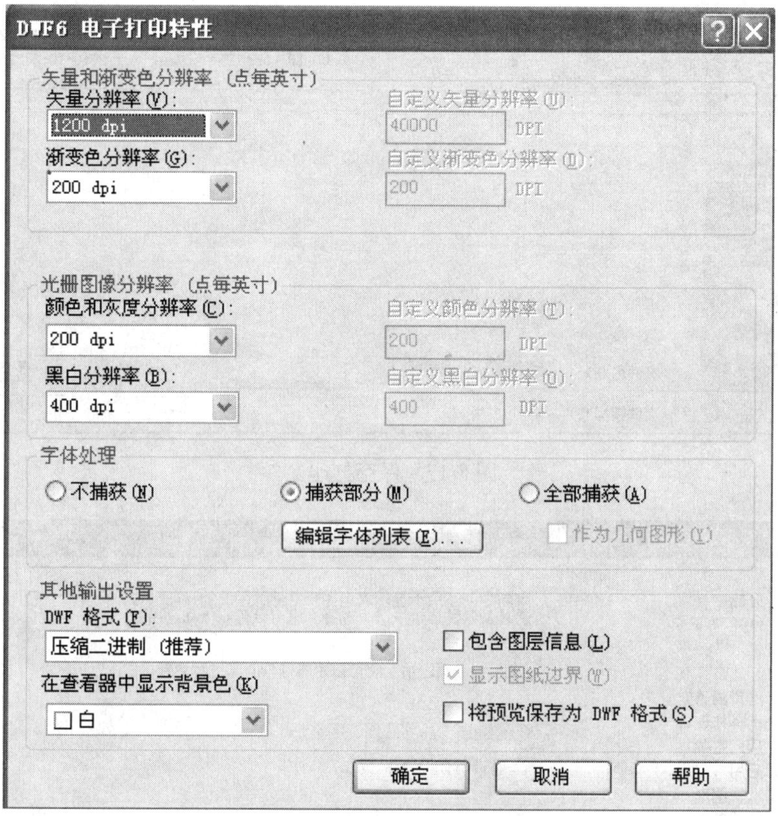

DWF6 电子打印特性

矢量和渐变色分辨率（点每英寸）

矢量分辨率(V)：1200 dpi

自定义矢量分辨率(U)：40000 DPI

渐变色分辨率(G)：200 dpi

自定义渐变色分辨率(D)：200 DPI

光栅图像分辨率（点每英寸）

颜色和灰度分辨率(C)：200 dpi

自定义颜色分辨率(T)：200 DPI

黑白分辨率(B)：400 dpi

自定义黑白分辨率(O)：400 DPI

字体处理

○不捕获(N)　⊙捕获部分(M)　○全部捕获(A)

编辑字体列表(E)...　□作为几何图形(Y)

其他输出设置

DWF 格式(F)：压缩二进制（推荐）

□包含图层信息(L)

☑显示图纸边界(W)

在查看器中显示背景色(K)：□白

□将预览保存为 DWF 格式(S)

确定　取消　帮助

图 8-16　设置电子打印特性

电子打印中其他的页面设置与打印到图纸相同，进行相关设置后单击【确定】，则弹出图 8-17 所示对话框，即可保存所打印的文件。

8.3.2　发布

通过 AutoCAD 的 ePlot 功能，可将电子图形文件发布到 Internet 上，所创建的文件以 Web 图形格式(DWF)保存。安装了 Internet 浏览器和 Autodesk WHIP! 4.0 插入模块的任何用户都可打开、查看和打印 DWF 文件。DWF 文件支持实时平移和缩放，可控制图层、命名视图和嵌入超级链接的显示。

调用“网上发布”命令。

◆ 下拉菜单：【文件】/【网上发布】

弹出如图 8-18 所示网上发布向导。

（1）在“开始”中，选择“创建新 Web 页”。

（2）单击【下一步】，“指定 Web 页名称”中输入“我的设计作品”。

（3）单击【下一步】，“选择图像类型”中选择“DWF”。

（4）单击【下一步】，“选择样板”中选择“列表加摘要”。

（5）单击【下一步】，“应用主题”中选择“海浪”。

图 8-17　保存打印文件

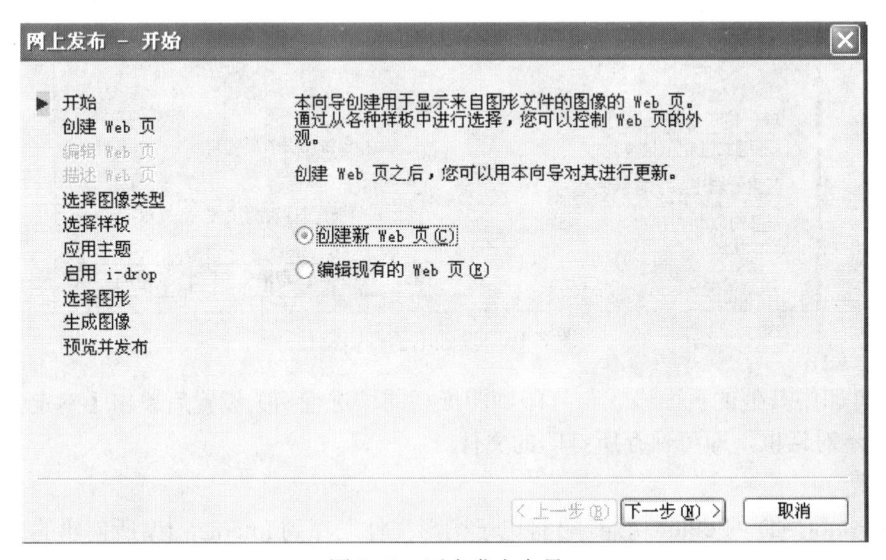

图 8-18　网上发布向导

（6）单击【下一步】，勾选“启用 i-drop”。

（7）单击【下一步】，选择要网上发布的图形，单击“添加”按钮。

（8）单击【下一步】，选择“重新生成已修改图形图像 ”。

（9）单击【下一步】，单击“预览”按钮可以预览 Web 页，单击“立即发布”按钮，可以发布 Web 页。

小　　结

本章主要介绍了模型空间与图纸空间的概念及切换方法，创建布局、创建视口方法，打印图纸以及电子打印与发布的方法与技巧。

习　　题

一、选择题

1．在 AutoCAD 中，允许在________模式下打印图形。

A．模型空间　　B．图纸空间　　C．布局　　D．以上都是

2．打印样式列表的文件存储 AutoCAD 的________选子目录中。

A．Plot Sgyles　　B．Plotters　　C．Sample　　D．Template

3．要创建多个视口可以在________空间创建。

A．模型空间　　B．图纸空间

C．模型空间和图纸空间　　D．模型空间和图纸空间都不可以。

4．AutoCAD 可输出的图形类型有________。

A．. dwf　　B．. wmf　　C．. bmp　　D．以上都是

二、实训题

1．将图 8-2 在 A4 图纸上打印出图。

2．将图 8-2 电子打印出图，打印文件以阀体. dwf 保存。

附录　全国计算机信息高新技术考试

计算机辅助设计（AutoCAD）高级操作员级考试

第一题　图形的绘制与编辑　10 分

打开 D：\高新技术考试\图中的图形文件 Scad1.dwg，如试题图 1A 所示，完成后面工作。

1．填充图形：使用图案填充命令填充单位图形中的两圆。

2．对齐图形：使用对齐命令移动单位图形。

3．复制图形：阵列复制单位图形，列间距为 0.6。

完成图形如试题图 1B 所示。以 Tcad1.dwg 为文件名存入考生自己的子目录。

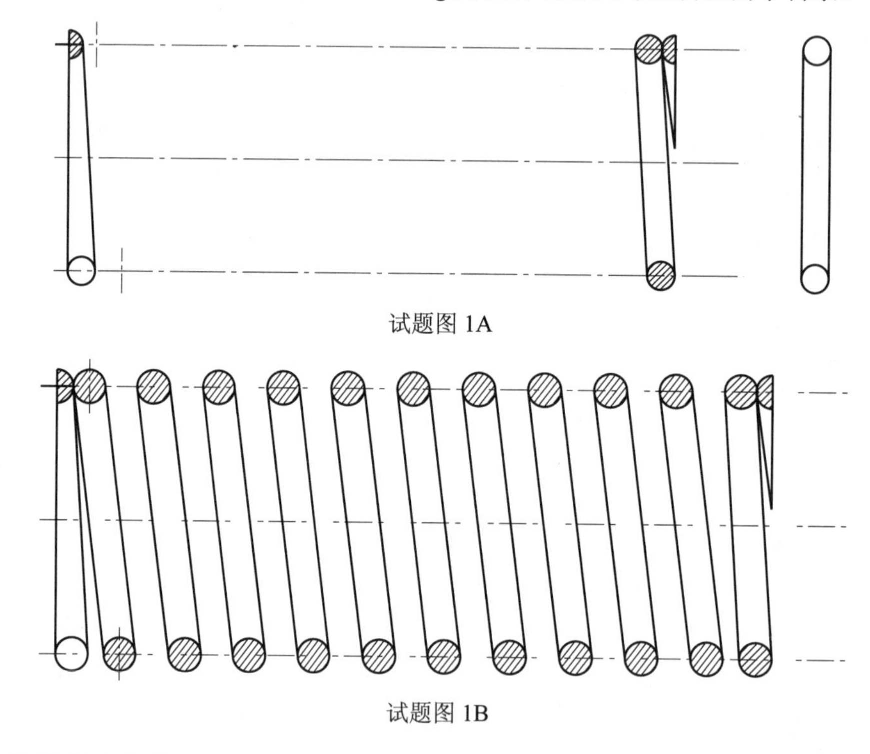

试题图 1A

试题图 1B

第二题　块的创建与使用　10 分

打开 D：\高新技术考试\图 中的图形文件 Scad2.dwg，完成以下操作。

1．创建块：

◆ 创建新图层 block,将颜色设置为红色，线型设置为细实线。

◆ 在图层 block 中绘制块图形。

◆ 在块图形中插入属性。

◆ 将图形定义成块。

2．插入块：参照试题图 2 所示，在指定位置插入块。

完成图形存入考生自己子目录，命名为 Tcad2.dwg。

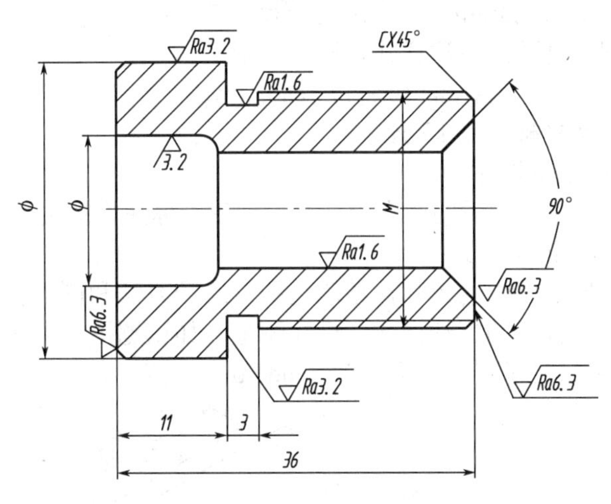

试题图 2 完成后的图形

第三题 平面精确绘图与尺寸标注 15 分

按图形尺寸精确绘图（如试题图 3 所示）绘图方法和图形编辑方法不限，未明确线宽，线宽为 0，按本题图示标注图形。

1．设置绘图环境：建立合适的图限及栅格，创建如下图层。

◆ 图层 L1，将颜色设置为红色，线型为 Center2，轴线绘制在该层上。

◆ 图层 DIM，将颜色设置为蓝色，线型为细实线，标注绘制在该层上。

◆ 其他图形均创建在默认图层 0 上。

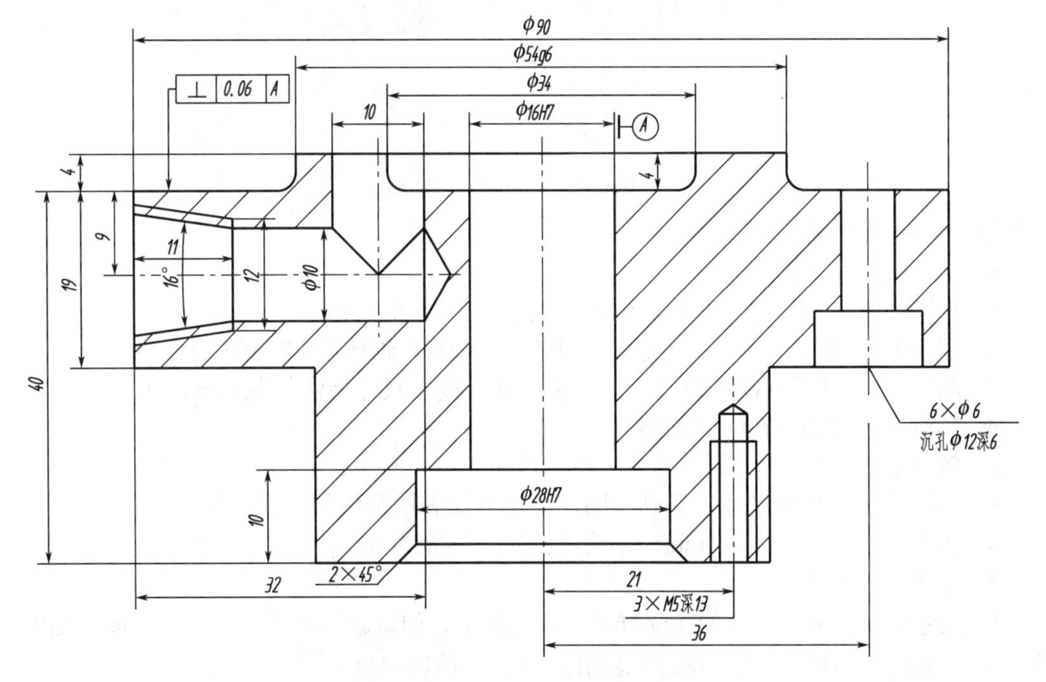

试题图 3 完成后的图形

2．精确绘图：

◆ 根据试题中的尺寸，利用绘图和修改命令精确绘图。

◆ 图中粗实线线宽为 0.3mm，未注圆角半径为 2。

3．尺寸标注：创建合适的标注样式，标注图形。

完成图形存入考生自己子目录，命名为 Tcad3.dwg。

第四题　三维绘图与尺寸标注　15 分

建立新文件，完成以下操作。

1．设置绘图环境：建立合适的图限及栅格，创建“标注”图层，将颜色设置为蓝色，线型为细实线，标注绘制在该层上。

2．绘制图形：根据试题中的尺寸，精确绘图，绘图方法和图形编辑方法不限。

3．尺寸标注：创建合适的标注样式，标注图形，如试题图 4 所示。

完成图形存入考生自己子目录，命名为 Tcad4.dwg。

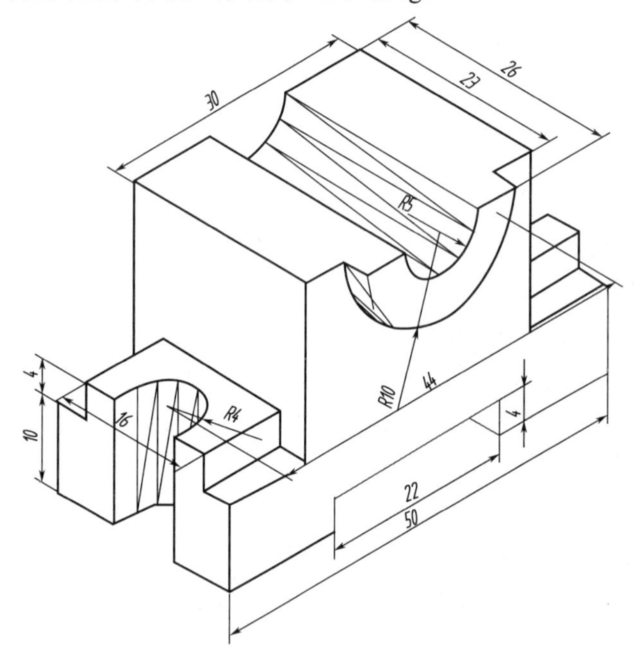

试题图 4　完成后的图形

第五题　绘制机械图　15 分

建立新文件，完成以下操作。

1．设置绘图环境：建立合适的图限及栅格，创建如下图层。

◆ 图层 L1，将颜色设置为红色，线型为 Center2，轴线绘制在该层上。

◆ 图层 L2，将颜色设置为蓝色，线型为细实线，尺寸标注绘制在该层上。

◆ 其他图形均创建在默认图层 0 上。

2．精确绘图。

◆ 根据试题注释的尺寸，精确绘图，绘图方法和图形编辑方法不限。

◆ 图中粗实线线宽为 0.3mm，未明确线宽，线宽为 0。

◆ 未注圆角半径为 3。

3．尺寸标注：创建合适的标注样式，标注图形，如试题图 5 所示，其中表面粗糙度符号绘制在图层 0 上，使用插入块的方法注释图形的表面粗糙度。

完成图形存入考生自己子目录，命名为 Tcad5.dwg。

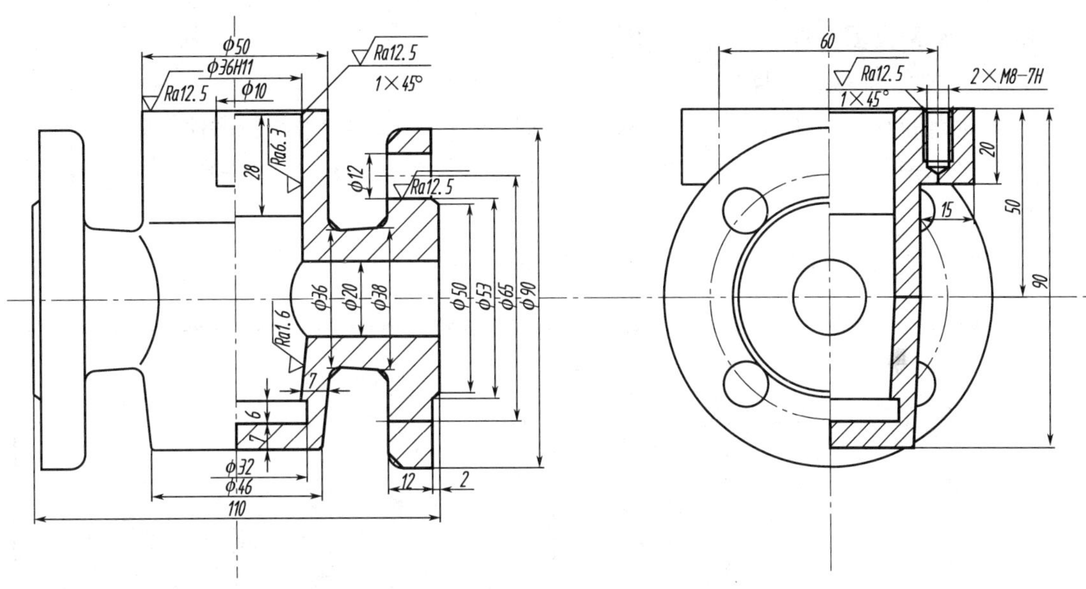

试题图 5 完成后的图形

第六题 绘制建筑图 15 分

建立新文件，完成以下操作。

1．设置绘图环境：建立合适的图限及栅格，创建如下图层。

◆ 图层 a，将颜色设置为黑色，线型为 Dahed2，虚线绘制在该层上。

◆ 图层 b，将颜色设置为蓝色，线型为细实线，尺寸标注绘制在该层上。

◆ 其他图形均创建在默认图层 0 上。

2．精确绘图：

◆ 根据试题注释的尺寸精确绘图，绘图方法和图形编辑方法不限。

◆ 未明确线宽，线宽为 0，图示中有未标注尺寸地方，请按建筑有关规范自行定义尺寸。

3．尺寸标注：创建合适的标注样式，标注图形，如试题图 6 所示。

完成图形存入考生自己子目录，命名为 Tcad6.dwg。

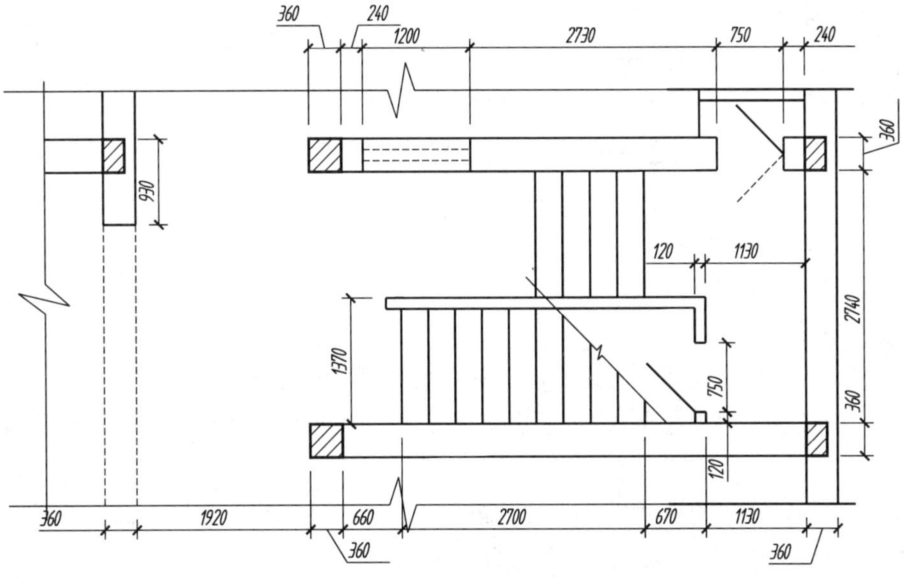

试题图 6 完成后的图形

第七题 绘制家具图 10 分

建立新文件，完成以下操作。

1．绘制如试题图 7 所示图形，图形尺寸不限，绘图方法和图形编辑方法不限。

2．调整显示：创建多视口并调整各视口中的视图。尺寸标注：创建合适的标注样式，标注图形。

完成图形后存入考生自己子目录，命名为 Tcad7.dwg。

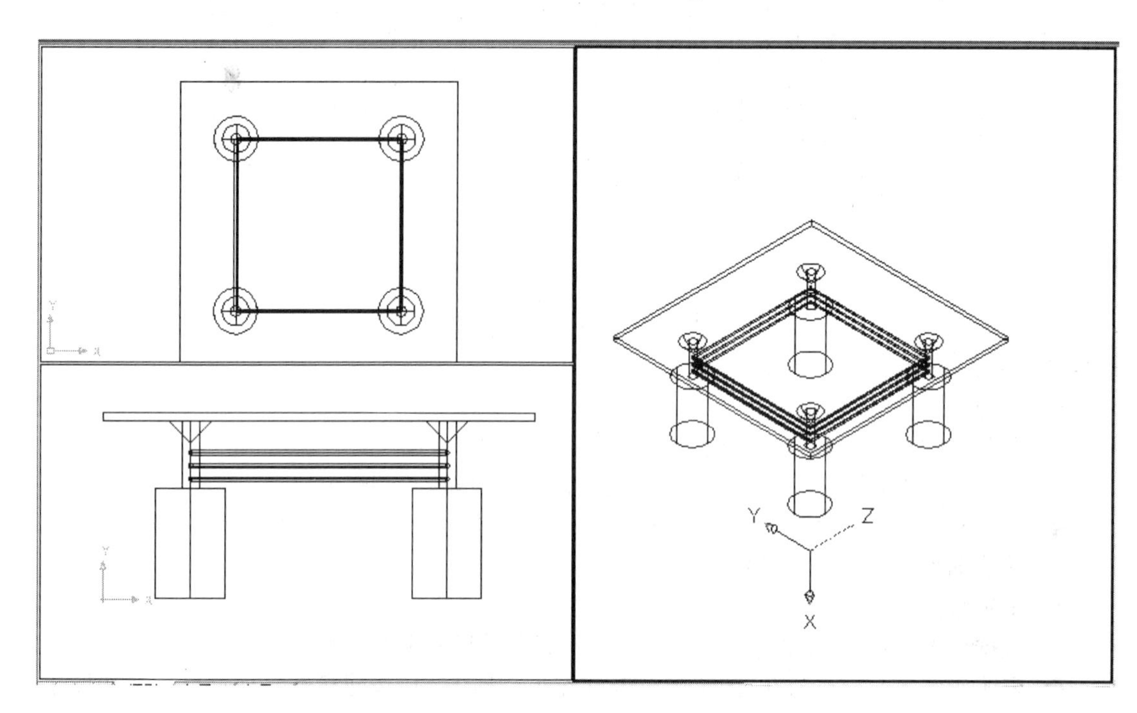

试题图 7 完成后的图形

第八题 绘制建筑施工图 10 分

建立新文件，完成以下操作。

1．设置绘图环境：建立合适的图限及栅格，创建如下图层。

◆ 图层“轴线”：将颜色设置为红色，轴线绘制在该层上。

◆ 图层“标注”：将颜色设置为蓝色，尺寸标注绘制在该层上。

◆ 图层“实线”：将颜色设置为黑色，框线绘制在该层上。

◆ 其他图形均创建在默认图层 0 上。

2．绘制图形。

◆ 根据试题注释的尺寸精确绘图，绘图方法和图形编辑方法不限。

◆ 未明确线宽者，线宽为 0。图示中有未标注尺寸的地方，请按建筑有关规范自行定义尺寸。

3．标注：创建合适的标注样式，按试题图 8 所示在“标注”图层上标注图形。

完成图形存入考生自己子目录，命名为 Tcad8.dwg。

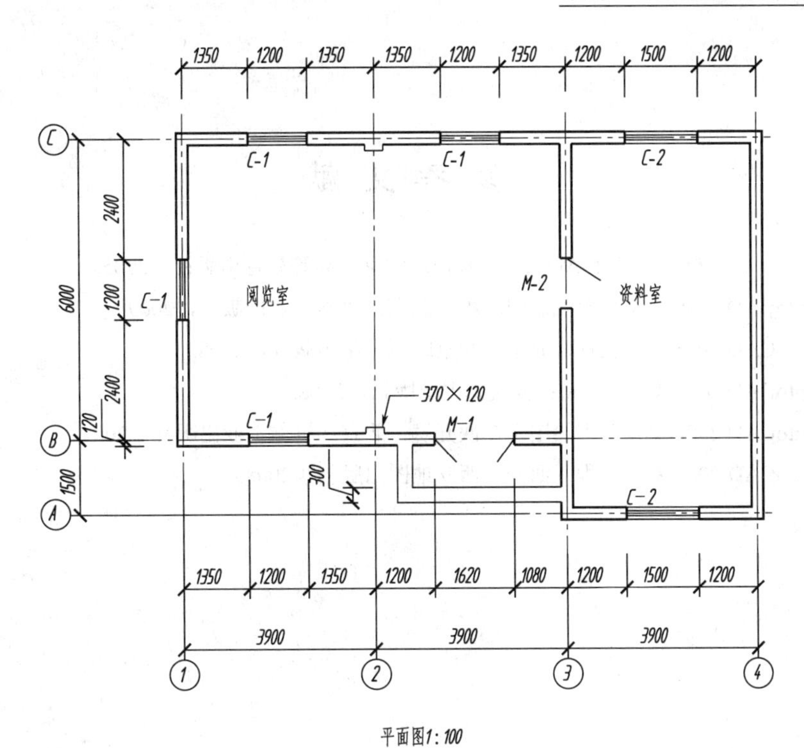
1350
1200
1350
1350
1200
1350
1200
1500
1200
C-1
C-1
C-2
2400
6000
1200
C-1
阅览室
M-2
资料室
2400
370×120
C-1
M-1
120
300
1500
C-2
1350
1200
1350
1200
1620
1080
1200
1500
1200
3900
3900
3900
1
2
3
4
平面图1:100

试题图 8　完成后的图形

参 考 文 献

[1] 刘宏丽，王宏．计算机辅助设计-AutoCAD 教程．北京：高等教育出版社，2005.

[2] 杨雨松．AutoCAD 2008 中文版电气制图教程．北京：化学工业出版社，2009.

[3] 黄仕君．AutoCAD 2008 实用教程．北京：北京邮电大学出版社，2008.

[4] 张贵社．AutoCAD 实用教程．北京：人民邮电出版社，2008.

[5] 姚涵珍．AutoCAD 2004 交互工程绘图及二次开发．北京：机械工业出版社，2004.

[6] 陈志民．AutoCAD 2006 实用教程．西安：西安地图出版社，2008.